AF861265

# LA MATHÉMATIQUE DU PHYSICIEN

BERNARD DIU

# LA MATHÉMATIQUE DU PHYSICIEN

Odile Jacob

© Odile Jacob, mars 2010
15, rue Soufflot, 75005 Paris

www.odilejacob.fr

ISBN : 978-2-7381-2448-7

Le Code de la propriété intellectuelle n'autorisant, aux termes de l'article L.122-5, 2° et 3° a, d'une part, que les « copies ou reproductions strictement réservées à l'usage privé du copiste et non destinées à une utilisation collective » et, d'autre part, que les analyses et les courtes citations dans un but d'exemple et d'illustration, « toute représentation ou reproduction intégrale ou partielle faite sans le consentement de l'auteur ou de ses ayants droit ou ayants cause est illicite » (art. L. 122-4). Cette représentation ou reproduction, par quelque procédé que ce soit, constituerait donc une contrefaçon sanctionnée par les articles L. 335-2 et suivants du Code de la propriété intellectuelle.

« Et lorsque l'Agneau ouvrit le septième sceau,
il se fit un silence dans le ciel. »

Apocalypse de Jean.

PROLOGUE

# DIVORCE

« Sa vie est un étrange et douloureux divorce. »
Louis ARAGON

« *Il libro della natura è scritto nella lingua matematica*[1]. » « *Si, ma deve essere letto nella lingua fisica*[2]. » L'aphorisme de Galilée – le premier (1623) – marque pour la physique une étape cruciale : son émergence, pourrait-on dire, d'une longue enfance obscure et confuse ; elle savait désormais s'exprimer dans une langue précise, et lire dans le texte, par son truchement, la Grande Bible bariolée et multiple des Choses. La seconde maxime, bien postérieure (1975), émane d'un physicien américain, David Goodstein[3], pétri d'humour et féru de culture italienne. Elle n'en revendique pas moins le droit, pour la physique, d'inventer sa langue propre, de l'appliquer à une véritable lecture de la réalité, et d'édifier sur son socle une culture autonome. Cette revendication décisive a trop longtemps tardé à se faire jour puis à s'affirmer ; elle est, encore aujourd'hui, combattue et rejetée comme absurde et sans fon-

1. « Le livre de la nature est écrit en langage mathématique. »
2. « Oui, mais il faut le lire en langage physique. »
3. D. L. Goodstein, *States of Matter*, Prentice Hall, 1975, p. 246.

dement par la corporation solidaire et puissante des mathématiciens. Ils ne veulent y voir que symptôme d'une incapacité, incapacité des physiciens, dans leur ensemble, à saisir et à appréhender les notions les plus générales – seules pourtant pertinentes, selon eux –, et à développer une argumentation sans concession ni faille – seule pourtant qui vaille, selon eux – : de fieffés mauvais élèves, s'il est permis d'appeler « chat » un chat.

Face à cette attitude assurée et inflexible des mathématiciens, maint physicien préfère louvoyer et courber l'échine : il évoque en public, à pleine voix, comme talismans et sésames, des concepts et résultats qu'il ignore pour l'essentiel et que du reste il n'utilise jamais, mais qui lui vaudront la bienveillance des dieux. L'affrontement ouvert, explicite, est rarement assumé du côté physicien. Il affleure pourtant de temps à autre, clairement identifié mais aussitôt nié, dans des tournures s'appuyant sur l'humour – généralement noir. Tel ouvrage de physique théorique avancée (*Les Théories de jauge*[4]) termine les références bibliographiques de son chapitre 5 par cette phrase délicieusement désenchantée : « Des traités complètement incompréhensibles au physicien moyen peuvent être trouvés dans n'importe quelle bibliothèque. »

Ce déchirement postgaliléen qui scinda irrémédiablement le groupe des disciplines dites « dures », cette lutte intestine et fratricide qui nie – contre toute évidence – ses enjeux et jusqu'à son existence, je les ressentis d'abord dans ma chair, pour ainsi dire, avant de prendre conscience de leur universalité et de leur nécessité inéluctable : « *Dites ces mots ma vie et retenez vos larmes*. »

J'abordais les études universitaires. Laurent Schwartz venait d'inaugurer son certificat de licence intitulé *Méthodes mathématiques de la physique*. Déjà ce titre acquérait une valeur symbolique considérable. À s'en tenir délibérément à la superficie des mots, on perçoit une intention évidente décidé-

4. Mike Guidry, *Gauge Field Theories*, Wiley,1991.

ment louable : un mathématicien – prestigieux – se propose pour mettre à l'étrier le pied peu assuré de l'apprenti physicien, en lui épargnant les affres de tels développements par trop techniques qui lui seraient par trop inutiles. À y regarder de plus près, on discernait l'aura quelque peu sulfureuse qui émanait, dans l'université, de ces mêmes mots et de leur agencement. Ce n'est plus ici le vocable « mathématiques » qui tient la vedette, mais bien le vocable « physique » ; celui-ci se présente comme substantif, alors que celui-là a été rétrogradé au rang de qualificatif, se rapportant de surcroît à un terme de connotation principalement technique, « méthodes ». On peut voir là un double renoncement, impensable jusqu'alors : au plan emblématique – essentiel en l'occurrence –, la mathématique accepte de céder le premier rang qui lui est toujours réservé dans quelque classification que ce puisse être ; au plan épistémologique, elle abandonne son hégémonie plurimillénaire de science ultime et sublime – qui trouve en elle-même sa propre justification –, pour proposer des recettes à une discipline fondamentalement autre, puisque tributaire d'une réalité objective qui s'impose à elle de l'extérieur.

Néanmoins, une fois rompu, par le titre même du certificat, le tabou bivalent qui protégeait jalousement la mathématique, s'imposaient des interrogations qui s'annonçaient redoutables : quels sujets choisir, qui seraient traités, et de quelle manière ? Ces questions trouvèrent solution sans controverse ni délai. Pour ce qui est de la manière, Laurent Schwartz ne souffrait guère de rival. Quant aux sujets, nul n'aurait seulement songé à lui en disputer la sélection. N'avait-il pas élaboré, sous l'appellation de « théorie des distributions », un édifice axiomatique qui réunissait en un formalisme unique et rigoureux les distributions volumiques d'électricité avec les charges ponctuelles ? N'était-il pas naturel qu'il l'enseignât aux étudiants physiciens ? Il le fit, et je me remémore avec émotion et reconnaissance ses cours lumineux et enthousiasmants : « *Si Peau d'Âne m'était conté, / J'y prendrais un plaisir extrême.* »

Ce ne fut pas, en vérité, la répartition spatiale de l'électricité qui inspira Laurent Schwartz dans sa découverte, mais bien plutôt l'émergence et le développement, vers les années 1930, d'une théorie physique nouvelle et révolutionnaire, la mécanique quantique[5], et tout particulièrement l'invention, par Paul Dirac, d'un outil remarquable mais fort curieux, la « fonction delta[6] » : la théorie des distributions réussissait ce tour de force d'accommoder dans le giron strict de la mathématique inflexible cet instrument primitif, qu'on aurait cru vestige d'un lointain âge farouche.

Elle se fondait pour ce faire – je m'en souviens encore comme d'hier, après tant d'années – sur « l'espace des fonctions indéfiniment dérivables et à support borné ». Toutefois, à peine sorti du temple voué à l'Être mathématique suprême où se célébrait son culte – fût-ce pour le rendre accessible aux pécheurs physiciens –, je fus happé par la dure réalité profane, que parsemaient une myriade de fonctions en tous genres, de dérivabilité et de supports douteux et incontrôlables. Elles se bousculaient de toutes parts, me pressant de les admettre dans le sein de la mécanique quantique, où trônait la fonction delta de Dirac. Et jamais, au grand jamais, n'émana la moindre plainte de ces fonctions qui entraient en jeu pêle-mêle – pourvu que quelques règles simples de conduite fussent respectées. Mieux : ces manipulations aboutissaient bien sagement – malgré une incurie avérée devant l'Éternel mathématique – à des résultats crédibles, et même corrects, en fin de compte.

Je dois m'accuser en outre d'un péché plus grave encore, capital. Le hasard – que non pas : la nécessité, tant se montrait commode et efficace la démarche de Dirac – m'amena à enseigner la fonction delta à des étudiants en physique, afin de leur ouvrir une porte technique vers la mécanique quantique. Je « réinventai » le sujet, pour qu'il fût mieux compris, et en moins de temps. J'empruntai des chemins de traverse et des

---

5. Voir chapitre 23.
6. Voir épilogue.

sentiers boueux où aucun escarpin mathématique ne se fût aventuré. Mais les étudiants apprirent à utiliser convenablement la fonction delta.

Je compris ainsi que le divorce était consommé, irrémédiable, mais exemplaire et édifiant. Divorce entre, d'une part, les « distributions » mathématiques chères à Laurent Schwartz – professeur que je révérais et admirais – et, d'autre part, la « fonction delta » de Dirac, dont j'usais tous les jours et que j'enseignais tous les ans, sans qu'elle me mît jamais en défaut, quelque délicates et subtiles que pussent s'avérer les situations physiques.

Depuis lors ne cessèrent de se manifester à mes yeux, dans des circonstances radicalement et profondément diverses et partout réparties dans le vaste champ de la physique, des divergences fondamentales et irréductibles entre mathématiciens et physiciens, quant à la nature et à la signification véritable d'objets théoriques et de procédés techniques dont use couramment la physique dans son appréhension de la réalité. Au point que les mânes de Galilée regrettent peut-être sa révélation, à voir ainsi ses disciples en proie à des disputes, voire à des guerres de religion.

Dans mon université, certain jour, une jeune mathématicienne et une jeune physicienne – amies par ailleurs et férues toutes deux de pédagogie – imaginèrent d'exposer conjointement aux étudiants, dans un même amphithéâtre où elles se relaieraient et s'interpelleraient, un sujet commun. Elles choisirent, pour ouvrir ce débat public, les « différentielles ».

Le calcul différentiel – ou calcul infinitésimal – fut inventé simultanément, et indépendamment, par Isaac Newton et Gottfried Wilhelm Leibniz. Ce fut là une avancée décisive dans les possibilités du calcul scientifique.

Figurons-nous par exemple Newton, alors qu'il vient d'énoncer la loi de la gravitation universelle, cherchant à évaluer le poids d'un objet – une pomme ? – situé au voisinage immédiat de la Terre, c'est-à-dire la force attractive à laquelle la Terre soumet l'objet. Rien de plus simple, pense-t-on peut-être. Mais quelle distance Terre-objet doit-on faire figurer dans l'expression de la loi ? Serait-ce les deux mètres qui séparent la pomme du pied de l'arbre ? Mais pourquoi dès lors se limiter à cet arbre-là, ce pommier particulier qui porte la pomme ? Ne pourrait-on choisir plutôt tel arbre exotique croissant aux antipodes, à quelque douze mille huit cents kilomètres ? Il s'enracine lui aussi dans la Terre, et son pied agit donc lui aussi sur la pomme, la même pomme que naguère. On aura compris : il faudra envisager tous les arbres, et aussi, évidemment, les arbres virtuels des régions déboisées, ou désertes, ou aqueuses, et puis encore ne pas oublier – bien que dépourvus d'arbres à jamais – tous les points intérieurs à la Terre, à quelque profondeur qu'ils soient enfouis, à quelque latitude et à quelque longitude qu'ils puissent être repérés.

Point n'eut besoin Newton d'argumenter en termes d'arbres. Il divisa – par la pensée ! – le globe terrestre en une myriade de mottes de la taille approximative d'une pomme ; il appliqua à chacune d'elles sa loi de la gravitation universelle pour calculer l'attraction qu'elle fait sentir à la pomme – la distance à prendre en compte étant déduite des positions relatives de la motte et de la pomme – ; pour terminer, il additionne toutes ces petites attractions et obtient ainsi le poids de la pomme. C'était là, à proprement parler, un calcul infinitésimal, ou différentiel[7]. Il y faut certain savoir-faire : les forces élémentaires à ajouter en fin de compte diffèrent en direction comme en valeur. Le résultat s'avéra néanmoins étonnamment clair et simple : la pomme est attirée par la Terre comme si celle-ci était réduite à son centre, où serait rassemblée toute sa masse !

Le calcul infinitésimal permit également de comprendre, c'est-à-dire de lever, les célèbres paradoxes de Zénon d'Élée[8] – celui de la flèche, en mouvement et immobile à la fois ; celui de la course entre Achille et la tortue –, vieux de plus de vingt siècles ! Technique omniprésente en physique, dans quelque

7. Voir chapitre 13 pour des explications plus précises.

8. Voir chapitres 1 et 2.

domaine que ce soit, le calcul différentiel va jusqu'à envahir, dans certains d'entre eux – thermodynamique –, l'ensemble du paysage. L'analyse mathématique a quant à elle poursuivi son chemin depuis Newton et Leibniz, vers toujours plus de rigueur, toujours plus de généralité et d'abstraction. À tel point que, lors de cette confrontation amicale – à la fin du XX$^{e}$ siècle –, la physicienne et la mathématicienne amies ne parvinrent pas à se comprendre, et toute tentative de conciliation scientifique échoua.

« *Père, gardez-vous à droite !... Père, gardez-vous à gauche !* » N'ayons garde, lorsque nous déballons de la sorte les incompréhensions et les chamailleries entre mathématiciens et physiciens – fussent-ils (elles) ami(e)s –, n'ayons garde d'oublier que « *des oreilles ennemies nous écoutent* ».

J'ai pris connaissance récemment des opinions renversantes – dans toutes les acceptions de ce terme – que professe, catégorique et sûre d'elle à son tour, une philosophe britannique enseignant à la London School of Economics, Nancy Cartwright. Son livre phare est intitulé *How the Laws of Physics Lie*[9], et elle a tout récemment été invitée au « grand entretien » d'une publication hors série de la revue française *Sciences et avenir*.

Mentir ! comme vous y allez, chère collègue, qui foulez le même sol insulaire et parlez la même langue illustre qu'Isaac Newton, Michael Faraday et James Clerk Maxwell – pour n'en citer que trois, au hasard ! « Même dans les cas où la théorie joue un rôle important, nous devons ajouter de nombreux correctifs et éléments additionnels *ad hoc* pour parvenir à ce que la théorie produise de bonnes prédictions », affirme péremptoirement la dame. Véritablement renversant : les arbres lui cachent la forêt ; leur présence « multiplement corrective » et leur substance riche d'« éléments additionnels » l'empêchent de voir « *les bois courir jusqu'à l'horizon, rêches et hersés comme*

9. « Comment mentent les lois de la physique. »

*une peau de loup, vastes comme un ciel d'orage* ». Quelle conception aberrante de la science ! On lit ainsi : « Il y a infiniment plus dans la féconde mécanique quantique qu'une poignée de prédictions quantitatives et d'équations. Elle engage suffisamment de connaissances et de pratiques précises pour nous permettre d'aller sur la Lune ou de guérir la cataracte » (*sic !*). Il faut croire « stérile » la mécanique céleste et « fictive » la microchirurgie oculaire, tributaires de l'équation de Schrödinger – pardon ! de la « puissance technologique » qu'elle charrie. *Pride and Prejudice*[10] : c'est le titre du livre que Mme Cartwright tient ostensiblement ouvert dans ses mains, sur deux des trois photographies du hors-série. Vaste programme scientifique et philosophique...

En certaine autre occasion, un groupe de (jeunes) mathématiciens se préoccupèrent de rénover le programme qu'ils enseignaient en première année d'université. Ils organisèrent une semaine de réflexion sur ce sujet ; elle eut lieu à Marseille, sur le campus extérieur de Luminy qui propose un petit centre de congrès parfaitement adapté. Ils m'invitèrent à venir y faire entendre le point de vue d'un physicien. « Pourquoi moi ? » m'interrogeai-je ; sans doute parce que j'avais déjà accumulé, à cette époque, quelque expérience dans l'enseignement de la physique aux nouveaux arrivants scientifiques.

Le petit colloque qui s'ensuivit sut se faire chaleureux : au plan humain, un franc succès. Nous logions au premier étage d'un bâtiment qui offrait, au rez-de-chaussée, un assortiment de salles de réunions, variées dans leur taille et leur orientation. L'atmosphère, d'emblée détendue, se prêtait avec naturel aux échanges de vues spontanés et aux discussions à bâtons rompus.

Au plan scientifique, en revanche, il s'avéra que nous peuplions deux planètes irréductiblement étrangères – en vérité,

---

10. *Orgueil et préjugé.*

j'étais seul spécimen à représenter mon peuple. Certains pourtant, parmi les participants, prônèrent avec passion le recours à des « exemples physiques » pour illustrer l'enseignement des mathématiques devant les étudiants à peine dégrossis. Je m'abstins d'intervenir à ce stade, car il s'agissait seulement et explicitement d'appeler en renfort de « concrétisation » quelque situation jugée « physique », sans que jamais en fût aucunement évoqué le contexte général ni le contenu théorique ou expérimental. Je me félicitai bientôt de ma prudence, lorsque je constatai que l'un de ces « exemples » allait jusqu'à additionner deux nombres, mesurant l'un une aire et l'autre une longueur ! Je ne souhaitais pas, dans de telles circonstances, assumer le rôle de censeur rigoriste, face à ce qui n'aurait paru à l'assemblée que broutilles et vétilles.

Mais c'est au fond, au tréfonds même, qu'éclataient, fanfares de cuivres mal accordés et désassemblés, les dissonances et inharmonies, les incompréhensions et incompatibilités.

L'un des « congressistes » avança à brûle-pourpoint la proposition d'enseigner les probabilités en première ou deuxième année. Sans me laisser le temps d'applaudir à cette idée que je jugeais sage et utile, les autres mathématiciens l'accueillirent par un tollé unanime et bruyant : « Impossible ! Matériellement impossible : la moitié de l'année n'y suffirait pas, avec la théorie de la mesure de Borel-Lebesgue, les "clans" et les "tribus" ! » Il m'eût paru déloyal, en l'occurrence, de rester coi. J'avais participé, expliquai-je, à la rédaction de deux (énormes) manuels présentant des théories physiques – mécanique quantique l'un, mécanique statistique l'autre – qui se fondent toutes deux sur les probabilités, les requérant dans leurs postulats mêmes et en faisant constant usage. À aucun moment, néanmoins, ni moi ni mes collaborateurs n'avions fait appel, n'avions utilisé en quoi que ce fût, ni n'avions même approché le système axiomatique de Kolmogorov, ses pompes et ses œuvres (mesure, clans et tribus). Cependant, comme les étudiants à qui nous nous adressions, bien qu'avancés, n'avaient probablement jamais reçu aucun enseignement sur les probabilités, nous avions cru nécessaire d'inclure dans chacun de nos livres un appendice ou un « complément » traitant de ces notions. On pourrait remarquer, d'ailleurs, avec intérêt que la mécanique quantique – le premier manuel – tire ses probabilités d'un niveau primordial, plus profond, où évoluent des « amplitudes de probabilité » à valeurs imaginaires[11] ; quelque mathématicien entreprenant avait-il « axiomatisé » une telle situation ?

Mais l'ignorance, s'avéra-t-il bientôt, ne campait pas d'un seul côté. Certes, je méconnaissais parfaitement l'œuvre axiomatique concernant les probabilités. Mais ils n'avaient, quant à eux, jamais rencontré le concept – central en physique – d'« invariance[12] » des lois de la nature par transformations (translations, rotations,...). Les notions premières de scalaires et de vecteurs leur étaient perçues de façon essentiellement floue : mes interlocuteurs pensaient tous qu'il était loisible de construire un vecteur – de l'espace ordinaire – en lui assignant comme composantes cartésiennes la température, la pression et le volume d'un gaz ! Mais un intérêt certain se manifesta pour ces concepts et notions[13] que je mettais en avant, au point que j'« écopai » d'une manière de gage ou de pensum : j'écrirais un article sur ces sujets pour le bulletin de l'Association des professeurs de mathématiques de l'enseignement public (« *de la maternelle à l'université*[14] »).

Nous sollicitons pour terminer, à propos de ce divorce, apparemment inconciliable et sans retour – que nous avons éprouvé avec certaine amertume et certaine nostalgie –, l'avis autorisé d'un mathématicien que nous choisirons illustre – membre, en son temps, de l'Académie des sciences – et parfaitement représentatif de son milieu – cofondateur du très célèbre « groupe Bourbaki », dont serait issu le mouvement des

---

11. Voir chapitre 23.
12. Voir chapitre 16, p. 201.
13. Voir chapitre 16.
14. Bulletin de l'APMEP, n° 377, 1991, p. 29.

« mathématiques modernes » – : Jean Dieudonné. On lui demanda, en 1980, de participer à un colloque qui allait se tenir dans un merveilleux village de l'arrière-pays niçois, Peyresq – pour commémorer le quatre centième anniversaire de Nicolas Claude Fabri de Peiresc (1580-1637), savant et humaniste. L'intitulé du colloque, vague et quelque peu grandiloquent – *La Pensée physique contemporaine* –, laissait vaste latitude aux orateurs pour le choix de leur sujet. Jean Dieudonné choisit, comme titre de son exposé, « De la communication entre mathématiciens et physiciens ». Pouvions-nous rêver réflexions plus pertinentes aux interrogations qui ont été suscitées ci-dessus ?

L'exorde de Jean Dieudonné surprend de prime abord, qui semble vouloir se rétracter par rapport au propos initial annoncé par le titre (je me réfère désormais à la version écrite, publiée, de l'allocution[15]) : « Je dois, en commençant, avouer ma totale incompétence à parler de physique ; mes connaissances se bornent à un lointain certificat et à des lectures d'ouvrages de vulgarisation. » Mais les scrupules seront vite balayés. Laissons Jean Dieudonné disserter tout à son loisir, sans plus l'interrompre par aucune remarque ni considération.

« Je pense qu'on répondrait aux désirs des physiciens en concevant, comme je le préconise depuis de nombreuses années, un enseignement élémentaire axé entièrement sur la notion fondamentale d'*approximation* [...]. Je crois qu'on arriverait ainsi à dissiper de fâcheuses idées qui ont cours parmi les physiciens à ce propos [...]. Pourtant, le mot de "perturbation" est de ceux qui reviennent le plus souvent dans les textes de Physique ; mais il semble qu'on n'y a retenu de cette notion que les aspects les plus grossiers et les plus contestables [...]. C'est là un souci qui ne paraît pas souvent effleurer un physicien [...]. Espérons qu'un jour un nouveau Poincaré saura sortir la Physique de cette ornière [...]. »

---

15. *La Pensée physique contemporaine,* Fresnel, Paris, 1982, p. 327.

« Passons à un sujet un peu moins classique, l'usage du Calcul différentiel extérieur. Vers la fin du XIXe siècle, des vulgarisateurs malavisés tirèrent des idées profondes de Hamilton et de Grassmann un système bâtard qu'ils appelèrent "calcul vectoriel", un abominable mélange d'opérations telles que le "produit vectoriel" et le "produit mixte", étroitement limitées à l'espace euclidien à trois dimensions, et dépourvues de toute propriété algébrique décente ; à quoi vinrent bientôt s'ajouter des opérations infinitésimales tout aussi horribles comme le "curl" ou la "divergence", pour composer ce qu'on appela l'"analyse vectorielle" ! Sous l'impulsion de E. Cartan, les mathématiciens, à partir du début du XXe siècle, se sont rendu compte qu'on ne pouvait rien obtenir de sérieux avec des outils aussi inadéquats, et sont revenus aux idées de Grassmann et de Frobenius pour faire du Calcul différentiel extérieur l'instrument souple et puissant qui permet de traiter la géométrie différentielle sous ses aspects les plus généraux et les plus divers. Mais les physiciens ont continué *mordicus* à mélanger les curls et les divergences en un symbolisme barbare, malgré les objurgations des mathématiciens les plus proches des problèmes de la physique. »

« Mais c'est lorsqu'on aborde les théories mathématiques qui sont à la base de la mécanique quantique que l'attitude de certains physiciens dans le maniement de ces théories confine véritablement au délire. Des mathématiciens [...] ont pris la peine de bâtir une théorie pleinement satisfaisante et adaptée aux besoins de la Mécanique quantique. [...] Or, voici ce qu'on peut lire dans un manuel fort répandu de mécanique quantique : [...] etc. On se demande ce qui peut rester dans l'esprit d'un étudiant lorsqu'il absorbe cette invraisemblable accumulation de non-sens, une véritable "bouillie pour les chats" ! Ce serait à croire que les physiciens d'aujourd'hui ne sont à l'aise que dans le flou, l'obscur et le contradictoire ; en décrétant une fois pour toutes que les mathématiques actuelles sont incompréhensibles, ils refusent de faire le moindre effort [...]. Néanmoins les mathématiciens ne se découragent pas et continuent d'espérer en un changement d'attitude, dont ils sont persuadés qu'il sera bénéfique pour le développement ultérieur de la physique ».

Pas de commentaire, selon nos conventions. Une précision, toutefois, que je dois à la vérité et à l'honnêteté : le « *manuel fort répandu de mécanique quantique* » a été rédigé par un trio d'auteurs – physiciens – dont je faisais partie, en même temps qu'un futur lauréat du prix Nobel.

> « Dans la mesure où elles se rapportent au monde extérieur, les Lois des Mathématiques ne sont pas sûres ; et dans la mesure où elles sont sûres, elles ne se rapportent pas à la réalité. »
>
> Albert EINSTEIN

PREMIÈRE PARTIE

# LES PARADOXES ÉLÉATES

« *Ah, by no wind are stirred those trees*
*That palpitate like the chill seas*
*Around the misty Hebrides !*
*Ah, by no wind those clouds are driven*
*That rustle through the unquiet Heaven.*
*[...]*
*Over the lilies there that wave*
*And weep above a nameless grave*[1]. »

Edgar Allan POE

1. « Ah, aucun vent n'agite ces arbres / Qui palpitent comme les mers glacées / Autour des brumeuses Hébrides ! / Ah, aucun vent ne charrie ces nuages / Qui bruissent à travers les Cieux tourmentés. / [...] Par-dessus les muguets là-bas qui font signe / Et pleurent sur une tombe sans nom. »

## CHAPITRE PREMIER

# LA FLÈCHE DE ZÉNON

> « Zénon ! Cruel Zénon ! Zénon d'Élée !
> M'as-tu percé de cette flèche ailée
> Qui vibre, vole, et qui ne vole pas !
> Le son m'enfante et la flèche me tue ! »
> Paul VALÉRY

Zénon d'Élée (ve siècle avant Jésus-Christ) s'est fait connaître universellement par les paradoxes hardis et puissants, mais non exempts d'une poésie âpre et farouche, que lui a inspirés une analyse sans concession du concept de mouvement, dans l'espoir insensé d'en nier la réalité.

Son maître Parménide avait tracé la voie d'une philosophie rigoureuse, aux accents fortement contrastés : « *L'être est, le non-être n'est pas*. » Il avait recueilli auprès d'une déesse – dans un vaste rêve lyrique dont nous sont seuls parvenus des fragments – deux doctrines contradictoires, fondées l'une sur la vérité, l'autre sur l'opinion. Elle ne se nourrit que d'opinions, notre connaissance sensible du monde, confrontée qu'elle est exclusivement avec des apparences sans cesse changeantes, successives, insaisissables, d'une réalité multiforme et déconcertante. La pensée véritable ne saurait se contenter de contacts si labiles ; elle aspire à ne faire qu'un avec son objet, qui se présente nécessairement comme l'entité absolue, universelle, immuable, éternelle. *A contrario* le mouvement et le devenir, par nature variables et foncièrement imprévisibles, ne peuvent atteindre à la perfection de l'être.

C'est dans cet esprit que Zénon formula ses célèbres antinomies radicales, destinées à saper la notion de mouvement dans ses principes mêmes. Je m'abstiendrai de m'aventurer sur le terrain houleux et orageux de la dialectique et de la controverse, pour m'en tenir ici à la seule énigme dont voici l'énoncé.

## *Paradoxe de la flèche*

Or donc Zénon s'avisa qu'une flèche, saisie par un prompt coup d'œil en un point de sa trajectoire, y semblait immobile. Par quel paradoxe, s'interrogea-t-il, par quel prodige cette immobilité de chaque instant, de chaque lieu, construit-elle en définitive un déplacement, depuis la corde de l'arc jusqu'à la cible ? La flèche, en l'occurrence, tient place d'exemple et de symbole à la fois. Pour les philosophes éléates, en effet, l'espace et le temps peuvent être indéfiniment divisés en points et instants, plus ténus et plus brefs à chaque reprise ; or « l'infini ne peut pas être parcouru » ; tout mouvement met dès lors en évidence une contradiction frontale avec cette interdiction formelle.

Si nous convenons de délaisser délibérément la philosophie afin de nous en tenir résolument à la science mécanique, alors la clef du paradoxe va résider, pour nous autres « modernes » dont la civilisation et jusqu'à la vie quotidienne regorgent d'objets et de phénomènes manifestement mobiles – même si les flèches s'y font rares –, l'issue va résider dans la notion de *vitesse*, une réalité que nous connaissons bien, au niveau technique et intuitif si ce n'est par appréhension théorique – « *Le malheur de la question est dans la réponse.* » Il nous faudra cependant, pour extraire de ce paradoxe quelque enseignement pertinent ancré dans la modernité, analyser les objets et phénomènes susmentionnés à la lueur d'idées et de concepts qu'ont forgés dans ce dessein le mathématicien et le physicien.

Explicitons en premier lieu ce lien déjà annoncé, organique pourrait-on dire, qu'entretient la vitesse de la flèche avec le paradoxe de son immobilité instantanée. Il convient de distinguer en réalité, pour ce qui nous occupe, des « immobilités » de deux espèces radicalement différentes. L'immobilité véritablement immobile règne lorsque l'objet – la flèche – est dépourvu de toute vitesse ; il reste immuable, à tout moment, au même endroit. L'autre sorte d'« immobilité » – celle qui préoccupe Zénon – s'accompagne d'une vitesse ; celle-ci n'est pas perçue, dans l'instant, par le coup d'œil rapide, pour perçant qu'il soit ; c'est plus tard qu'elle se manifeste, par comparaison : l'instant d'après, la flèche – tout aussi « immobile » que précédemment – a changé de place.

Mais elle paraîtrait ridiculement frileuse et conservatrice, l'attitude qui s'astreindrait à raisonner dans le strict cadre de la civilisation ancienne et prétendrait ignorer certaines techniques largement répandues et connues présentement : elles vont nous permettre de reformuler la question, ainsi que la réponse, de manière plus concrète et plus claire, et nous fournir des outils plus accessibles à l'entendement.

Laissons donc là, désormais, la légère arme de trait antique – non sans quelque nostalgie – et son observateur perspicace et subtil – avec admiration, avec émotion aussi devant sa mort sous la torture. Remplaçons la flèche qui volait par une voiture automobile qui roule sur une autoroute. Remplaçons le prompt éclair d'un bref regard par l'obturateur d'un appareil photographique. Si la voiture est lancée à cent kilomètres par heure, elle franchit onze centimètres durant une prise de vue au deux cent cinquantième de seconde, et donc moins de trois centimètres au millième de seconde. Inutile de nous appesantir : un équipement aisément accessible permet de saisir un « instantané » du véhicule, c'est-à-dire une image nette où celui-ci apparaît parfaitement immobile.

Mais nous pouvons aujourd'hui connaître en outre, simultanément, la vitesse de cet objet au moment même où nous en prenons un cliché. Le plus simple, et direct, consisterait à consulter le tableau de bord qui fait face au conducteur : il comporte immanquablement un « compteur » qui affiche la vitesse, instantanément lui aussi, et de façon continue. Mais la photographie d'une « conduite intérieure », depuis l'extérieur, s'avère impuissante à capter le reflet du cadran qui nous concerne ici. L'automobiliste peut d'ailleurs préférer cet état de choses à une totale transparence. Néanmoins certains corps de fonctionnaires sont équipés de certains appareils de physique – point si compliqués – capables de mesurer « en un rien de temps », de l'extérieur, la vitesse « instantanée » d'un engin quelconque qui passe à portée, et dont ils enregistrent précisément, à ce moment-là, l'image « instantanée ». Le dispositif produit aussitôt, sur une seule et même plaque, la photographie de la voiture, juxtaposée à la valeur trouvée pour la vitesse – immatriculation et lieu identifiés. « En un rien de temps », ai-je écrit à propos de la vélocimétrie ; le calcul, en ordre de grandeur, se mène aisément : un aller et retour entre l'émetteur-récepteur et l'objet mobile – quelque deux ou trois cents mètres –, parcouru par le signal électromagnétique à trois cent mille kilomètres par seconde, introduit un délai d'un millionième de seconde, tout au plus.

## *La grandeur vitesse*

Nous voilà donc persuadés, sans doute : le « paradoxe de la flèche » se résout – en mécanique – dans la manifestation, cachée d'abord, de la vitesse. Poursuivre et approfondir exige une définition préalable, précise et maniable, de la grandeur physique qui prend en charge cette notion.

Imaginons pour ce faire une voiture automobile engagée sur une autoroute. Pour concrétiser les arguments, nous choisissons le trajet Paris-Rennes – environ trois cent cinquante kilomètres. Nous supposons que la voiture ne quitte pas l'autoroute, qui constitue ainsi sa « trajectoire ». Le mathématicien objecterait peut-être qu'il ne s'agit pas là, à proprement parler, d'une courbe, puisque l'autoroute n'est pas infiniment mince. Le physicien, en revanche, négligera volontiers la (double) largeur de la voie – combien ? une cinquantaine de mètres ? – comparée à la longueur du parcours envisagé (trois cent cinquante kilomètres). Ou bien : si je demande à quelle heure le mobile atteint Le Mans, il m'indiffère de savoir sur quelle voie de circulation il se trouve alors. Nous considérons cependant comme licite que le conducteur fasse halte un moment, de temps à autre – sur une aire appropriée, cela va de soi –, et même qu'il rebrousse chemin, parfois – après avoir changé de chaussée, bien entendu.

Nous orientons la trajectoire, le sens de Paris vers Rennes étant, par exemple, pris positif. Nous y choisissons, arbitrairement, une origine : nous regarderons pour telle la barrière de péage de Saint-Arnoult-en-Yvelines. Cette double convention établie, chacun des points du chemin à couvrir se repère par une « abscisse curviligne » $s$ : c'est la distance, mesurée le long de l'autoroute, entre le point en question et Saint-Arnoult, à quoi l'on impute le signe moins si ce point se situe avant le péage – entre Paris et Saint-Arnoult – et le signe plus après le péage. Nous allons supposer connue la « loi horaire » du mouvement, c'est-à-dire la fonction $s(t)$ du temps $t$ qui donne, à chaque instant $t$, l'abscisse curviligne $s$ de la voiture. À noter que c'est le temps $t$, et non l'abscisse curviligne $s$, qui permet de dépeindre uniformément le mouvement, quel qu'il soit : une même abscisse $s$ peut en effet voir passer plusieurs fois le mobile – en cas de chemin rebroussé –, alors que le temps $t$ s'écoule imperturbablement à sens unique.

À la vitesse, maintenant !

La « vitesse moyenne » sur l'ensemble du trajet Paris-Rennes s'obtient en divisant la distance – mesurée le long de l'autoroute – entre ces deux villes par le temps mis au total par la voiture depuis son départ de Paris jusqu'à son arrivée à Rennes. On peut calculer de manière analogue la vitesse moyenne entre Chartres et Le Mans. Le résultat obtenu dans ce dernier cas diffère en général du précédent ; la différence s'accentuera, en particulier, si l'automobiliste marque un arrêt entre Chartres et Le Mans. Généralisons à un mobile quelconque – dont la trajectoire est connue, et la loi horaire $s(t)$ – : sa vitesse moyenne entre les instants $t_1$ et $t_2$ se définit[2] comme $\tilde{v}_{t_1t_2} \triangleq \big(s(t_2) - s(t_1)\big)/(t_2 - t_1)$. Cette grandeur, qui s'obtient en divisant une distance par un intervalle de temps, prend des valeurs *algébriques* : si l'on convient par exemple de toujours choisir $t_2$ ultérieur à $t_1$ (c'est-à-dire $t_2 > t_1$), le dénominateur $t_2 - t_1$ est invariablement positif, et la vitesse moyenne prend le signe du numérateur $s(t_2) - s(t_1)$ – différence dont chacun des deux termes peut, à part soi, se trouver positif ou négatif. Une vitesse moyenne positive signale que le mobile a progressé, entre $t_1$ et $t_2$, dans le sens positif de la trajectoire, puisque alors $s(t_2)$ est supérieur à $s(t_1)$ ; il s'est déplacé essentiellement à rebours durant un intervalle de temps où sa vitesse moyenne se montre négative.

Pour intéressante et utile qu'elle se révèle dans de multiples occasions, la notion de vitesse moyenne présente l'inconvénient majeur de varier, de façon parfois considérable, pour un même mobile et un même mouvement, suivant les circonstances où on la calcule ou la mesure : la vitesse moyenne que peut atteindre un athlète dans un marathon diffère évidemment de celle qu'il pourrait développer sur cent mètres. En tout état de cause, plus long l'intervalle de temps $\Delta t \triangleq t_2 - t_1$, plus probable la survenue d'un incident ou d'une péripétie qui influe sur le mouvement (accélération ou décélération, pause, retour en arrière...), et plus grossière l'indication que fournit la

2. Le symbole $\triangleq$ signifie « égale par définition ». On est surpris de constater que mathématiciens ni physiciens, qui utilisent souvent une égalité pour définir diverses grandeurs, n'aient pas ressenti le besoin de singulariser ce type de formules par rapport aux équations, identités et autres égalités en tout genre.

vitesse moyenne sur la progression véritable du mobile. Pour obtenir l'information le plus précise possible, il faut mesurer la vitesse tout au long du mouvement, en prenant chaque fois un intervalle de temps $\Delta t$ très court.

Le mathématicien passe bien sûr à la limite d'intervalles « infiniment petits » : la « vitesse instantanée » $v(t)$ – plus simplement connue comme « la vitesse » – se définit comme $v(t) \triangleq \lim_{\Delta t \to 0} \left( \Delta s / \Delta t \right)$ ; $\Delta s$ désigne le déplacement – algébrique – du mobile durant le temps $\Delta t$, c'est-à-dire $\Delta s = s(t + \Delta t) - s(t)$ ; il tend vers zéro en même temps que $\Delta t$. Il est ainsi patent que la vitesse $v$ change en général d'un instant $t$ à l'autre – d'où la notation $v(t)$, calquée sur $s(t)$. Pour éviter la lourdeur de la formule, on convient d'écrire de façon plus commode $v(t) \triangleq ds / dt$ ; il est entendu – pour l'instant, tout au moins – que $ds / dt$ n'est rien d'autre qu'une abréviation pour $\lim_{\Delta t \to 0} \left( \Delta s / \Delta t \right)$. La vitesse se révèle aussitôt une *grandeur algébrique* : positive, elle indique que, à cet instant, le mobile se dirige selon le sens positif choisi préalablement sur la trajectoire ; négative, elle atteste, à cet instant, un déplacement dans le sens rétrograde. Comme la vitesse moyenne $\Delta s / \Delta t$, la vitesse instantanée résulte du quotient d'une distance par un temps – même si infiniment petits tous deux – ; elle se mesure en kilomètres par heure, ou en mètres par seconde.

## *Les infiniment petits*

Le physicien se sent en droit de demander ce que le mathématicien entend au juste par un « intervalle de temps infiniment petit » $dt$, qu'accompagne ci-dessus un « accroissement infiniment petit » $ds$ de l'abscisse curviligne. Le concept et la notation, $dt$ et $ds$, ont été introduits par Gottfried Wilhelm Leibniz, qui inventa en 1676 le « calcul infinitésimal » – en même temps qu'Isaac Newton développait son « calcul des fluxions », autour de préoccupations analogues. Pour ce qui est de la question – probablement trop naïve – du physicien, la réponse, ou plutôt les réponses, change(nt) suivant les époques et les mathématiciens. Pour Bernard Bolzano (en 1848), « un infiniment petit est ce dont le multiple par un entier quelconque reste inférieur à l'unité ». Mais la définition que voilà ne règle apparemment pas la question, puisqu'on peut lire, à propos de la récente « analyse non standard », que « là où Robinson (1966) agrandissait l'ensemble $\mathfrak{R}$ par exemple pour y ajouter les infinitésimaux, Nelson (1977) pose en axiome qu'ils s'y trouvaient déjà[3] ». Ce problème – qui agite périodiquement le landerneau mathématique – de l'existence éventuelle d'infinis – grands ou petits – « en acte », et non pas virtuels, ne préoccupe guère le physicien. Nous verrons pourtant comment la logique propre de la physique, s'attachant à construire une description théorique cohérente de la réalité, conduit naturellement à résoudre une énigme analogue où une limite asymptotique est véritablement atteinte[4].

Quoi qu'il en soit du sujet péremptoire mais apparemment conflictuel des infinis « actuels », c'est par l'opération « tend vers zéro » que se définit la vitesse instantanée – et plus généralement la « dérivée » d'une fonction. La manipulation concrète de cette opération ne soulève aucune interrogation métaphysique, et se déroule aisément selon des règles simples que le physicien adopte volontiers – alors même qu'il n'en partage point les présupposés.

Si par exemple la « loi horaire » du mouvement envisagé prend une forme linéaire en temps $t$, c'est-à-dire si elle s'écrit $s(t) = at + b$ – avec $a$ et $b$ constantes –, le calcul de l'accroissement $\Delta s \triangleq s(t_2) - s(t_1)$ se fait aussitôt : $\Delta s = a(t_2 - t_1)$, soit $\Delta s = a\Delta t$. Le rapport $\Delta s / \Delta t$ égale tout simplement $a$ – c'est notre exemple, évidemment, qui porte en lui cette simplicité –, et n'en démord pas lorsque $\Delta t$ et $\Delta s$ tendent simultanément

3. Martin Zerner, *in Dictionnaire d'histoire et philosophie des sciences*, PUF, 1999, p. 64.

4. Voir chapitre 6, p. 103.

vers zéro : la vitesse vaut $a$ ; elle se maintient donc constante au cours du temps ; on parle de mouvement « uniforme ».

D'aucuns se demandent peut-être par quelle opération cabalistique le paramètre $a$, apparu pour fois première dans l'expression d'une loi horaire (très) particulière, se voit tout soudain promu au rang de vitesse ; pourquoi pas distance, intervalle de temps ou accélération ?... Me voici amené à évoquer, à ce propos, cette sorte d'arguments que la physique nomme « analyse dimensionnelle[5] », omniprésente en son sein sous forme implicite si ce n'est explicite – mais que le mathématicien ignore superbement, la rejetant par avance à l'aide de formules rituelles coutumières : « Il existe un système d'unités où... » Reprenons donc la loi horaire $s = at + b$. Le symbole $s$, au premier membre, représente une distance – on dit plutôt « longueur », en analyse dimensionnelle. Il est dès lors *obligatoire* que l'expression du second membre présente la même « dimension », c'est-à-dire, en l'occurrence, celle d'une longueur ; et comme on ne peut ajouter des grandeurs que de même nature, les deux termes doivent être des longueurs – l'un et l'autre séparément. Ainsi, $b$ représente nécessairement une longueur ; il s'élimine dans le présent calcul de la vitesse, mais il mesure – en mètres, ou kilomètres,... – l'abscisse du mobile à l'instant $t = 0$ : $s(0) = b$. Quant au paramètre $a$ il doit, multiplié par un temps $t$, aboutir à une longueur $at$ ; sa dimension s'en déduit : celle d'une longueur divisée par un temps – celle d'une vitesse, précisément.

Reprenons un calcul de vitesse, dans une situation de complexité légèrement supérieure : la chute libre d'un corps dans le champ de pesanteur au voisinage immédiat de la Terre. Lâché, à l'instant $t = 0$, d'un point d'altitude $z_0$, le corps va tomber suivant la verticale de ce point ; sa cote $z$ évolue au cours du temps selon la loi horaire $z(t) = -\left(gt^2/2\right) + z_0$ – le facteur 1/2,

5. Les chapitres 7 à 11 développent des raisonnements fort divers fondés sur les règles simples de l'analyse dimensionnelle.

dans le premier terme, est introduit par commodité ultérieure, le paramètre $g$ est constant comme $z_0$. Formons ici aussi la différence $\Delta z \triangleq z(t_2) - z(t_1)$, pour obtenir $\Delta z = -gt_2^2/2 + gt_1^2/2$, soit $\Delta z = -(g/2)(t_2^2 - t_1^2)$. Une « identité remarquable » nous permet d'expliciter la différence des deux carrés : $\Delta z = -(g/2)(t_2 + t_1)(t_2 - t_1)$. Cela fait apparaître $\Delta t \triangleq t_2 - t_1$, mais n'épuise pas la dépendance par rapport aux temps $t_1$ et $t_2$. Toutefois, que $\Delta t$ « tende vers zéro » implique que $t_1$ et $t_2$ « tendent » tous deux vers la même valeur, un temps que nous allons noter $t$. Ainsi $\Delta z / \Delta t = -(g/2) \times (t_2 + t_1)$ tend vers $-(g/2) \times 2t$ lorsque $\Delta t$ tend vers zéro. La vitesse $v$ le long de l'axe vertical $Oz$ – communément orienté d'un sens positif vers le haut – a pour expression $v(t) = -gt$ : elle est dirigée vers le bas, ce que dit le signe moins – le paramètre $g$ est généralement choisi positif –, et sa grandeur croît proportionnellement au temps $t$ écoulé depuis le lâcher du corps.

Appliquons à ce nouveau cas l'analyse dimensionnelle. La hauteur $z$ du corps à un instant quelconque et sa valeur $z_0$ à l'instant initial se montrent, dimensionnellement, des longueurs. Dans le terme $gt^2/2$, une longueur lui aussi, le facteur 1/2 « ne compte pas » dans le raisonnement, car il s'agit d'un « nombre pur », que l'on dit encore « sans dimension » ; dans $gt^2$ – le signe moins ne fait rien à l'affaire, lui non plus – le paramètre $g$ apparaît comme une longueur divisée par le carré d'un temps. On s'avise alors que, dimensionnellement, cela équivaut au quotient d'une vitesse par un temps. Or le taux temporel d'accroissement de la vitesse, $\Delta v / \Delta t \triangleq (v(t_2) - v(t_1)) / (t_2 - t_1)$, dont on prend évidemment la limite quand $\Delta t$ tend vers zéro, s'appelle « accélération » du mouvement – qui s'identifie avec la dérivée de la vitesse. La constante $g$ se nomme ainsi « accélération de la pesanteur » aux parages du sol.

## *Le vecteur vitesse*

Nous avons jusqu'ici supposé qu'était connue, donnée par avance, la trajectoire du mobile – l'autoroute préexiste, et s'impose, aux véhicules qui l'empruntent – ; mais cette hypothèse n'est pas toujours vérifiée : l'avion Paris-Rennes – si tant est que la ligne existe – se lance dans le « grand bleu », sans asphalte ni rail de sécurité. On peut, de façon générale, repérer le mobile – supposé d'extension négligeable – en désignant le point $M$ de l'espace où il se trouve à l'instant $t$, ou bien – ce qui revient au même – en spécifiant les trois coordonnées, fonctions de $t$, qui caractérisent le point $M$ dans un repère cartésien $\{Ox,Oy,Oz\}$ (figure 1) de l'espace à 3 dimensions : $x(t)$, $y(t)$, $z(t)$. Il s'avère commode de parler en termes de « rayon-vecteur » : celui-ci, noté $\vec{r}(t)$[6], est défini

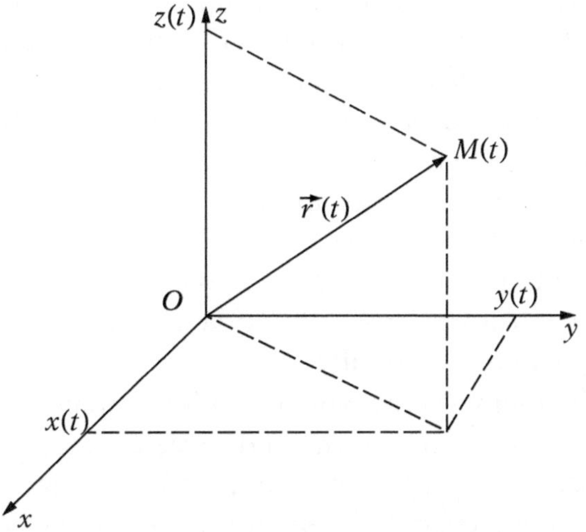


Figure 1

6. On convient de surmonter d'une flèche le symbole d'un vecteur de l'espace à trois dimensions.

comme joignant, dans ce sens, l'origine $O$ des coordonnées à la position (variable) $M$ du mobile. En somme, le rayon-vecteur $\vec{r}$ coïncide avec $\overrightarrow{OM}$, et ses composantes selon les trois axes s'identifient à $x(t)$, $y(t)$, $z(t)$.

Par analogie avec les raisonnements qui ont abouti ci-dessus à la grandeur vitesse $v(t)$ – algébrique – le long de la trajectoire, on définit le *vecteur-vitesse* $\vec{v}(t)$ comme la dérivée de la fonction vectorielle $\vec{r}(t)$, c'est-à-dire $\vec{v}(t) \triangleq d\vec{r}\,/\,dt$ – soit « limite, lorsque $\Delta t$ tend vers zéro »,... (au refrain). Les composantes cartésiennes du vecteur-vitesse sont aussitôt identifiées : ce sont les dérivées $dx\,/\,dt$, $dy\,/\,dt$, $dz\,/\,dt$ des composantes du rayon-vecteur. On notera que ces grandeurs, tant $\vec{v}$ que ses composantes, présentent toutes la « dimension physique » d'une longueur divisée par un temps.

Envisageons deux instants consécutifs et proches, que nous notons d'emblée $t$ et $t + dt$. Les positions $M(t)$ et $M(t + dt)$ du mobile à ces deux temps appartiennent évidemment toutes deux à la trajectoire – celle-ci regroupe par définition l'ensemble des positions atteintes au cours du temps. L'accroissement du rayon-vecteur, $d\vec{r} \triangleq \vec{r}(t+dt) - \vec{r}(t)$, est représenté géométriquement par une corde courte de la trajectoire (figure 2). Si maintenant $dt$ tend vers zéro, $d\vec{r}$ tend pareillement vers le vecteur nul, et $\vec{v} \triangleq d\vec{r}\,/\,dt$, constamment colinéaire à $d\vec{r}$ au cours de ce processus, s'aligne à la limite avec la tangente en $M$ à la trajectoire : elle pointe alors *dans le sens du mouvement*, et sa grandeur se retrouve dans celle de la vitesse scalaire $v(t)$ que nous avons d'abord introduite[7].

Dans la même veine apparaît bien entendu un *vecteur-accélération* $\vec{a}(t)$, défini comme la dérivée du vecteur-vitesse $\vec{v}$, soit $\vec{a}(t) \triangleq d\vec{v}\,/\,dt$. Sa place par rapport à la trajectoire s'avère moins simple que celle de la vitesse $\vec{v}$. Le vecteur-accélération $\vec{a}$ présente, de ce point de vue, deux composantes : $\vec{a} = \vec{a}_T + \vec{a}_N$ ; l'« accélération tangentielle » $\vec{a}_T$ est dirigée, comme $\vec{v}$, selon la

7. Voir appendice I à la fin du chapitre.

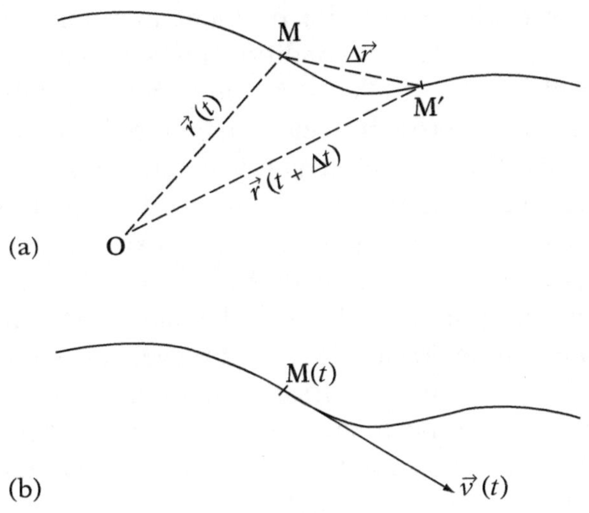


Figure 2

tangente à la trajectoire, l'« accélération normale » $\vec{a}_N$ selon un axe perpendiculaire. En langage imagé, l'accélération tangentielle pousse ou retient la vitesse $\vec{v}$ en agissant dans sa direction, alors que l'accélération normale dévie $\vec{v}$ de sa direction. On ne sera pas surpris d'apprendre que l'accélération tangentielle a pour mesure l'accélération scalaire $dv / dt$ le long de la trajectoire ; quant à l'accélération normale, sa valeur égale $v^2 / R$ ($v$ représente toujours la vitesse le long de la trajectoire, et $R$ désigne le rayon de courbure de la trajectoire en M[8]).

## *Tir à l'arc*

Revenons maintenant, après ces longs détours et ces vastes développements – « *Et puis est retourné, plein d'usage et raison* » –, revenons au paradoxe de Zénon. En un point de sa tra-

8. Voir appendice II à la fin du chapitre.

jectoire, la flèche paraît effectivement immobile. Toutefois, à cela ne se limite pas sa condition instantanée – son « état », dirait le physicien – : elle est en outre animée d'une vitesse – nous le savons à présent –, en ce même point et à cet instant-là, qui va assurer son vol dans l'avenir immédiat.

Il s'avère véritablement remarquable – doit-on invoquer une coïncidence ? – que la première théorie physique formulée dans l'histoire, la mécanique de Newton (1687), se heurtant de plein fouet au paradoxe de la flèche, sut se tirer fort élégamment du dilemme, jusqu'à le résoudre avec maestria, définitivement. La solution prend naissance, mais sans y prendre part de manière explicite, au fondement même de la théorie, je veux dire dans la relation fondamentale de la dynamique postulée par Newton : un corps (ponctuel) de masse $m$, soumis à une force résultante $\vec{F}$, acquiert de ce fait une accélération $\vec{a}$ telle que $\vec{F} = m\vec{a}$. Cela est bel et bon. Cependant – c'est là que Zénon va pouvoir intervenir, et que son fier paradoxe va se dissoudre – cette « relation », pour « fondamentale » qu'elle soit, ne suffit pas à déterminer complètement le mouvement à partir de la seule force.

Raisonnons sur un exemple simple et familier : une bille se mouvant dans le champ de pesanteur, au voisinage immédiat de la Terre. La force qui agit sur elle s'identifie comme son poids $\vec{P}$, vertical, pointant vers le bas. On sait – je ne m'y attarderai pas, de peur d'être entraîné trop loin – que le poids $\vec{P}$ d'un corps est proportionnel à sa masse $m$, selon $\vec{P} = m\vec{g}$. La grandeur $\vec{g}$, évidemment homogène à une accélération – *cf.* $\vec{F} = m\vec{a}$ –, est elle-même dirigée suivant la verticale descendante du lieu ; on peut la considérer constante (vectoriellement), dans un laboratoire ou une pièce de dimensions usuelles. Rapportons cet espace à trois axes cartésiens $Ox$, $Oy$, $Oz$. Le dernier mentionné sera pris vertical, avec pour positif le sens montant. La grandeur vectorielle constante $\vec{g}$ aura dès lors pour composantes zéro sur $Ox$ et sur $Oy$, et $-g$ sur $Oz$ (avec $g$ positif). Nous convenons, pour simplifier les arguments et d'éventuels dessins, d'interdire au mobile de quitter le plan

$yOz$ ; autrement dit, l'abscisse $x$ restera constamment nulle : $x(t) \equiv 0$ pour tout $t$.

La relation fondamentale de la dynamique $\vec{P} = m\vec{a}$ enseigne que l'accélération $\vec{a}$ du mouvement égale tout uniment $\vec{g}$, soit $\vec{a} = \vec{g}$. Projetée sur les axes $Oy$ et $Oz$ – seuls à être sollicités –, cette égalité propose, pour les fonctions $y(t)$ et $z(t)$, les équations différentielles que voici : $d^2y / dt^2 = 0$ et $d^2z / dt^2 = -g$. Que la dérivée seconde $d^2y / dt^2$ doive s'annuler implique que la dérivée première $dy / dt$ soit une constante, quelconque *a priori* ; nous écrirons $dy / dt = v_{0y}$ (la notation provenant de la nature de la constante : une vitesse). Ensuite, une dérivée $dy / dt$ constante demande pour $y$ une fonction linéaire – « affine », diraient nos censeurs mathématiciens, rigoureux, « sans explication ni murmure » auprès des élèves de seconde – : $y = v_{0y}t + y_0$, et cette fois la « constante d'intégration » $y_0$ est une longueur. Depuis la dérivée seconde $d^2z / dt^2 = -g$, la marche à suivre se décale d'un cran, sans faire apparaître aucun problème de fond : la dérivée première devient ici $dz / dt = -gt + v_{0z}$, puis la fonction $z = -gt^2 / 2 + v_{0z}t + z_0$.

Interpréter les constantes $y_0$ et $z_0$, ainsi que $v_{0y}$ et $v_{0z}$ – qui se sont introduites tout naturellement, à leur place, dans le processus –, s'avère aisé : il s'agit des coordonnées du mobile à l'instant $t = 0$ – $y(0) = y_0$ et $z(0) = z_0$ – ainsi que des composantes de sa vitesse à ce même instant : $v_y(0) = v_{0y}$ et $v_z(0) = v_{0z}$. C'est toutefois en sens inverse qu'il convient de s'exprimer : *il faut se donner la position et la vitesse initiales* (à $t = 0$, par exemple) pour compléter l'information – capitale – qu'apporte la Relation Fondamentale de la Dynamique ; le mouvement est alors parfaitement déterminé.

Quelques exemples significatifs. Convenons que le point $(y_0, z_0)$ – appelons-le $M_0$ – sera toujours pris le même, quelque part au-dessus du sol où $z$ est pris nul.

Dans une première expérience, on lâche la bille, à l'instant $t = 0$, à partir de $M_0$, sans vitesse initiale ($v_{0y} = v_{0z} = 0$). On assiste alors à une « chute libre » : trajectoire rectiligne selon la verticale de $M_0$, parcourue vers le bas de manière uniformément accélérée – $y = y_0$ et $z = -(1/2)gt^2 + z_0$. (Une flèche s'est évadée du carquois à travers quelque déchirure.)

Deuxième expérience : départ en $M_0$ à nouveau ; $v_{0y}$ nulle encore, mais cette fois $v_{0z}$ non nulle, positive. Dans ce cas, $y(t) = y_0$ et $v_y \equiv 0$ ; par ailleurs $z(t) = -(1/2)gt^2 + v_{0z}t + z_0$ et $v_z(t) = -gt + v_{0z}$. (L'archer vise un oiseau qui vole au-dessus de sa tête.) La trajectoire demeure rectiligne verticale, mais la bille démarre vers le haut, progressivement freinée par l'accélération négative $-g$ ; arrive un instant, $t_1$, où la vitesse s'annule : $v_z(t_1) = 0$ implique aussitôt $t_1 = v_{0z}/g$. L'objet atteint alors son altitude maximale, $z(t_1) = v_{0z}^2/2g + z_0$, d'où il repart sans tarder pour une chute libre : un calcul algébrique sans véritable difficulté montre en effet que $z(t) = -(1/2)g(t - t_1)^2 + z(t_1)$.

Troisième expérience : $v_{0z}$ nulle à son tour, mais $v_{0y} > 0$. (Zénon bande son arc, mais horizontalement.) Formules adaptées : $y = v_{0y}t + y_0$ et $z = -(1/2)gt^2 + z_0$. La bille part selon $Oy$ et persiste en un mouvement uniforme selon cette direction horizontale. Mais bientôt – aussitôt, en fait – elle est entraînée vers le bas ; elle exécute alors une sorte de numéro de cirque acrobatique, fait d'une chute libre verticale combinée avec une translation horizontale imperturbable. La trajectoire qui en résulte ne se dévoile pas tout d'abord, mais

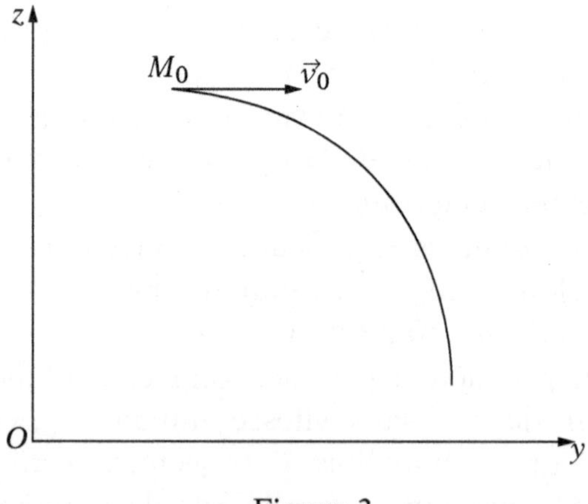


Figure 3

elle se détermine aisément, lieu géométrique des positions successives de l'objet. Ou bien l'on dessine la courbe comme point par point, en reportant dans le plan $yOz$ les emplacements de coordonnées $y(t)$ et $z(t)$ pour une série de valeurs de $t$. Ou bien l'on élimine le paramètre $t$ entre les deux formules : il suffit de porter $t = (y - y_0) / v_{0y}$ dans l'expression de $z(t)$ pour aboutir à $z - z_0 = -(1/2)(g / v_{0y}^2)(y - y_0)^2$. On reconnaît alors – ou l'on trouve un collègue qui reconnaît – une parabole d'axe vertical, tournée vers le bas et de sommet $M_0$ (figure 3).

## *Appendice I*

Choisissons l'intervalle de temps $dt$ positif – pour fixer les idées –, c'est-à-dire $t + dt$ postérieur à l'instant $t$. Dans ce cas $d\vec{r}$, égal par définition à $\vec{r}(t + dt) - \vec{r}(t)$, dit vectoriellement dans quel sens s'est déplacé le mobile entre les deux instants, disposé par rapport à la trajectoire comme le montre la figure 2.

Par ailleurs la longueur $|d\vec{r}|$ du vecteur $d\vec{r}$ – comme le fait apparaître également la figure – se montre plus courte que $|ds|$, longueur de l'arc de trajectoire qu'il sous-tend. Toutefois, la différence s'estompe au fur et à mesure que l'une et l'autre s'amenuisent : le rapport $|d\vec{r}| / |ds|$ tend vers 1 lorsque $dt$ tend vers zéro. En sorte que $d\vec{r} / dt$, tangent à la trajectoire et dirigé selon le mouvement, a pour module celui de la vitesse scalaire $v \triangleq ds / dt$.

## *Appendice II – Accélération normale*

Je ne me lancerai pas dans le calcul – parfaitement possible mais assez ardu – qui établit l'expression de l'accélération normale à partir de notions mécaniques et géométriques premières. Je me contenterai ici d'en suggérer la forme, et de l'écrire en la rendant plausible.

Opérons pour commencer une simplification radicale dans l'économie du problème : un satellite artificiel, assimilé à un point – quelques mètres de diamètre, en comparaison des 12 800 kilomètres que mesure celui de la Terre – tourne à la vitesse uniforme $v$ – accélération tangentielle nulle – sur une orbite circulaire de rayon $R$. La vitesse, constante en valeur, change perpétuellement de direction, comme fait la tangente au cercle-trajectoire ; il y faut une accélération normale $\vec{a}_N$, qui sollicite continuellement la vitesse $\vec{v}$ pour lui faire « prendre le tournant » nécessaire à chaque instant.

Raisonnons ensuite dans le cadre de l'« analyse dimensionnelle[9] ». Les paramètres susceptibles d'intervenir dans l'expression de $a_N$ – module de $\vec{a}_N$ – se réduisent à deux : la vitesse $v$ – une longueur divisée par un temps – et le rayon $R$ de la trajectoire – longueur « pure ». Écrivons donc $a_N = v^\alpha R^\beta$, et recherchons les deux exposants inconnus $\alpha$ et $\beta$ qui amèneront les dimensions du second membre de l'égalité à celles de $a_N$ – une accélération, donc une longueur divisée par le carré d'un temps. Préoccupons-nous en premier lieu de la dimension longueur : à droite, la longueur venant de $v$ est élevée à la puissance $\alpha$, celle de $R$ à la puissance $\beta$ ; à gauche figure également une longueur – à la puissance 1, si l'on veut faire le pendant. L'équilibre dimensionnel de la relation cherchée exige donc une première condition : $\alpha + \beta = 1$. On raisonne de même pour la grandeur temps $t$ : l'inverse de $t$ apporté par $v$ doit, à la puissance $\alpha$ – point de temps dans le rayon $R$ –, aboutir à l'inverse de $t$ au carré de l'accélération $a_N$. Ainsi – seconde et dernière condition –, $\alpha = 2$. Le résultat final s'établit aussitôt à $\alpha = 2$, $\beta = -1$, c'est-à-dire que l'accélération normale $a_N$ prend nécessairement la forme $a_N \propto v^2 / R$.

9. *Cf.* p. 34 et chapitres 7 à 11.

Certes, l'analyse dimensionnelle ne donne pas accès au facteur numérique – sans dimension – que pourrait comporter la formule. Mais est-ce par hasard s'il égale strictement 1 dans le cas présent[10] ?

10. Voir, p. 120, une discussion concernant le facteur numérique inconnu en analyse dimensionnelle.

## CHAPITRE 2

# LA POURSUITE INFERNALE, ALIAS *MY DARLING CLEMENTINE*

« Je courus ! Et les Péninsules démarrées
N'ont pas subi tohu-bohus plus triomphants. »
Arthur RIMBAUD

Les illustres philosophes de la colonie grecque d'Élée formulèrent, par le truchement de celui d'entre eux, Zénon, qui y excellait, un nouveau paradoxe remettant en cause le mouvement même – qu'ils ne cessaient de scruter et d'analyser, dans l'espoir insensé d'en nier la réalité et jusqu'à la possibilité. Il s'agit cette fois d'une course, en forme de poursuite, fort invraisemblable du reste d'être seulement envisagée, tant est poussée, à dessein, jusqu'à l'absurde la dissymétrie entre les deux concurrents. « *Infernale* », même : le terme convient devant l'interprétation théorique qu'en propose Zénon, notoirement incorrecte dans sa conclusion mais diaboliquement irréprochable dans sa formulation.

Mais, sitôt accolés, les deux mots, « *poursuite infernale* », se prennent à voler de leurs propres ailes et à faire référence à une œuvre cinématographique : après quelque vingt-cinq siècles passés le mouvement s'est converti, de réalité triviale et vile qu'il convenait de nier dans l'absolu, en matériau et prétexte d'un septième art ; à ce point que l'œuvre évoquée préférait puiser son titre, en sa langue originale, dans la nostalgie et le regret : « *Ma très chère Clementine* ».

## *Le paradoxe d'Achille et la tortue*

Or donc certain jour légendaire, un jour illustre parmi les jours sans nombre, lointain dans le temps mais étonnamment proche dans son questionnement déstabilisateur, ce jour-là Zénon d'Élée imagina une course entre Achille et la tortue, une course-poursuite, et proposa de son déroulement une analyse théorique fort ingénieuse, et déroutante d'abord, qui donne depuis à penser au philosophe... et interpelle même le physicien : celui-ci hait les paradoxes d'origine profane, plus coriaces d'ignorer et de refuser, parfois obstinément, les règles les plus sacrées de la logique.

Achille et la tortue viennent prendre leurs marques. Toutefois, se sachant le plus véloce, incomparablement, Achille musarde à loisir avant de s'engager sur la piste. La tortue, quant à elle, s'y lance sans perdre un instant, et grignote du terrain, à son train, mais sans relâche. Lorsque Achille s'avise enfin de faire cesser cette situation insensée, pour ainsi dire contre nature, la tortue a déjà atteint, sur le stade d'Olympie, certain endroit précis, quelque part en avant. Achille débute alors sa course et parvient rapidement, sans avoir à forcer son talent, en ce point-là, précisément, celui qu'occupait la tortue au moment où il s'est élancé. Certes, mais la tortue ne s'y est pas arrêtée ; elle ne s'y trouve plus : elle a mis à profit, pour s'avancer encore, le temps qu'a duré ce premier élan du « *héros aux pieds légers* ». Qu'à cela ne tienne : un nouvel effort, minime, amènera Achille à ce nouveau but. Oui, mais il y faudra bien quelque temps encore, même si réduit à presque rien – « *si ce n'est à un je-ne-sais-quoi / qui se trouve d'aventure* » (Jean de la Croix) – et cependant la tortue n'a pas attendu, et la voilà toujours devant. Cet argument répété fonde le paradoxe de Zénon : chaque fois qu'Achille pense avoir rattrapé la tortue, ayant accédé à l'emplacement où elle se situait l'instant d'avant, elle s'en est déjà échappée, tirant parti du délai de grâce que lui a consenti son poursuivant homérique – à son corps défendant – en effectuant ce qu'il croyait être son bond décisif. Raisonnement irréprochable, semble-t-il. Ainsi, Achille ne rejoint jamais la tortue : conclusion déraisonnable, sans conteste. Là gît le lièvre – le paradoxe – qu'il nous faut débusquer.

## *Formalisation (mise en forme)*

Le traitement d'un problème par les techniques mathématiques présuppose sa « formalisation » : on attribue un symbole commode à chacun des paramètres et variables qui apparaissent dans l'énoncé, et l'on précise les conditions dans lesquelles ils vont se placer ou évoluer. C'est là une phase importante, parfois cruciale, du processus de résolution : tels choix facilitent la solution, jusqu'à la rendre d'emblée transparente, alors que tels autres encombrent d'obstacles le chemin.

Qu'on n'aille pas croire, toutefois : la conclusion finale restera la même, indépendamment de la méthode – pourvu que celle-ci se conforme aux critères connus de fiabilité, évidemment ! Le mathématicien s'intéresse rarement à cette mise en place préliminaire des notations et conventions qui vont encadrer le raisonnement : elle participe déjà, pour lui, du domaine de l'« astuce » – « qualité d'une personne ingénieuse et inventive » (*Petit Robert*) –, vertu première cardinale du mathématicien générique en action, don divin qui préside, indispensable à l'instar de la grâce, à toute prise de position de l'élu et le met en état de répondre du tac au tac à des « Que peut-on dire de... ? » ou des « Caractériser la nature de... »

Le physicien, quant à lui, soigne particulièrement cette étape initiale – et l'explicite clairement, et parfois longuement, dans son enseignement. D'une part, en effet, trouver la réponse par deux routes différentes jette souvent sur elle un double éclairage intéressant. Mais d'autre part – cause déterminante – la définition des paramètres et variables de départ amène naturellement à en jauger la pertinence par rapport à la réalité physique sous-jacente et omniprésente : l'idéalisation dont ils découlent le plus souvent, l'approximation hors de quoi ils cesseraient de valoir, doivent être balisés dès l'emblée, sous peine de se méprendre sur la véritable signification du résultat finalement obtenu, et de s'interdire d'éventuels développements futurs.

Appliquons ces sages préceptes au problème qui nous occupe présentement, celui d'Achille et de la tortue, exposé en son temps par Zénon d'Élée.

Nous supposons – hypothèse légitime – que les deux concurrents courent rectilignement, dans la même direction. Nous dessinons donc une droite qui schématise la piste, et – davantage ici par habitude que par nécessité – nous l'orientons : nous y choisissons un sens positif ; pour réduire les occasions d'erreurs – de signes principalement – ce sens positif de l'axe primordial coïncidera avec celui du déplacement des champions. L'origine $O$ de cet axe se propose tout naturellement : c'est le point de départ de l'une et l'autre course que nous avons à considérer. Nous noterons $v$ la vitesse de la tortue – en la supposant unique et constante, malgré la fatigue et les accidents de terrain – et $V$ celle d'Achille. Étant donné la question posée – Achille rattrape-t-il la tortue ? – nous simplifions et idéalisons les données, négligeant certains aspects qui, dans d'autres situations, deviendraient essentiels. C'est ainsi que nous assimilons Achille et la tortue chacun à un point, d'abscisse respective $X$ et $x$. C'est ainsi encore que nous raisonnons comme si la vitesse $v$ ou $V$ était effective dès le démarrage de la tortue ou d'Achille ; nous ignorons, ce faisant, la phase d'accélération indispensable dans le cas d'un départ arrêté.

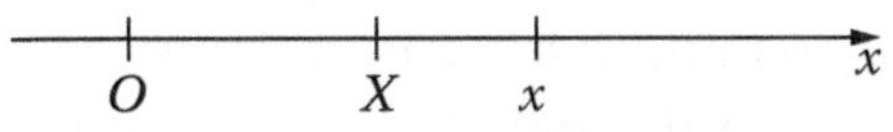


Figure 1

Les abscisses $x$ et $X$ des deux rivaux évoluent au cours du temps $t$. Pour préciser la dépendance de $x$ et de $X$ par rapport à $t$, il nous faut choisir une « origine des temps », où la variable $t$ sera prise nulle par convention. Mais évitons tout malentendu : un tel choix n'a pas pour but ni pour effet d'éliminer les temps négatifs, c'est-à-dire d'exclure l'éventualité d'événements qui se produiraient avant cette origine ; il ne s'agit pas de dater le début de l'Univers, mais de cadrer l'échelle des temps pour décrire commodément et précisément les phénomènes en question. Dans l'occurrence présente, on peut décider que la variable $t$ s'annule à l'instant où s'ébranle la tortue, ou bien que c'est – plus tard – lorsque Achille entame la poursuite. Disons, pour éviter toute ambiguïté, que nous arrêtons la seconde possibilité : $t = 0$ quand s'élance Achille. D'ailleurs – mais « j'ai déjà vu le film » – elle facilite les arguments.

## *Solution raisonnable*

Nous en conviendrons : imaginée ou effective, l'expérience montre sans conteste qu'Achille rattrape immanquablement la tortue – pourvu que sa vitesse $V$ excède celle $v$ de la tortue, comme en répond sa renommée. Nous poserons donc cette hypothèse : $V > v$.

Voici d'abord le raisonnement simple – nous nous proposons de l'expliciter pas à pas – qui fait foi de la conclusion déjà annoncée qu'Achille regagne à coup sûr son retard.

À l'instant choisi pour origine des temps ($t = 0$), Achille s'élance depuis l'origine $O$ de l'axe, alors que la tortue se trouve déjà en un point d'abscisse $x_0$ non nulle et positive. Ce paramètre, $x_0$, mesure l'avance qu'a prise la tortue ; telle que nous l'avons définie, c'est une longueur, qui se mesure en mètres – ou multiples : sous-multiples (décimètres ou centimètres...) écartés pour manque de réalisme dans la situation envisagée. Selon la présente façon de voir, la manière dont s'est établi cet avantage $x_0$ importe peu : on peut penser – la tonalité générale du problème le suggère – que la tortue a quitté le point $O$ à un instant négatif $-t_0$, de sorte que $x_0$ mesure la distance $vt_0$ qu'a parcourue la tortue avant qu'Achille ne prenne le départ ; mais on pourrait envisager tout aussi bien de « parachuter » la tortue en $x_0$ à l'instant $t = 0$. Seul nous intéresse le décalage $x_0$ des deux concurrents à l'instant $t = 0$ : c'est lui qu'Achille doit réduire puis annuler.

L'abscisse $X$ d'Achille à l'instant $t$ s'exprime aisément : elle reste nulle, $X = 0$, pour $t$ négatif (les flâneries ou divagations qui occupent éventuellement Achille avant qu'il n'entame la course ne présentent aucun intérêt pour le physicien, même si elles pourraient attirer l'attention du psychologue). Pour $t$ positif, $X = Vt$ (on vérifie aussitôt sur cette expression que $X$ est encore nulle pour $t = 0$, avant de s'élancer vers des valeurs positives croissantes ; ce comportement correspond parfaitement à ce qu'on pouvait attendre lors du choix de l'origine des temps).

Quant à la tortue, son abscisse $x$ suit, pour $t$ positif, une loi analogue à la précédente, avec la différence essentielle que c'est en $x_0$, et non pas à l'origine de l'axe – d'abscisse nulle – que se met en marche la tortue à $t = 0$ : ainsi, $x = x_0 + vt$ pour $t > 0$.

Existe-t-il un instant – notons-le $T$ – où Achille et la tortue se rencontrent ? On trouve cet instant $T$ en résolvant l'équation qui égale $X$ et $x$ pour $t = T$ ; cette équation se déduit des considérations précédentes concernant Achille d'une part et la tortue d'autre part : $VT = x_0 + vT$, qu'une algèbre élémentaire transforme en $T = x_0 / (V - v)$.

À compter de ce temps $T$ que nous venons de déterminer, on calcule aussitôt l'abscisse – nous la noterons $X_0$ – du point où Achille rejoint la tortue : $X_0 = VT$, selon la relation $X = Vt$ qui repère la position d'Achille à un instant $t$ positif quelconque. Dans l'expression de $X_0$, à savoir $Vx_0 / (V - v)$, on trouvera commode de diviser haut et bas par $V$ ; on aboutit ainsi à $X_0 = x_0 / (1 - v / V)$. Cette formule présente l'intérêt majeur de corréler deux longueurs, $X_0$ et $x_0$, à travers un « facteur sans dimension » : le rapport $v / V$ des deux vitesses possède la propriété remarquable de demeurer immuable si l'on change d'unités pour mesurer les grandeurs ; c'est d'ailleurs ce qui lui permet de s'additionner – ici, se soustraire – à un « nombre pur » – ici, 1.

## *Discussion physique*

Prenons prétexte de cette situation très simple, où Achille poursuit la tortue – sans qu'aucun paradoxe n'y jette encore son ombre –, pour déployer à son propos l'éventail des multiples sollicitudes dont la gent physicienne entoure à l'accoutumée – dans l'enseignement, tout particulièrement, comme dans la rédaction de manuels – les résultats bruts que lui fournit la technique mathématique exploitant la « formalisation » du problème posé.

Devant ces résultats, le physicien s'assure en premier lieu – pour éprouver leur pertinence – qu'ils se conforment bien à telle condition, qualitative ou semi-quantitative, qui s'impose à eux par avance, dictée par la réalité physique. Ici, comme nous avons égalé les expressions de $x$ et $X$ dont la seconde vaut exclusivement pour les temps $t$ positifs, la formule qui en est découlée pour l'instant $T$ de la rencontre se doit de lui conférer une valeur positive, sous peine de se voir rejetée pour incompatibilité avec un présupposé « physique », à savoir Achille ne se déplace qu'à partir de $t = 0$. En effet, avec $x_0$ expressément positif, la condition que $T$ le soit ($T > 0$) se vérifie, si du moins $V$ surpasse $v$ (soit $V > v$ ), ce que nous avons supposé d'emblée.

Mais apparaît une autre solution, si l'on examine cette fois le secteur des temps négatifs ($t < 0$). L'abscisse $X$ d'Achille reste dans ce domaine identiquement nulle – nous l'avons affirmé dès le début – : $X = 0$ si $t < 0$. Une rencontre des deux champions s'avère possible si $x$ s'annule lui aussi pour $t$ négatif ; or $x_0 + vt = 0$ se produit pour $t = -x_0 / v$ – instant que nous avons nommé $-t_0$ dans un commentaire précédent. La solution que voilà, parfaitement « raisonnable », correspond à la mise en route de la tortue au point origine $O$ – point de départ de la course –, en présence d'Achille impassible.

Demandons-nous maintenant – simple curiosité, *a priori* – si les expressions « mathématiques » qui régissent les positions des deux concurrents délivreraient encore un message acceptable dans le cas où, $x_0$ se maintenant positif, la vitesse $v$ en venait à dépasser son homologue $V$. Hypothèse absurde, j'en conviens, s'agissant de la tortue et d'Achille... Quoique... Les athlètes les plus fringants souffrent parfois d'une lésion invalidante – ce pourrait être au talon, dans le cas présent. Quoi qu'il en soit, il appert que le second résultat demeure, celui que nous venons de dégager en explorant le fief des temps négatifs : la vitesse $V$ ne figure en effet ni dans le raisonnement ni dans la formule finale – Achille est resté tout ce temps immobile – ; on ne s'étonnera donc pas que rien ne change lorsqu'on inverse l'ordre des deux vitesses dans leur valeur relative.

Voyons maintenant la première déduction, concernant l'instant $T$ où Achille rattrape la tortue. C'est en égalant les libellés de $x$ et de $X$ – ce dernier valant, de manière explicite, seulement pour $t$ positif – que l'on démontre la formule $T = x_0 / (V - v)$. Celle-ci tient donc indépendamment de toute comparaison entre les deux vitesses. Mais cette fois-ci, avec $v$ excédant $V$, il s'en ensuit une valeur de $T$ négative. L'égalité des deux abscisses $x$ et $X$ s'accomplit donc hors de la zone de validité de l'une d'elles – à savoir $X$ – ; une telle « solution », irréprochable pour ce qui touche à la technique mathématique mais renvoyant à une situation non physique, doit être rejetée catégoriquement.

Ainsi, la question qui était posée – jonction des deux mobiles au même point – admet une seule réponse si $v$ devient supérieure à $V$ : coïncidence sur la ligne de départ, lorsque s'ébranle la tortue. L'intuition suffit d'ailleurs à éliminer dans ce cas toute autre possibilité : si le concurrent le plus rapide –

ici de vitesse $v$ – engage en premier la course, le plus lent – de vitesse $V$ inférieure à $v$ – ne le rattrapera jamais.

D'autres remarques ou observations peuvent être formulées. On note par exemple que le résultat final ne s'appuie pas sur la valeur individuelle de l'une ou l'autre vitesse, $V$ ou $v$, mais sur leur différence $V - v$ s'il s'agit du temps $T$, et sur leur rapport $v / V$ s'il s'agit de la distance $X_0$. Ainsi, Achille rattrape la tortue non pas parce qu'il court très vite dans l'absolu, mais parce qu'il court plus vite qu'elle. L'expression qui est obtenue pour $T$ fait apparaître ce temps des retrouvailles comme celui que mettrait un mobile hypothétique, lancé à la vitesse $V - v$, pour parcourir la distance $x_0$. On peut toutefois penser[1] que $v$ s'avère, dans la pseudo-réalité, considérablement plus faible que $V$, de sorte que $V - v$ diffère peu de $V$. Le cas limite où la vitesse $v$ serait négligeable devant $V$ conduirait à $x_0 / V$ pour le temps $T$. Interprétation physique : pendant le temps $T$ où Achille franchit, à la vitesse $V$, la distance $x_0$, la tortue avance seulement de $vT$, négligeable devant $VT$, c'est-à-dire devant $x_0$ ; autant dire que la tortue n'a pratiquement pas quitté le point d'abscisse $x_0$.

## « *Le Lièvre et la Tortue* »

Une fable de La Fontaine reprend à son compte les circonstances que nous analysons depuis quelque temps, afin d'en tirer une morale : « *Rien ne sert de courir : il faut partir à point. / Le lièvre et la tortue en sont un témoignage.* » Mais ce dessein édifiant s'accompagne d'une modification radicale des enjeux. Ce n'est certes pas le remplacement d'Achille par un lièvre – perçu universellement, lui aussi, comme véloce – qui apporte ce changement crucial, mais bien plutôt l'entrée en scène d'un nouvel élément essentiel, que comportent à dire vrai la plupart

1. Voir discussion numérique, p. 63.

des compétitions, et qui va bouleverser les règles admises jusqu'ici dans nos raisonnements : la « ligne d'arrivée ». Là, en un point précis, fixé par avance – nous noterons $x_A$ son abscisse (positive), comptée sur ce même axe qui nous sert depuis le début (figure 1, p. 47) –, là se juge la victoire de l'un ou l'autre concurrent, au lieu qu'on s'était auparavant accoutumé à voir inéluctablement, sans exaltation ni appréhension, triompher le héros d'Homère, avec la seule diversité d'une plus longue ou plus brève échéance.

Remémorons-nous l'expression de $X$ – abscisse du lièvre, désormais – et celle de $x$ – la tortue – valables pour les temps $t$ positifs : $X = Vt$ et $x = x_0 + vt$. À l'instant, pris comme origine ($t = 0$), où le lièvre prend ses oreilles à son cou, la tortue se trouve déjà au point d'abscisse $x_0$ (positive).

S'il advient que $x_0$ excède $x_A$, la tortue est déclarée vainqueur sans autre forme de procès : elle ne peut être parvenue en $x_0$ qu'après avoir franchi la ligne d'arrivée $x_A$. Le lièvre, pendant tout ce temps, a multiplié ses galipettes et autres culbutes « *Parmi le thym et la rosée* », sans s'avancer du tout sur la piste de compétition ; au moment où il se ressaisit ($t = 0$), les jeux sont faits.

Mais écartons maintenant cette éventualité sans originalité ni véritable intérêt – si ce n'est de rendre plausible la victoire de la tortue. Supposons donc que l'avance $x_0$ que celle-ci s'est assurée n'atteint pas d'emblée $x_A$, c'est-à-dire que $x_0 < x_A$. Son succès est certes compromis, mais il reste possible encore : il lui faut le conquérir de haute course. Sur ces mêmes données, le problème peut être abordé sous divers angles, le résultat final émergeant chaque fois d'arguments et de calculs différents.

Exprimons par exemple, dans le but de les comparer par la suite, les instants $T_A$ et $t_A$ où le lièvre – $T_A$ – et la tortue – $t_A$ – parviennent en $x_A$. Des deux concurrents sera déclaré victorieux celui dont le temps spécifique, $t_A$ ou $T_A$, s'avérera le plus court : ce sera celui-là, en effet, qui se présentera en premier sur la ligne d'arrivée. L'investissement technique nécessaire pour mettre en œuvre cet argument reste léger : en ce qui concerne le lièvre, l'équation $VT_A = x_A$ entraîne directement $T_A = x_A / V$ ; l'évaluation de $t_A$, pour ce qui est de la tortue, se montre à peine plus délicate, puisque $x_0 + vt_A = x_A$ se résout en $t_A = (x_A - x_0)/v$. Comparons, maintenant ! Si $t_A$ se révèle moindre que $T_A$, c'est la tortue qui a gagné ; c'est en revanche le lièvre si, à l'inverse, $T_A$ se montre inférieur à $t_A$ – c'est-à-dire $t_A$ supérieur à $T_A$. L'une de ces deux inégalités contraires suffit à régler l'ensemble du problème : la tortue termine en vainqueur si $[(x_A - x_0)/v] < [x_A / V]$ ; c'est le lièvre si cette relation est infirmée.

Mais on peut tout aussi bien raisonner à partir du résultat $T = x_0 / (V - v)$ qu'a fourni l'analyse de la poursuite Achille-tortue – qui se déroulait sans limitation de champ. Adaptons ce résultat à la présente situation, où s'impose une ligne d'arrivée en $x_A$. Le lièvre l'emportera s'il rattrape la tortue avant qu'elle ne franchisse la ligne ; il aura perdu, en revanche, si la rencontre se prépare pour après un tel passage (on peut supposer que, dans cette dernière circonstance, la tortue qui vient de remporter l'épreuve sera dispensée de prolonger sa course dans le seul but d'offrir au lièvre dépité l'occasion de faire malgré tout montre de sa supériorité.) C'est ici sur les distances – les abscisses – que s'établit commodément la comparaison. Qu'à cela ne tienne : l'abscisse où se réalise – ou bien se réaliserait – la conjonction s'écrit tout simplement $VT$ – selon l'expression $Vt$ de l'abscisse $X$ du lièvre au cours du temps. Le lièvre sera donc le premier à atteindre l'arrivée si $VT < x_A$, soit – d'après la forme de $T$ – si $[Vx_0 / (V - v)] < x_A$.

Les deux conditions découlant des deux méthodes ne peuvent que s'équivaloir. Si pourtant elles jouent sur les mêmes paramètres $(x_0, x_A, V, v)$, elles ne se montrent pas identiques d'emblée : l'une accorde la victoire à la tortue lorsque $[(x_A - x_0)/v] < [x_A / V]$, l'autre quand $x_A < [Vx_0 / (V - v)]$. Mais un exercice simple de calcul suffit à identifier ces deux concrétisations de la même exigence (les inégalités se traitent comme les égalités, à ceci près que leur sens s'inverse si c'est par une quantité négative que l'on vient à multiplier ses deux membres).

Prenant la première de ces conditions, nous effectuons la multiplication de ses parties gauche et droite par le produit $Vv$ (toujours positif), ce qui la transforme en $V(x_A - x_0) < vx_A$. On soumet la seconde condition à un avatar analogue en la multipliant de part et d'autre par $(V - v)$ (positif selon les hypothèses – ou selon les aptitudes comparées des deux rivaux), pour aboutir aussitôt à $(V - v)x_A < Vx_0$. Il suffit, à ce stade, d'effectuer les opérations qui permettent de supprimer les parenthèses dans chacune des inégalités, puis de réarranger l'une et l'autre en changeant de côté tel ou tel terme, pour parvenir à la *même relation* : $\left[Vx_A - vx_A\right] < Vx_0$ – et le *même sens !* L'esthétique conseille sans doute de diviser à nouveau par $V$ les deux membres, et de replacer, à gauche, $x_A$ en position de facteur commun : $[x_A(1 - v / V)] < x_0$.

La « discussion physique » de la présente formule suggère à son tour – pour simplifier les arguments – d'en intervertir les membres : $x_0 > [x_A(1 - v / V)]$. La clause que voilà attribue la victoire à la tortue dans le cas où son avance $x_0$ au départ du lièvre dépasse certain « seuil » : si $x_0$ se montre supérieur à... Que ce seuil, exprimé au second membre, s'avère proportionnel à $x_A$ n'étonne point : plus longue la distance $x_A$ à couvrir dans la course, d'autant plus allongé aussi l'avantage $x_0$ que doit accumuler au minimum la tortue pour parvenir finalement à triompher. Mais le « seuil de la victoire » qui régit le destin de la tortue dépend évidemment de la vitesse qu'elle est capable de développer, ou plutôt – nous l'avons déjà souligné[2] – du rapport $v / V$ de sa vitesse à celle du lièvre. Si ce rapport croît – la vitesse de la tortue augmente, en comparaison avec celle du lièvre –, le facteur $(1 - v / V)$ décroît, et décroît d'autant le seuil initial nécessaire à la tortue pour vaincre. Si – hypothèse peu plausible, en l'absence de « talon d'Achille » – le rapport $v / V$ s'approche de 1, l'avance $x_0$ indispensable à la tortue se raccourcit

2. Voir p. 52.

significativement. Si au contraire $v / V$ vient à diminuer, c'est-à-dire si la tortue se prend à courir (relativement) moins vite, il faut lui accorder un avantage originel supérieur. Bien sûr, si $v$ égalait $V$, la course ne comporterait aucun handicap.

Dans les interprétations précédentes, nous avons systématiquement privilégié le point de vue de la tortue. On pourrait reprendre la « discussion » en adoptant celui du lièvre. Le lièvre gagne la course lorsque vaut la condition inverse de celle que nous avons analysée ci-dessus, c'est-à-dire lorsque $x_0 < \left[x_A\left(1 - v / V\right)\right]$ : le retard initial $x_0$ du lièvre ne doit pas atteindre le « seuil » que nous avons identifié et commenté antérieurement.

## *Solution paradoxale*

Nous voici enfin à pied d'œuvre pour nous en prendre à ce fameux paradoxe que nous avons d'abord énoncé et qui nous tient en haleine depuis lors, nous ayant seulement promis « *Démons et merveilles, vents et marées* ». Éclairés par les enseignements que nous avons retirés des raisonnements et calculs précédents, enhardis par la confiance que nous a insufflée leur succès jamais démenti, empoignons en quelque sorte le taureau par les cornes – « *Non ! Le sang, je ne veux pas le voir !* » – et procédons pas à pas, selon les directives mêmes de Zénon, que nous avons transcrites au plus près en amorçant ce chapitre. C'est Achille à qui nous nous attacherons plus particulièrement, comme au protagoniste crucial : nous savons qu'il la rattrape immanquablement, cette tortue à qui il a d'abord laissé prendre de l'avance ; or la présentation que propose Zénon de cette poursuite diffère indéfiniment le moment, et donc le point, où se produit la rencontre.

Ainsi va l'argument de Zénon, ainsi va donc le calcul qu'il inspire. La tortue se trouve d'abord – à l'instant que nous avons d'emblée choisi pour origine des temps : $t = 0$ – au point d'abscisse $x_0$, alors même qu'Achille s'élance depuis l'origine $O$ de l'axe. Nous nous essaierons plus loin à quelque exemple numérique, mais il nous faut dès maintenant relever que $x_0$, une longueur, se mesure en mètres m. Achille aux pieds légers atteint rapidement l'abscisse $x_0$ : sa vitesse $V$, qui s'exprime en mètres par seconde, m/s, est considérable ; le temps $T_0$ que dure ce premier trajet s'obtient en divisant la distance parcourue $x_0$ par la vitesse $V$, soit $T_0 = x_0 / V$, qui vient en secondes. Ce temps $T_0$ permet à la tortue d'avancer encore d'une longueur $vT_0$. Cette première phase de la poursuite à la Zénon s'achève donc sur les positions suivantes : Achille est parvenu à l'abscisse $X = x_0$, mais la tortue a progressé jusqu'en $x = x_1$, tel que $x_1 - x_0 = vT_0$ – c'est-à-dire, compte tenu de la formule trouvée pour $T_0$, que $x_1 - x_0 = vx_0 / V$.

Deuxième phase. Achille franchit, à sa vitesse $V$, la distance $x_1 - x_0$ qui le sépare encore de la tortue ; temps nécessaire à ce franchissement : $T_1 = (x_1 - x_0) / V$, soit, d'après le résultat précédent, $T_1 = (vx_0 / V) / V$. Mais la tortue n'a pas cessé de cheminer, ce qui l'a amenée, pendant ce temps $T_1$, à $vT_1$ plus loin, en $x_2$. Ordonnons les facteurs de façon à clarifier le calcul : $v(vx_0 / V) / V$ paraîtra limpide sous la forme $x_2 - x_1 = x_0(v / V)^2$. Issue de la deuxième phase : Achille en $X = x_1$, soit $X = x_0 + x_0 v / V$ ; la tortue en $x_2$, avec $x_2 = x_1 + x_0(v / V)^2$.

Troisième phase – seulement pour nous assurer que la régularité, qui commence déjà à poindre, persiste (le mathématicien exigerait que l'on traitât ici la n-ième phase [$n$ entier quelconque], pour parfaire véritablement le « raisonnement par récurrence ». Mais il ne nous paraît pas vraiment indispensable d'aller chercher les $n$, $n - 1$ ou $n + 1$ – bien que, dans le cas présent, ce serait jeu d'enfant). Reprenons simplement, l'une après l'autre, les étapes successives déroulées dans la deuxième phase, en poussant d'un cran, chaque fois, les valeurs intermédiaires. Achille parcourt la distance $x_2 - x_1$ qui le sépare encore de la tortue. Temps requis : $T_2 = (x_2 - x_1) / V$, c'est-à-dire, d'après le résultat précédemment obtenu pour

$(x_2 - x_1)$, que $T_2 = x_0\,(v/V)^2/V$. Mais la tortue... (au refrain) ; elle parvient en $x_3$, telle que $x_3 - x_2 = vT_2$, ce que l'on peut écrire $x_3 - x_2 = x_0\,(v/V)^3$. Aboutissement de la troisième phase : Achille en $X = x_2$, ou, si l'on explicite, en $X = x_0 + x_0\,(v/V) + x_0\,(v/V)^2$ ; la tortue en $x_3 = x_2 + x_0\,(v/V)^3$.

Zénon, par conséquent, envisage une poursuite jamais aboutie, qui procède par bonds successifs, toujours frustrés : $X = x_0 + x_0\left(v/V\right) + x_0\left(v/V\right)^2 + \ldots + x_0\left(v/V\right)^n + \ldots$ L'avance initiale $x_0$ de la tortue, qui assure à $X$ sa « dimension physique » – une longueur –, peut visiblement se placer en facteur commun. En outre, il sera commode de poser $q \triangleq v/V$, paramètre sans dimension (« nombre pur ») – puisque rapport de deux grandeurs de mêmes dimensions (des vitesses) –, et inférieur à 1. Ainsi, l'abscisse $X$ d'Achille s'écrit $X = x_0\left(1 + q + q^2 + \ldots + q^n + \ldots\right)$.

Et le miracle s'accomplit, de l'intelligibilité du monde par le truchement de la mathématique, de l'unicité de la réponse aux questions bien posées, de la pensée ne faisant qu'un avec son objet – perfection qui obsédait les philosophes d'Élée –, malgré la diversité des angles d'abord : cette expression dernière, qui ne montre aucun signe de s'interrompre jamais – les points de suspension suivant le n-ième terme signifient cette infinitude assumée –, qui découle d'un raisonnement sans faille mais perçu cependant fallacieux de quelque manière, cette expression – là éclate le prodige – se réduit[3] à $X = x_0/\left(1 - q\right)$, qu'une simple division par la vitesse $V$ d'Achille ramène au résultat $T = x_0/(V - v)$ qu'une argumentation directe, de bon aloi, nous a d'emblée fourni[4].

3. Je reporte la démonstration, point trop ardue mais un peu longue, au chapitre qui suit.

4. Voir p. 49.

CHAPITRE 3

# EN POURSUIVANT...

« En lisant en écrivant. »
Julien GRACQ

## *Réflexions sur la puissance de la mathématique*

Accordons-nous un moment de répit pour reprendre haleine avec les concurrents... Et le temps que nous dégageons de la sorte, mettons-le à profit pour nous émerveiller – sur les traces de Galilée[1] – devant la manière de tour de force – même si techniquement facile à démonter et à élucider – qu'a déployé sous nos regards confiants mais ébahis la fée mathématique – même si limitée ici à des interventions élémentaires.

Le chapitre qui précède a envisagé en alternance deux problèmes distincts – caractérisons-les en nommant leurs protagonistes : Achille-tortue ou lièvre-tortue. Malgré d'évidentes similitudes, les deux contextes se présentent d'emblée comme dissemblables dans leur économie ; leur disparité saute aux yeux de qui compare les épreuves proposées : l'une des règles du jeu institue une ligne d'arrivée et accorde par là une chance

1. Voir p. 9.

au concurrent lent – la tortue – de la franchir en vainqueur, alors que la précédente – Achille-tortue – n'assigne point de tel terme à la course, et ne tolère partant que la suprématie du plus rapide, Achille « aux pieds légers ».

Le plus étonnant, sans conteste, le plus incroyable, réside dans la mutation du paradoxe de Zénon – Achille n'atteint jamais la tortue – en triomphe indiscutable, et inouï, de la mathématique : celle-ci, bien qu'adoptant au pied de la lettre le raisonnement de Zénon, rétablit en théorie le fait patent qu'Achille rejoint inéluctablement la tortue, mais aboutit en outre au même résultat qu'avaient fourni les arguments « raisonnables ». Il y aurait là de quoi se pâmer de surprise et d'admiration. Je m'en abstiendrai, ayant déjà clos le chapitre antérieur autour du mot « prodige »...

Le second problème (lièvre-tortue), demeuré quant à lui au niveau que la « raison » suffit à éclairer dans toute son étendue, n'en a pas moins mis en exergue quelques traits déjà surprenants. Il a en premier lieu accepté de se plier à un raisonnement fondé sur un résultat qui avait été acquis par ailleurs (dans la course Achille-tortue), pour des motifs autres (jonction des deux acteurs), mais que l'on parvenait à réinterpréter pour l'insérer dans une problématique nouvelle. Il a ensuite confondu en une réponse unique deux conclusions, distinctes en apparence, que proposaient deux méthodes foncièrement diverses.

Ils ne s'étonneront pas, les familiers de la mathématique et de ses applications : de bas étage comme en l'occurrence présente, ou bien de haut vol dans d'autres circonstances, elle se caractérise par la précision et l'unicité de ses oracles, qui s'imposent sans coup férir, allant de soi, aux disciples proches ou lointains, et par leur truchement à tous les hommes de bonne volonté. Que les initiés songent pourtant à se ménager un recul salutaire d'avec leurs habitudes et leurs réflexes, pour se mêler à la foule des profanes ébahis dans leur incompréhension première. Ils pourront alors partager avec les ignorants la stupéfaction primitive et l'enthousiasme admiratif. Tous s'accorderont à louer sans réserve les prouesses fabuleuses de la mathématique, construction hardie et rigoureuse de la pensée pure, qui parvient, inexplicablement, à s'incarner sans faille dans la réalité objective.

## *Démonstration*

Voyons à démontrer cette égalité qui m'a tiré naguère les hauts cris – qu'a annoncée en son dernier paragraphe le chapitre antérieur : $1 + q + q^2 + \ldots + q^n + \ldots = 1 / (1 - q)$, pour $q$ positif inférieur à 1. Il y faut ce que j'appelle volontiers une « astuce ». C'est un raisonnement ou une relation qui ne va pas de soi, que l'on peut chercher sans succès pendant des heures et des nuits – selon la chance ou la malchance. Et puis tout soudain, dans un coin saugrenu, on aperçoit un bout d'oreille, ou de museau ou de queue, à partir de quoi, en tirant avec mainte précaution et force prudence on la fait enfin apparaître, la belle astuce lisse et bien peignée, resplendissante dans son évidence, qui apporte en souriant la solution si longtemps espérée. Mais là, maintenant, je ne vais pas vous laisser languir plus longtemps : je vous la sers à point nommé, avec les signes adéquats et la valeur des paramètres. Qu'on n'aille pas croire tout de même : je ne suis pas plus astucieux que quiconque – plutôt moins, à l'avis de certains mathématiciens... – mais on enregistre, au long de sa carrière, des réminiscences, des souvenirs... Voici, sans plus tarder : $1 + q + q^2 + \ldots + q^n = (1 - q^{n+1}) / (1 - q)$ (contrairement à la précédente, la somme du premier membre est ici arrêtée au n-ième terme $q^n$). Mais alors là, pour le coup, vous sauriez poursuivre seul : ce n'est plus une astuce, mais bien une définition, celle qui affirme que $A / B = C$ si et seulement si $B \times C = A$. Les définitions font partie du bagage professionnel minimal, et les techniques de calcul itou. Mais nulle raison que votre profession s'approche de la mienne ; je vous prends donc par la main : il faut s'attaquer à la multiplication – le $B \times C$ de ci-dessus – de $1 + q + q^2 + ... + q^n$ par $(1 - q)$, c'est-à-dire effectuer $(1 - q)(1 + q + q^2 + ... + q^n)$. Il suffit de « développer », comme on dit pour l'opération qui consiste à multiplier chacun des termes de la seconde parenthèse par 1 puis par $-q$, comme le demande la première. Pour ce faire, calme et organisation : ordonnons d'emblée le résultat selon les puissances successives de $q$, qui apparaissent déjà. Premier terme : 1 (produit de 1 par 1). Le deuxième terme, du premier degré en $q$, regroupe deux produits de ce type : le 1 de gauche multipliant le $q$ de droite – ce qui donne $q$ – et le $-q$ de gauche multipliant le 1 de droite – de produit $-q$. Tiens ! Les voilà qui se compensent : $q - q$, point de terme en $q$. Pour accéder au suivant, en $q^2$, on décale vers la droite les facteurs pris en compte dans la seconde parenthèse : le 1 de la première multiplie $q^2$, et le $-q$ multiplie $q$ ; la somme de ces deux produits, $q^2 - q^2$, s'annule à nouveau ! On aura compris que le mécanisme se poursuit, grâce à la suite des signes plus de la seconde parenthèse : après avoir multiplié par 1 l'un des éléments de la suite – ce qui le laisse évidemment inchangé –, on lui ajoute le produit par $-q$ du précédent, qui s'en montre l'exacte contrepartie. Reste à régler la petite difficulté technique qui a trait au dernier terme – inévitable, en l'occurrence – : la compensation se répète à l'ordre $n$, entre $1 \times q^n$ et $-q \times q^{n-1}$ (non écrit explicitement, $q^{n-1}$ est visiblement sous-entendu) ; mais l'ultime $q^n$ de droite doit encore être multiplié par le $-q$ de gauche, donnant $-q^{n+1}$ qui demeure – par défaut d'un terme de cet ordre, dans la deuxième parenthèse, susceptible de s'apparier avec 1. Donc, malgré l'étonnement, voire l'incrédulité, que suscite au prime abord la formule « astucieuse » proposée ci-dessus de but en blanc, elle se démontre de façon parfaitement convaincante.

Le mathématicien ne s'arrêtera pas en si bon chemin. Il voudra tremper et polir ce résultat « de granit et d'acier » en faisant tendre $n$ vers l'infini. En place de $1 + q + q^2 + ... + q^n + ...$, il écrira $\sum_{n=0}^{\infty} q^n$, car $q^0$ vaut toujours 1 – quel que soit $q$ – et $\infty$ symbolise l'infini. Il suffit de remodeler l'égalité « astucieuse » : $1+q+q^2+...+q^n = 1/(1-q) - q^{n+1}/(1-q)$. Or, pour $q$ inférieur à 1 – nous l'avons spécifié – les puissances successives de $q$, d'exposant croissant, décroissent rapidement, de sorte que $q^{n+1}$ tend vers zéro lorsque $n$ tend vers l'infini. On peut donc transcrire la conclusion finale en une formule remarquable, tant par sa brièveté que par son contenu : $\sum_{n=0}^{\infty} q^n = 1/(1-q)$ si $q < 1$ (et $q > 0$). CQFD pour compléter l'argument de la page.

## *Commentaires numériques*

Essayons-nous, en premier lieu, à quelques observations numériques au sujet de cette course entre Achille et la tortue, qui nous sert d'exemple et de prétexte pour s'être présentée d'abord comme paradoxe.

Imaginons qu'Achille se déplace dix fois plus vite que la tortue : $V = 10v$. C'est là sans doute sous-estimer les possibilités du héros homérique et surestimer celles de l'animal « *Maudissant ses pieds courts avec juste raison, / Et la nécessité de porter sa maison* » (Jean de La Fontaine). Mais nous pourrons ainsi expliciter les résultats dans un cas où $q \triangleq v/V$, assez petit, ne peut toutefois être directement négligé. Raisonnons sur les distances : $x_0$ mesure l'avance initiale de la tortue, $X_0$ la course au bout de quoi Achille la rejoint. La solution trouvée naguère, tant paradoxale que raisonnable, relie $X_0$ à $x_0$ par l'égalité $X_0 = x_0 / (1 - v / V)$, soit, numériquement, $X_0 = (10/9)x_0$ – car $1 - v/V = 1 - 1/10$ vaut $9/10$. Avançons encore dans le concret, en choisissant 90 mètres pour $x_0$ ; c'est alors juste 100 mètres que vaut $X_0$. Des longueurs de cet ordre, il n'est pas question de les mesurer au millimètre près ! Ni même au centimètre ! Va pour le décimètre : distinguer 10 centimètres sur

100 mètres demande une précision relative de 1/1 000 ; il y faut plus que du soin (je crois savoir que les performances sportives sur l'« épreuve reine » du 100 mètres plat – précisément – sont données au centième de seconde, pour des temps proches de 10 secondes : précision du millième !).

On le comprendra sans autre forme d'argumentation : point n'est véritablement besoin d'une infinité de termes si de précision finie il s'agit. Reprenons cette formule qui a été plus haut traitée d'« astucieuse[2] ». Elle s'insère aisément dans les considérations qui nous occupent maintenant : si l'on coupe la somme récurrente – telle que l'a introduite la « solution paradoxale » – immédiatement après le terme d'ordre $n$, l'expression « exacte » que nous avons analysée jusqu'ici pour $X_0$ est modifiée de façon simple : $X_0^{(n)} = x_0\left(1-q^{n+1}\right)/\left(1-q\right)$ à l'ordre $n$. La précision de 1/1 000 sera atteinte lorsque le facteur réapparu $(1 - q^{n+1})$ vaudra pratiquement 1, à 1/1 000 près. Quoi de plus simple à clarifier, avec pareille forme ? On recherche l'entier $n$ vérifiant la condition $q^{n+1} = 1/1\,000$ ; ayant choisi $q = 1/10$, nous trouvons sans autre opération $n = 2$. Nous voilà stupéfaits ! Une infinité de termes réduite aux trois premiers ! Empressons-nous de vérifier cette assertion étonnante : avec nos données numériques, $X_0^{(2)} = x_0\left(1+q+q^2\right)$ s'écrit $X_0^{(2)} = 90\text{ m}\times\left(1+1/10+1/100\right)$, et prend donc la valeur $X_0^{(2)} = 99{,}9\text{ m}$ ; on arrive ainsi, effectivement, à 10 cm de 100 m – par défaut, puisque $q^{n+1}$ est affecté du signe moins, dans la formule donnant $X_0^{(n)}$ de façon compacte.

Le faible nombre de termes nécessaires est à mettre en relation – c'est évident – avec la valeur faible qui a été prise pour $q$. Afin d'apprécier l'influence, sur le résultat approché, du rapport $q$ des vitesses, changeons-en de façon significative : $q = 1/2$, disons – nous ramenons simultanément $x_0$ à 50 mètres,

---

2. Voir p. 61.

de façon que $X_0$ ne s'écarte pas de 100 mètres. Inutile sans doute d'y insister : plus d'Achille ni de tortue dans ce cas ; juste un divertissement intellectuel[3]. L'égalité fixant le dernier $n$ reste littéralement la même : $q^{n+1} = 1/1\,000$ – nous visons encore la même précision. Traduite en nombres, elle prend maintenant la forme $(1/2)^{n+1} = 1/1\,000$. Moins aisée que la précédente, la détermination de $n$ ne nécessite toutefois qu'un bref recours à une calculette de poche. On égale les logarithmes des deux membres – plutôt en base 10, à cause du 1/1 000 – : $(n + 1)\log_{10}(1/2) = -3$, c'est-à-dire $n + 1 = 3 / \log_{10} 2$. La solution qui en résulte avoisine $n = 9$, à très peu près. Que voilà une valeur nettement plus respectable ! Quoique, au regard de l'infinité !... Si l'on veut se rassurer ici aussi par des calculs directs, on effectuera sans mal – sur la même calculette – la somme des dix premiers termes, de 1 à $(1/2)^9$. Cette somme atteint pratiquement 2 – elle en diffère par 2/1 000 – ; multipliant les 50 mètres de $x_0$, elle aboutit à 99,90 mètres – encore à 1 décimètre, comme prévu, de la distance nominale de $X_0$, à savoir 100 mètres.

## *Suites et séries*

En suivant pas à pas – si l'on peut dire ! – Achille le véloce dans sa poursuite quelque peu magique de la lente tortue, nous avons mis au jour une somme infinie de termes dont chacun se déduit aisément des précédents : si le n-ième s'écrit $q^n$, le suivant sera $q^{n+1}$, et l'entier $n$, partant de zéro, croît sans limites. On utilise pour cette somme la notation $\sum_{n=0}^{\infty} q^n$ (le premier terme, $q^0$, égale 1 par convention, quel que soit $q$). Un tel objet

3. Mais la course d'Achille et de la tortue ne relève-t-elle pas, par elle-même, du divertissement intellectuel ? (*Cf.* p. 45.)

mathématique est nommé « série » : dans une série, l'infinité de termes est requise ; la « construction » de l'un d'entre eux à partir des précédents est aussi de règle, quoiqu'on n'en fixe pas de façon rigide les modalités acceptables – celle qui préside à « notre » série apparaît particulièrement simple.

Maintenant il faut s'y faire : certaines séries « convergent », d'autres « divergent ». Une série convergente voit la somme (infinie) de ces termes aboutir à un résultat fini ; c'est le cas de « la nôtre », puisque Achille rattrape immanquablement la tortue. Une série divergente, à l'inverse, ne fournit aucun résultat, au sens habituel ; autant dire qu'on l'écarte résolument, comme inexploitable. Il faut s'y faire, disais-je : il n'existe pas de méthode claire et infaillible qui puisse indiquer aisément si telle série que voilà va converger ou diverger ; il y faut parfois un raisonnement élaboré.

« Notre » série $\sum_{n=0}^{\infty} q^n$ converge sans conteste ni difficulté dans le domaine où nous l'avons obtenue, à savoir pour $q$ positif et inférieur à 1 : $0 < q < 1$. Mais nous pouvons, la prenant telle quelle, chercher ce qu'elle devient si nous modifions $q$. Examinons d'abord les extrémités de l'intervalle précédent. Pour $q = 0$, d'abord, la série ne présente pas grand intérêt – termes tous nuls sauf le premier –, mais elle converge : somme égale à 1. Pour $q = 1$, ensuite, la situation paraît analogue – termes tous égaux – mais elle conduit à la divergence : somme d'une infinité de 1 (d'ailleurs, la formule $1/(1-q)$ que nous avons trouvée pour somme de la série devient infinie si $q$ tend vers 1 par valeurs inférieures). Au-dessus de 1, inutile d'insister : $q^n$ croît avec $n$ si $q > 1$ ; l'addition d'une infinité de termes toujours croissants ne saurait converger (somme infinie). Au-dessous de zéro, point de véritable difficulté. Si $q$ est pris négatif mais supérieur à $-1$, c'est-à-dire $-1 < q < 0$, on peut se ramener dans le domaine (0,1) en posant $q' \triangleq -q$ – ainsi $0 < q' < 1$. Cependant la série change ; ses signes alternent : $\sum_{n=0}^{\infty} q^n = 1 - q' + q'^2 - q'^3 + \ldots$ (les termes de rang $n$ pair redeviennent positifs, ceux de $n$ impair restent négatifs). La somme, qui s'écrivait $1 / (1 - q)$, devient simplement $1 / (1 + q')$. Évidemment, divergence de nouveau si $q$ descend au-dessous de $-1$ ($q'$ monte au-dessus de 1). Avec $q = -1$, on constate un comportement curieux : les termes valent alternativement 1 – pour $n$ pair – et $-1$ – $n$ impair –, de sorte que les sommes finies successives égalent 1 ou 0 ; aucune limite déterminée lorsque $n$ tend vers l'infini.

Il paraîtra évident, sans doute, qu'une série dont les termes croissent avec leur ordre $n$ se range aussitôt parmi les divergentes. À l'inverse, que les termes tendent vers zéro pour $n$ tendant vers l'infini *ne suffit pas* à assurer la convergence. On peut citer en exemple les inverses des nombres entiers : $1 + 1/2 + 1/3 + \ldots + 1/n + \ldots$ diverge, bien que $1/n$ tende vers zéro quand $n$ devient infiniment grand. En revanche, $\sum_{n=1}^{\infty} 1/n^2$ converge, vers $\pi^2 / 6$ (n'est-il pas remarquable qu'une somme ne faisant appel qu'à des nombres entiers – mais infinie – aboutisse à un nombre transcendant ?).

On envisage souvent des séries – on les dit « entières » – dont le terme général comporte la puissance n-ième d'une variable – appelons-la $x$ –, soit $x^n$, multipliée le plus souvent par un coefficient dépendant de $n$. Une telle série, si elle converge, a pour somme une fonction de la variable $x$. C'est ainsi que, dans notre exemple favori – si l'on y remplace $q$ par $x$ –, $\sum_{n=0}^{\infty} x^n = 1/(1-x)$, à condition que $x$ soit compris entre $-1$ et $+1$. Mais on peut aussi construire de la sorte – circonstance éminemment intéressante – de nouvelles fonctions, de nature transcendante. La physique fait de certaines d'entre elles un usage courant et efficace. Ainsi de la « fonction exponentielle » ; on la note $\exp x$, ou tout aussi bien $e^x$, et l'on peut la définir comme

$$\exp x \triangleq 1 + x/1 + x^2/(2\times1) + x^3/(3\times2\times1) + \ldots + x^n/n! \; + \ldots =$$

$\sum_{n=0}^{\infty} x^n / n!$ (on désigne par « factorielle » $n$ ! de l'entier $n$ le produit des $n$ premiers entiers : $n! \triangleq n \times (n-1) \times ... \times 2 \times 1$, avec par convention $0! = 1$). La série que voilà converge pour tout $x$ réel. La fonction exponentielle qu'elle introduit possède des propriétés remarquables ; elle vérifie notamment la relation simple $(\exp x) \times (\exp y) = \exp(x + y)$, que l'on peut écrire plus commodément $e^x \times e^y = e^{x+y}$. Elle admet une « fonction inverse », qui n'est autre que le *logarithme* – népérien, en l'occurrence – : si $y = \exp x$, alors $x = \ln y$ – avec $y$ strictement positif : $y > 0$. L'exponentielle de $x = 1$ donne le nombre $e$ : $\exp 1 = e^1 = e$. C'est, à l'instar de $\pi$, un *nombre transcendant*, dont toute calculette propose une valeur décimale approchée : $e \simeq 2{,}718...$

## *Séries de perturbation*

On nomme « électrodynamique quantique » la théorie qui rend compte des interactions entre électrons et photons. Il n'entre pas dans mes intentions de caractériser ici, tant soit peu, cette théorie, ni même de jeter succinctement ses bases. Je voudrais seulement, en restant au niveau purement descriptif, mettre en évidence un de ses aspects – fondamental, au demeurant. C'est à un double titre qu'il mérite de figurer parmi les considérations suscitées par la poursuite inégale mais instructive qu'analyse le présent chapitre avec le précédent : il se réclame – formellement, tout au moins – de la technique des séries ; il aborde en outre cette méthode, et s'en sert, de façon – risquons à nouveau le mot – paradoxale.

« Théorie », ai-je écrit ? L'électrodynamique quantique souffre d'un mal congénital qui pourrait, selon certains, lui dénier ce titre envié. Elle ne sait s'exprimer de façon intelligible qu'en s'appuyant délibérément sur ce fait indubitable mais contingent : les interactions qu'il lui revient de comprendre s'avèrent *peu intenses* ; le nombre (sans dimension) $\alpha$ qui mesure le couplage entre électrons et photons – et que l'on appelle, pour des raisons historiques, « constante de structure fine » – vaut, à très peu près, 1/137. L'expression théorique que donne l'électrodynamique quantique de chaque grandeur physique $G$ se présente sous forme d'une série en puissances successives du nombre $\alpha$ : $G = c_0 + c_1 \alpha + c_2 \alpha^2 + c_3 \alpha^3 + \ldots$, que l'on nomme « développement de perturbation » de la grandeur $G$. Les coefficients $c_1, c_2, \ldots$ s'obtiennent le plus commodément par une méthode de diagrammatique précise et univoque ; toutefois, le nombre de diagrammes à envisager croît très rapidement avec l'ordre en $\alpha$, et chacun d'eux donne lieu à un calcul intégral de plus en plus élaboré.

Aucune assurance ne peut être obtenue, dans ces conditions, quant à la convergence des séries associées aux diverses grandeurs que l'on souhaite évaluer. Pourtant – voilà le paradoxe – les « approximations successives » que fournissent l'un après l'autre les termes d'ordre croissant se révèlent excellentes, meilleures chaque fois.

Concrétisons en prenant un exemple. Nous choisissons celui du « rapport gyromagnétique » $g$ de l'électron. Peu importe ici la nature et la signification de ce nombre ; il nous intéresse parce qu'on parvient à le mesurer avec une précision fabuleuse : $g$ = 1,001 159 652 187 (± 4) – le chiffre placé entre parenthèses indique l'incertitude – portant sur le dernier chiffre écrit auparavant – qui affecte le résultat.

Envisageons maintenant les approximations successives qu'a développées le calcul théorique. Il se trouve qu'il est plus commode, dans le cas présent, de développer $g$ en puissances de $\alpha / \pi$ – encore plus petit que $\alpha$ lui-même : $\alpha / \pi \simeq 0{,}0023228$. Continuons à noter $c_0, c_1, c_2, \ldots$ les coefficients correspondants. On s'arrange pour que le terme d'ordre zéro vaille simplement $c_0 = 1$. Le calcul de $c_1$ est à la portée de quiconque ; il aboutit à $c_1 = 0{,}5$ et donne pour approximation d'ordre 1 à $g$ le résultat 1,0011614 (je réduis volontairement à 8, pour alléger l'écriture, le nombre de chiffres significatifs). Avec $c_2$ commencent les véritables difficultés, affaires de spécialistes : doivent être ajoutées plusieurs contributions, diverses en nature diagrammatique, et donc en valeur et en signe, pour conduire à $c_2 = -0{,}32847897$. À l'ordre 2, cette grandeur $g$ que nous avons adoptée comme prototype prend la valeur 1,0011592 (réduite ici aussi à 8 chiffres significatifs). L'évaluation de $c_3$ tient du tour de force : y contribuent 72 diagrammes distincts, c'est-à-dire 72 intégrales ardues. Ce treizième travail d'Hercule se termine sur $c_3 = 1{,}1765$ (mais, comme $(\alpha / \pi)^3$ avoisine $10^{-8}$ – un cent millionième –, la correction d'ordre 3 se situe au-delà des 8 chiffres significatifs auxquels je me suis borné). Le calcul du coefficient $c_4$ mobiliserait l'Olympe entier – et pourtant des mortels se sont attaqués à la tâche – : 891 intégrales distinctes et malaisées !

Les fruits de tous ces efforts, rassemblés, proposent pour $g$ la prédiction théorique 1,001 159 652 36. Accord remarquable avec le résultat expérimental cité plus haut : les 10 premiers chiffres significatifs sont reproduits ! La différence qui subsiste provient sans doute des termes d'ordre supérieur qui n'ont pas été calculés, mais aussi de l'incertitude – venant de l'expérience, quant à elle – sur la valeur du paramètre $\alpha$.

À défaut d'une preuve de convergence pour la série de perturbation, soulignons une de ses caractéristiques essentielles : tous ses coefficients restent de l'ordre de 1 ; j'entends par là qu'aucun ne descend au-dessous de 0,1, et – surtout – qu'aucun ne monte au-dessus de 2 ou 3. Rien ne laissait prévoir *a priori* cette propriété semi-quantitative, rien ne la garantit lorsque s'ajoutent 72 contributions, voire 891 ; elle tient pourtant dans tous les développements de toutes les grandeurs que se propose de calculer l'Électrodynamique Quantique, et c'est elle qui permet la mise en œuvre, pour chacune de ces grandeurs, d'un programme d'approximations successives. Reprenant en effet l'exemple précédent du rapport gyromagnétique $g$, imaginons que le coefficient $c_3$ se soit révélé égal à 100, au lieu du 1,17 qu'il vaut en réalité. Écrivons l'approximation d'ordre 2 : $g = 1 + 0{,}5\,\alpha / \pi - 0{,}328\,(\alpha / \pi)^2$, et estimons le terme suivant $c_3(\alpha / \pi)^3 = c_3(\alpha / \pi)(\alpha / \pi)^2$ ; c'est donc $c_3(\alpha / \pi)$ qu'il faut comparer à 0,328. Pour $c_3 \simeq 1{,}17$, pas de difficulté : $1{,}17(\alpha / \pi) \simeq 0{,}0027$ est plus de cent fois moindre que

$c_2 = 0,328$. Mais si $c_3 \simeq 100$, $c_3(\alpha / \pi) \simeq 0,232$ serait comparable à $c_2$, ce qui invaliderait l'approximation : il serait hors de question de se limiter au deuxième ordre puisque le terme suivant, négligé, ne serait pas négligeable en réalité. Si l'un des coefficients – nous avons choisi $c_3$ pour exemple – parvenait à 100 ou 1 000 – qu'est-ce qui l'en empêcherait ? –, la méthode des perturbations, sur quoi se fonde l'électrodynamique quantique, en serait frappée d'impuissance.

## *Expériences de pensée*

Il est remarquable de constater que l'antique joute entre Achille et la tortue s'apparente à un mode de raisonnement, de controverse plutôt, qui connut certaine vogue soudaine dans les années 1920-1930, lors de l'établissement de la mécanique quantique comme théorie sincère et véritable. De temps à autre, l'un des « pères fondateurs » de cette nouvelle confession imaginait et proposait, à l'attention de ses coreligionnaires, une situation expérimentale fictive, mais qu'il jugeait démonstrative envers un aspect crucial de l'édifice théorique en cours d'érection. Les émules alors passaient la suggestion au crible de leur entendement et de leurs convictions ; ils soulevaient le plus souvent des objections, ou bien soumettaient d'autres circonstances pseudo-expérimentales qui leur paraissaient convenir mieux au propos... Personne, en l'occurrence, n'envisageait le moins du monde que ces expériences pourraient être véritablement tentées – pas plus que quiconque n'avait envisagé, depuis si longtemps, d'aligner Achille et la tortue sur le stade d'Olympie. Certes, ces *gedanken experiments* de la mécanique quantique – on est convenu de traduire l'expression allemande par « expériences de pensée » – se montraient plus complexes, plus subtiles, plus inattendues dans leurs conclusions, mais le principe en restait fondamentalement le même : disserter avec application et sagacité sur des conditions supposément réalisables, mais essentiellement conceptuelles.

L'année 1927 connut de ce divertissement brillant le brillant apogée. À peine Max Born venait-il, en avançant son interprétation probabiliste de la « fonction d'onde », de parachever le monument quantique. Un somptueux congrès de physique fut organisé en Italie, plus précisément à Côme, ville qui avait vu naître et mourir Alessandro Volta, inventeur de la pile électrique : le gouvernement fasciste souhaitait fêter avec éclat le centenaire de la mort de ce savant illustre. Le but fut atteint : entre la fierté d'avoir vaincu et déjoué les embarras et chevaux de frise qui défendaient l'approche de la mécanique quantique, et l'agrément des promenades nautiques sur le lac de Côme, l'atmosphère était détendue et chaleureuse. Le Danois Niels Bohr, « pape » reconnu de la nouvelle physique prometteuse, y présenta une contribution remarquée, insistant tout particulièrement sur les questions d'interprétation du formalisme. Remarquée également, toutefois, l'absence d'Einstein, qui avait refusé de cautionner, par sa venue, le régime mussolinien. « *Si tu savais où je vais te mener tout à l'heure...* »

Einstein saisit pourtant l'occasion de se manifester – avec quelle vigueur ! –, au « Conseil Solvay », qui se réunit quelques semaines plus tard à Bruxelles (Ernest Solvay, riche mécène belge). Le « Solvay 1927 », où se retrouvèrent vingt-neuf physiciens, parmi les plus illustres du moment, a marqué les annales d'une pierre aux mille feux, pour le combat de titans que s'y livrèrent Einstein et Bohr. Le premier nommé s'acharnait, en s'aidant de *gedanken experiments*, à terrasser le « principe d'incertitude », qui se situait aux fondements mêmes de la mécanique quantique naissante. Le second chaque fois relevait le gant : analysant chacune de ces objections « de pensée », il les convertissait bientôt en confirmations positives de la théorie qu'elles cherchaient initialement à renverser. « Comme une partie d'échecs. Einstein sans arrêt avec de nouveaux exemples. En un sens, une sorte de "mouvement perpétuel de seconde espèce" pour briser la relation d'incertitude. Bohr cherchant constamment dans ses nuages de brouillard philosophique les outils capables d'écraser les exemples l'un après l'autre.

Einstein, tel un diable dans sa boîte, jaillissant comme neuf tous les matins » (Paul Ehrenfest à ses étudiants en thèse restés à Leyde). De l'avis unanime – Einstein le reconnut lui-même – c'est Bohr qui sortit vainqueur de la joute titanesque, prolongée et pleine de rebondissements, mais toujours courtoise. Einstein toutefois se refusait à admettre que « *le Seigneur pût jouer aux dés* » – allusion à l'interprétation probabiliste –, et préparait déjà sa flèche de Parthe. Il la décocha huit ans après (1935), encore sous forme d'une « expérience de pensée » : « La description que donne la mécanique quantique de la réalité physique peut-elle être considérée comme complète ? » (A. Einstein, B. Podolsky et N. Rosen.)

Le « paradoxe E. P. R.[4] » fit, comme ceux de Zénon, le tour du monde savant et du monde curieux, évoqué sans cesse et commenté, divisant pendant un demi-siècle les physiciens en orthodoxes et dissidents... Jusqu'à ce que, enfin (1982), un expérimentateur habile et bien outillé, patient et rigoureux, Alain Aspect, pût mener à bien l'expérience : elle confirma parfaitement, sans contestation possible, les prédictions de la mécanique quantique – quelque paradoxales qu'elles paraissent encore à certains –, rejetant franchement les objections d'Einstein.

4. Voir chapitre 23.

## DEUXIÈME PARTIE

# CHIMÈRES

« *Deep into that darkness peering, long I stood there wondering, fearing,*
*Doubting, dreaming dreams no mortal ever dared to dream before;*
*But the silence was unbroken, and the stillness gave no token,*
*And the only word there spoken was the whispered word, "Lenore!"*
*This I whispered, and an echo murmured back the word "Lenore!"*
*Merely this and nothing more*[1]. »

Edgar Allan POE

---

1. « Fouillant au plus profond de ces ténèbres, longtemps je me dressai là, admirant, craignant, / Doutant, rêvant des rêves qu'aucun mortel ait jamais osé rêver auparavant ; / Mais rien ne rompait le silence, aucun signe ne troublait la tranquillité, / Et le seul mot alors prononcé était le mot chuchoté, "Lénore !" / Je chuchotais cela et un écho murmurait en retour le mot "Lénore !" / Seulement cela et rien de plus. »

CHAPITRE 4

# DES CHIMÈRES EN GÉNÉRAL

« Reconnais-tu le TEMPLE, au péristyle immense,
Et les citrons amers où s'imprimaient tes dents,
Et la grotte, fatale aux hôtes imprudents,
Où du dragon vaincu dort l'antique semence ? »
Gérard DE NERVAL, *Les Chimères*

La science, dans sa logique parfois exagérément rigide et dans son imagination parfois irrépressible, enfante communément des chimères, êtres ou concepts d'aspect monstrueux et disparate ou de réalité invraisemblable et problématique. J'aimerais introduire, dans cette ménagerie hétéroclite, quelques distinguos taillés à coups de serpe qui mettent en évidence une profonde différence de nature entre « *le pays des chimères [mathématiques], en ce monde le seul digne d'être habité* », et les contrées toujours menacées que peuplent les rêves et les fantasmes des physiciens – « *Car quoi ! rien d'assuré ! point de franche lippée ! / Tout à la pointe de l'épée !* » À l'appui de ces adages, je m'en vais proposer quelques illustrations.

## *De l'infini mathématique*

« Je ne puis ; – malgré moi l'infini me tourmente,
Je n'y saurais songer sans crainte et sans espoir ;
Et, quoi qu'on en ait dit, ma raison s'épouvante
De ne pas le comprendre, et pourtant de le voir. »
Alfred DE MUSSET

Quelque temps a passé déjà – longtemps, en vérité – depuis que le physicien générique avide de connaissance a sollicité du mathématicien générique quelque éclaircissement au sujet des infinis – s'enquérant plus particulièrement de la signification exacte des termes « *infiniment petit* » et « *infiniment grand* ». Non pas que celui-là ait attendu après celui-ci pour manipuler ces notions à sa guise – « à la physicienne » – et pratiquer un « calcul infinitésimal » omniprésent et efficace[1]. Mais enfin on lui promettait rituellement monts et merveilles : « Certaines branches de la physique théorique, en particulier celles qui sont affligées de divergences, pourraient être traitées avec profit par l'analyse non standard[2] » – comment ne pas être pénétré d'une reconnaissance éperdue au spectacle édifiant de la mathématique chevaleresque se proposant de « traiter » les « afflictions » de la physique souffrante ?

Loin de moi l'intention de soulever ou d'alimenter telle controverse qui couverait sous la cendre et soudain éclaterait au grand jour ! Loin de moi la prétention de m'immiscer dans telle dispute qui embraserait l'Olympe ! Laissons les grands jouer dans la cour des grands ! Il paraît toutefois, de l'extérieur, bien sûr, ou du dessous, si l'on veut – « *Dans l'étrave, ou si l'on veut, dans l'écume* » –, il paraît que la quête de l'infini

1. Voir chapitre 13.
2. Abraham Robinson, inventeur de l'« analyse non standard » (1966).

« actuel » s'apparente étrangement à la traque d'une chimère. Au demeurant il n'est pas assuré, pour le cas où cette chasse à courre aboutirait véritablement à la capture du monstre poursuivi, que la physique en pourrait tirer aucun profit. Que si ce doute – pouvant de toute manière se réclamer de souche cartésienne – semblait exagérément pessimiste, voire iconoclaste, à quelque lecteur débordant de foi et d'espérance, je me retrancherais derrière l'histoire : « *L'histoire m'absoudra*[3]. »

Le commencement de cette histoire se perd, avec l'autre, dans la nuit des temps. Zénon d'Élée (V^e^ siècle avant Jésus-Christ) – celui-là même qui nous a déjà inspirés[4] – était passé maître dans cet exercice vertigineux que l'on nomme « *réduction à l'infini* ». S'y prête le simple cheminement – un mouvement, à nouveau ! – d'un point à un autre, le long de la droite qui les joint : avant d'arriver à destination, il faut passer par le milieu du trajet ; mais avant de parvenir au milieu, il faut passer par le milieu de la moitié ; mais auparavant... ainsi de suite *ad infinitum* (comme dira plus tard une autre langue). Aristote déjà (IV^e^ siècle avant Jésus-Christ) distingue clairement l'« *infini potentiel* » de l'« *infini actuel* », optant sans barguigner pour le premier : « Alors le nombre est infini en puissance et non en acte, mais le nombre considéré peut dépasser toute quantité déterminée » ; et aussi : « Puisqu'il n'y a pas de grandeur sensible qui soit infinie, il ne peut y avoir de grandeur qui dépasse toute grandeur déterminée, car ce serait une chose plus grande que le ciel. »

On peut dire, non sans certaine schématisation, que l'histoire de l'infini mathématique moderne commence quant à elle à Prague, avec Bernard Bolzano (1781-1848). Sous le titre *Les Paradoxes de l'infini*, cet homme – remarquable par l'étendue de ses intérêts – présente une plaidoirie argumentée et énergique en faveur de l'infini réel et actuel, le « véritable infini »,

---

3. « *La historia me absolverá* », Fidel Castro, 1953.
4. Chapitres 1 et 2.

qu'il situe parmi les nombres et la quantité plutôt qu'en Dieu, malgré son statut de prêtre. Il définit avec précision, sans laisser place à l'ambiguïté, les deux catégories d'infini : un infiniment grand se révèle « plus grand qu'un nombre quelconque d'unités », c'est-à-dire supérieur à tout entier positif ; pour un infiniment petit, « son multiple par un entier quelconque reste inférieur à l'unité ». Inutile d'y insister : ces définitions contreviennent à tels axiomes si anciens d'origine et de formulation qu'on les pensait définitivement établis à la racine du raisonnement humain. Bolzano batailla avec acharnement, « *dans la voie où le sort a voulu [l']appeler* » ; il ne réussit cependant pas à s'approcher du terme où, peut-être, son édifice intellectuel aurait pu emporter une adhésion franche.

Georg Cantor (1845-1918) s'aventure dans l'au-delà, envisageant pour première fois des nombres infinis, ou plutôt « *transfinis* » : « Il y a, après le fini, un transfini [...], c'est-à-dire une échelle illimitée de modes déterminés qui par nature ne sont pas finis, mais infinis, et qui cependant peuvent être précisés, tout comme le fini, par des nombres déterminés, bien définis et distinguables les uns des autres. » Il tente d'établir une arithmétique des nombres transfinis, et développe dans ce but la « théorie des ensembles ». Mais, si celle-ci est universellement adoptée aujourd'hui – tous les objets mathématiques peuvent se ramener à des ensembles –, les transfinis sont souvent mal reçus ou ignorés.

Plus récemment (1966, Abraham Robinson) est apparue l'« analyse non standard ». Plongeant à son tour ses racines dans le calcul infinitésimal elle tente, appuyée sur des techniques nouvelles, de promouvoir une extension de l'ensemble des nombres réels par des éléments infinis : par exemple, « il existe un entier qui majore tous les entiers standard ». La polémique, inévitable, revêtit une forme curieuse, à sens unique pourrait-on dire : aux publications, assez nombreuses et fournies, qui apportaient de l'eau au moulin non standard répondait un silence, réprobateur sans doute mais impénétrable, des adeptes résolus de la meunerie banale.

L'article « Infini mathématique » (Hourya Sinaceur) du *Dictionnaire d'histoire et philosophie des sciences*[5] se conclut de la sorte : « La dualité fini/infini continue de tracer dans le champ mathématique une ligne de partage, que les mathématiciens redéfinissent sans cesse sans jamais l'abolir. S'il est relativement aisé de reconnaître la validité d'un résultat à partir d'hypothèses admises, il l'est beaucoup moins de se mettre d'accord sur les hypothèses que l'on peut ou doit admettre. »

Je ne saurais quant à moi clore les présentes réflexions sur les chimères « infinitistes » sans évoquer Giordano Bruno (1548-1600), prophète de l'infini universel, et m'incliner devant son martyre.

## *Chimères physiciennes*

Qu'on n'aille pas croire ! La physique elle aussi met au monde ses chimères, rejetons prématurés et évasifs que poursuivent assidûment les physiciens, tant expérimentateurs que théoriciens, souvent avec constance, parfois durant des siècles... Pourtant un signe distinctif – fondamental à tous égards –, une sorte de marque indélébile du doigt divin, différencie celles-ci des chimères communes, fussent-elles engendrées par de hautes pensées ou imposées par des arguments d'apparence irréfutable :

> « L'onde qui fuit, par l'onde incessamment suivie,
> Tout souffle, tout rayon, ou propice ou fatal,
> Fait reluire et vibrer [leur] âme de cristal. »
>
> Victor HUGO

Elles connaissent ici, tôt ou tard, un destin tranché, définitif, irrévocable : ou bien elles s'avèrent, sous une forme souvent inattendue mais reconnaissable ; ou bien elles s'évanouis-

5. Dominique Lecourt, PUF (1999).

sent, comme une brume tardive par quelque clair matin théorique ou par quelque ouragan expérimental.

Ainsi des *atomes*. Proposés déjà par certains Anciens (V^e^ siècle avant Jésus-Christ), sur des bases philosophiques mais sans raison véritablement contraignante, leur réalité scientifique fut affirmée sans ambages au tout début du XIX^e^ siècle (1808, John Dalton), sur la foi de la chimie quantitative naissante. Farouchement niés et combattus, pour chimériques, dès leur apparition : une cohorte de rigides positivistes refusaient d'accorder toute existence à des objets imperceptibles à nos sens – même aidés des plus puissants microscopes. Acharnée, sans merci, la lutte mit un siècle à se dénouer – « *Allons que ces doigts se dénouent / Comme le front d'avec la gloire.* » Il y fallut la sagacité d'Albert Einstein (1905) et le talent expérimental de Jean Perrin (1908) qui, conjugués, aboutirent à une preuve indiscutable de la présence concrète des molécules et des atomes dans la matière. Le monde entier dut alors se rendre à l'évidence atomique. À l'exception toutefois d'Ernst Mach, l'un des plus virulents – et des plus méprisants – parmi les antiatomistes, qui refusa de faire amende honorable durant les huit années pourtant où il vécut encore, en pleine connaissance de cause.

Ainsi de l'*éther luminifère*. La mise en évidence des interférences lumineuses, corroborée par leur interprétation théorique univoque (Augustin Fresnel, 1819), établit sans conteste la *nature ondulatoire de la lumière*. D'autres phénomènes de ce type étaient déjà connus par ailleurs. Qui ne s'est extasié – premier exemple – devant les rides qui s'élargissent à la surface d'une eau calme perturbée par la chute d'une pierre ? – « *Comme on se fait le cœur content / À lancer cailloux sur l'étang / Je chante pour passer le temps* » (Louis Aragon). Pourquoi de même entend-on venir une voiture avant de la voir tourner le coin de la rue ? – sinon parce que le son, ondulatoire, est diffracté par l'arête du mur. Or ils sont à l'évidence portés par l'eau, les sillons concentriques – et poétiques – ; le son – on sait le prouver – est véhiculé par l'air, ou par tout autre corps matériel.

On en inféra, très naturellement, l'existence d'un milieu spécifique, nommé « *éther luminifère* », susceptible de transporter les vibrations lumineuses. Chimérique sans nul doute : il devait imprégner l'espace tout entier, jusqu'aux plus lointains astres – « *Pâle étoile du soir, messagère lointaine...* » – dont nous recevons de la lumière ; mais il déjouait, « subtil », toute détection directe, hormis ce rôle primordial vis-à-vis de la lumière, sa véritable – et seule ? – raison d'être.

Commença dès lors la chasse à la chimère luminifère – chasse de haut vol, eu égard à la nature altière du gibier. On crut avoir identifié l'éther à travers le phénomène d'« aberration des étoiles » ; on crut même l'avoir « *vu, ce qui s'appelle vu* », du haut d'un mont d'Espagne, en un jour prédestiné d'éclipse – après une pénible ascension, alourdie par un appareillage considérable. On chercha, comme preuve ultime, à mesurer la vitesse de la Terre par rapport à l'éther ; le « vent d'éther » que provoquerait ce mouvement – notre planète avait depuis plus de deux siècles abandonné le centre du monde – différencierait la vitesse de la lumière, sur Terre, entre la direction est-ouest et la direction nord-sud. L'effet le plus important était attendu de la rotation de la Terre autour du Soleil – essentiellement est-ouest –, dont la vitesse linéaire avoisine les 30 kilomètres par seconde. Voilà la gageure : rendre manifeste une différence de 30 km/s entre des vitesses de 300 000 km/s chacune ! Albert Michelson releva le gant, armé d'un interféromètre à faisceaux séparés et perpendiculaires qu'il avait construit et qu'il ne cessa d'améliorer, de perfectionner, tout au long de six années de dur labeur et d'acharnement – secondé par Edward Morley – pour évaluer le déplacement de la Terre à travers l'éther.

Son appareil, en tout point exceptionnel, pouvait diriger ses deux faisceaux perpendiculaires l'un en est-ouest, l'autre en nord-sud ; la précision qu'il retirait de l'observation d'interférences lui permettait de discerner une *fraction de centimètre* par seconde de différence entre les vitesses le long des deux bras –

alors qu'on prévoyait plusieurs dizaines de *kilomètres* par seconde ! En juillet 1887, Michelson et Morley mirent en place leur expérience, à Cleveland, pour effectuer les derniers réglages avant trois séries de prises de données qu'ils avaient projetées pour l'automne, pour l'hiver et pour le printemps suivants. Tout préliminaires qu'ils fussent, les essais de juillet 1887 montrèrent qu'on s'acheminait vers une confirmation du résultat invariable et incompréhensible des mesures antérieures : zéro ! Ils renoncèrent alors, d'un coup, irrévocablement, ne sachant plus que faire de ce gant que Michelson avait, un jour de 1881, ramassé sur le pavé scientifique de Berlin...

Deux décennies plus tard, à des milliers de kilomètres de là, dans la vieille Europe, un jeune théoricien encore inconnu s'imposa soudainement sur le devant de la scène physicienne : il publia d'affilée, la même année (1905), dans la même revue allemande, quatre articles, tous quatre révolutionnaires. L'un d'eux – « Sur l'électrodynamique des corps en mouvement » – proposait la *relativité* comme fondement de la physique ; et au milieu de sa deuxième page, parmi les remarques préliminaires et motivations de l'auteur – Albert Einstein, on l'aura reconnu –, le sort de l'éther est réglé en une courte ligne : « L'introduction d'un "éther" luminifère s'avérera superflue. » La chimère – celle-ci, tout au moins – était replongée dans les ténèbres et l'oubli.

Certes, Einstein n'était apparemment pas conscient des tentatives et des échecs de Michelson. Certes, celui-ci ne remarqua pas l'article fondateur d'Einstein. Le projet de mesurer le « vent d'éther » persista quelque temps, et la théorie de la relativité ne s'imposa pas d'emblée. Malgré ces soubresauts, la Bête était morte au regard de l'histoire, bel et bien.

Il est plus délicat à analyser, le sort chimérique de la « *dualité ondes-corpuscules* ». La mécanique quantique est née, durant le premier tiers du XXe siècle, d'une situation imprévue, contradictoire, incompréhensible d'abord. La lumière, incontestablement ondulatoire – nous l'avons affirmé sans ambages il y a peu –, est apparue soudainement – dans un autre des quatre articles d'Einstein évoqués ci-dessus – comme un flux de particules, pour expliquer de façon toute naturelle les caractéristiques de l'« *effet photoélectrique* ». En parallèle, ou en miroir, les corpuscules matériels – tel l'électron – manifestent, selon l'hypothèse de Louis de Broglie (1923), des propriétés indéniablement ondulatoires. Dans l'un et l'autre cas, il est des situations concrètes, expérimentales, où les deux aspects – onde et corpuscules – participent ensemble, inséparablement, à l'analyse et à la compréhension du comportement d'un système physique. Devant une telle réalité, binaire et dichotomique à la fois, Niels Bohr, accoucheur socratique de la nouvelle physique alors en gestation, forgea ce concept chimérique de « dualité ondes-corpuscules », qu'il mania avec une virtuosité éblouissante durant cette période indécise, entre chien et loup, à la fin de la décennie 1920, au Conseil Solvay de 1927, notammemnt, dans des discussions homériques avec Eintein.

L'expression « dualité ondes-corpuscules », sans doute par égard pour Bohr le fondateur, s'emploie encore en physique, même si décantée et démystifiée dans le cadre adulte de la mécanique quantique. Car si, entre chien et loup, tous les chats paraissent gris, il faut au plein jour appeler noir un chat noir, blanc un chat blanc.

L'électron, par exemple – partout présent dans la matière – est un *corpuscule*, parfaitement individualisé. On le voit toujours, encore à l'heure actuelle, *ponctuel*. Il est doté d'une *masse* – dont l'expérience donne la valeur avec 8 chiffres significatifs –, d'une *charge* électrique – mesurée avec une incertitude relative de 85 parties par milliard – d'un spin 1/2, d'un moment magnétique – entre toutes les grandeurs physiques la plus précisément connue : 14 chiffres significatifs !

Dans certains environnements – dans un récepteur de télévision, ou dans un grand accélérateur – son mouvement et ses propriétés sont bien décrits par la physique dite « classique » – mécanique newtonienne, éventuellement relativiste, et électromagnétisme de Maxwell. D'autres contextes – dans un atome, dans un métal ou un semi-conducteur – l'assujettissent à la mécanique quantique. Son état est alors caractérisé, non par sa position et sa vitesse, comme c'est la règle en mécanique classique, mais bien par une « *fonction d'onde* » $\psi(x,y,z\,;t)$, à valeurs complexes, qui renferme tout ce qu'on peut savoir sur lui dans cette situation-là qu'on lui a faite. En particulier, la « *probabilité de présence* » de l'électron – du corpuscule lui-même, non d'une fraction d'électron ! – au point $(x, y, z)$, à l'instant $t$, est proportionnelle au carré du module $\left|\psi(x,y,z\,;t)\right|^2$ pris en ce point et à cet instant. L'évolution dans le temps $t$ de la fonction d'onde obéit à une équation aux dérivées partielles dite « *équation de Schrödinger* ». En réalité, à cause du spin 1/2 que porte l'électron, c'est une paire de fonctions d'onde qui définit son état.

La dissection de la chimère onde-corpuscule nécessite une lame acérée et un savoir-faire délicat, de lente acquisition. La complexité et la richesse de l'anatomie et la physiologie du monstre ainsi dépecé ont donné lieu – même de la part de personnages se prétendant physiciens – à des raccourcis abrupts ou d'amples effets de manche destinés plus vraisemblablement à faire valoir leur auteur qu'à éclairer le lecteur ou l'auditeur éventuel. Tel conférencier – moi présent – sort de sa poche un cylindre de 10 centimètres de long et 5 de diamètre ; il illustre la fameuse « dualité » en présentant l'objet en face – un cercle – puis de profil – un rectangle ! Un autre publie, dans les années 1980, vingt-sept pages historico-philosophiques intitulées « Que savons-nous du dualisme des ondes et des corpuscules à la fin du XX^e^ siècle ? » (la forme interrogative pour induire le doute et la curiosité). Un autre encore – ou peut-être l'un des précédents – s'est mis en tête et en « devoir » de réformer la terminologie en cours. Il a visiblement déniché une oreille lexicographique crédule et mal informée : le *Petit Robert* vous apprendra que « la quantique – n.f. » se définit comme « la partie de la physique qui traite des objets quantiques », lesquels objets sont ceux « dont le comportement est régi par la mécanique quantique » (« *Je n'aurais jamais, quant à moi, / Trouvé ce secret, je l'avoue* »). On affirme par ailleurs que ces objets ne sont « *ni* des ondes *ni* des particules ». Nous v'là bien !...

CHAPITRE 5

# UN UNIVERS CHIMÉRIQUE

> « *Érase una vez*
> *Un lobito bueno,*
> *Al que maltrataban*
> *Todos los corderos*[1]. »
> José Agustín GOYTISOLO

## *Lois fondamentales*

Il était une fois un univers qui obéissait à des lois fort étranges ; un univers tout entier chimérique, en quelque sorte. Ces bizarreries inédites découlaient au premier chef des dispositions fondamentales qui réglaient dans ce monde le changement de référentiel[2].

Voici deux référentiels, $\mathfrak{R}$ et $\mathfrak{R}'$. Nous arrangeons les choses, pour simplifier, de telle sorte que leurs axes spatiaux soient parallèles chacun à chacun – $O'x'$ à $Ox$, $O'y'$ à $Oy$ et $O'z'$ à $Oz$ – et que leur vitesse relative soit dirigée suivant $Ox$ dans $\mathfrak{R}$, suivant $O'x'$ dans $\mathfrak{R}'$ (figure 1). Toute personne sensée affirmerait, en s'appuyant si nécessaire sur l'autorité indubitable de

1. « Il était une fois / Un bon petit loup, / Qui était maltraité / Par tous les agneaux. »

2. Voir p. 235.

Galilée, qu'un événement ayant lieu, dans $\mathfrak{R}$, au point de coordonnées cartésiennes $x,y,z$ et à l'instant $t$ est repéré dans $\mathfrak{R}'$ par les coordonnées $x' = x - ut$, $y' = y$, $z' = z$ et apparaît au temps $t' = t$ (je note $u$ la vitesse de $\mathfrak{R}'$ par rapport à $\mathfrak{R}$).

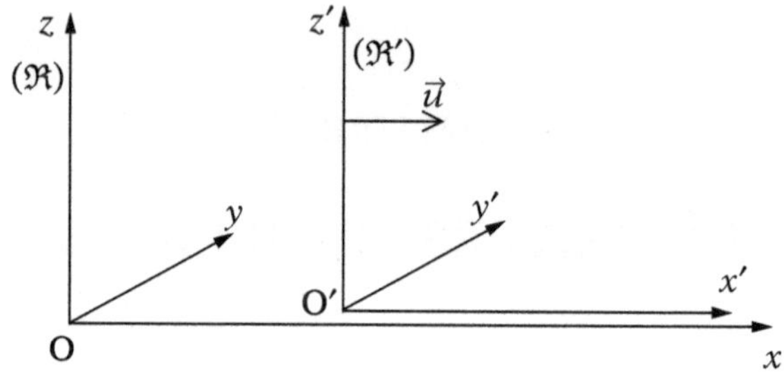


Figure 1

Eh bien, non ! Quelque esprit malin, ou bien peut-être le Dieu tout-puissant lui-même – allez savoir ! –, a manipulé les formules, ou les a décrétées, de telle façon que, dans cette galaxie chimérique, elles s'écrivent $x' = \left(x - ut\right) / \sqrt{1 - u^2 / c^2}$, $y' = y$, $z' = z$, et $t' = \left(t - ux / c^2\right) / \sqrt{1 - u^2 / c^2}$.

Plus compliquée, cette « *transformation de Lorentz* », que celle de Galilée, la précédente ? Je le concède. Mais il faut bien faire un peu de place pour le chimérique. D'ailleurs, ce n'est pas n'importe quelle complication, loin s'en faut ! S'y installe en particulier une racine carrée spécifique, dont le rôle va s'avérer crucial.

Tenez ! Calculons ensemble la combinaison $x' + ut'$ à partir des formules de Lorentz. La racine carrée se laisse aussitôt placer en facteur commun, au dénominateur : $x' + ut' = \left[x - ut + u\left(t - ux / c^2\right)\right] / \sqrt{1 - u^2 / c^2}$. Les deux termes en $t$ se compensent, et ce qui reste dans le crochet laisse apparaître – oh ! miracle ! – le facteur $(1 - u^2 / c^2)$ ; ainsi,

$x'+ut'=x\left(1-u^2/c^2\right)/\sqrt{1-u^2/c^2}$, et la « racine carrée magique » se montre à nouveau, mais au numérateur : $x'+ut'=x\sqrt{1-u^2/c^2}$. Une simple division des deux membres par cette racine carrée la replace au dénominateur, mais dans l'autre membre, de sorte que $x=\left(x'+ut'\right)/\sqrt{1-u^2/c^2}$. Je vous laisse calculer seul la combinaison $t'+ux'/c^2$, pour aboutir à $t=\left(t'+ux'/c^2\right)/\sqrt{1-u^2/c^2}$. « *Las ! Voyez comme en peu d'espace* » se démontrent ces « formules inverses », exprimant $x$ et $t$ en termes de $x'$ et $t'$ ; voyez comme elles ressemblent aux « formules directes » écrites au départ ! « *Comme à son premier rendez-vous / Un jeune homme qui me ressemble.* » On change juste $u$ en $-u$ ! C'était le moins : la vitesse de $\mathfrak{R}$ par rapport à $\mathfrak{R}'$ est l'exacte opposée $-u$ de la vitesse de $\mathfrak{R}'$ par rapport à $\mathfrak{R}$ – comme le montre un argument simple que je vais néanmoins éluder.

Incontestablement, c'est la « transformation du temps » – $t'$ diffère ici de $t$, bien que leurs origines aient été choisies en coïncidence – qui apparaît paradoxale, contre-intuitive, chimérique pour tout dire. Pour ce qui concerne la relation entre $(x,t)$ et $x'$, on y reconnaît celle que prônait Galilée, seulement divisée par le facteur fameux, $\sqrt{1-u^2/c^2}$, qui ne fait intervenir que la vitesse relative $u$ des deux référentiels. Ce même facteur affecte – au dénominateur, pareillement – la formule liant $t$ et $t'$.

Outre celui de Hendrik Antoon Lorentz, est associé à ces lois fondamentales le nom illustre d'Albert Einstein.

Notons qu'elles se réduisent à celles de Galilée dans la limite où le paramètre $c$ deviendrait très grand – tendrait vers l'infini, ou si l'on veut $1/c$ vers zéro – : $u^2/c^2$ tendrait vers zéro, et donc le radical vers 1 ; corrélativement, $ux/c^2$ tend aussi vers zéro ; on retrouve de la sorte $x'=x-ut$ et $t'=t$. En réalité, le paramètre $c$ est bien là, avec une valeur grande mais définie et non infinie. Il se présente d'emblée avec les dimensions d'une vitesse – c'est-à-dire une longueur divisée par un temps[3] – : pour avoir le droit de se retrancher de 1, sous l'égide du radical magique, le rapport $u^2 / c^2$ doit montrer patte blanche – sans dimension –, ce qui impose à $c$ les dimensions de $u$. Peut-être s'inquiète-t-on pour le terme $ux / c^2$ ? Que l'on se rassure : $u / c$ (sans dimension) y multiplie $x / c$, homogène à un temps (longueur divisée par une vitesse, c'est-à-dire par une autre longueur divisée elle-même par un temps), qui peut donc se retrancher de $t$.

Faire tendre $c$ vers l'infini se présente comme un procédé mathématique, mais comme un non-sens physique, puisque rien – sauf peut-être l'évolution de l'Univers sur des milliards d'années – ne peut faire varier la « constante fondamentale » $c$. En revanche, la vitesse variable $u$ peut devenir *faible devant* $c$ ; le rapport $u / c$ devient alors petit devant 1 ; c'est dans ce domaine de valeurs de $u$, comparées à celle de $c$, que la transformation de Lorentz s'abrège en celle de Galilée.

## *Composition des vitesses*

Chimériques, peut-être, mais de bon aloi mathématique, ces formules qualifiées de « fondamentales » ! Si on les interroge dans les règles – « *como Dios manda* », dit l'espagnol –, elles se montreront capables, assurément, de répondre à la question que voici : un mobile se déplace à la vitesse $v$ dans le référentiel $\mathfrak{R}$ ; quelle vitesse $v'$ lui mesure-t-on dans le référentiel $\mathfrak{R}'$ ? (par souci de simplicité maximale, nous supposerons la vitesse $v$ dirigée suivant $Ox$, comme l'est déjà la vitesse relative des deux référentiels).

Souvenons-nous[4] : la vitesse $v$ s'obtient comme quotient, par un petit accroissement $dt$ du temps $t$ – dans $\mathfrak{R}$ – de

3. Voir p. 31.
4. Voir p. 31.

l'accroissement correspondant $dx$ de la coordonnée $x$ le long de $Ox$ : $v = dx/dt$ (la « limite quand $dt$ tend vers zéro » est incluse dans la notation $dt$). Mais c'est $v'$, vitesse dans le référentiel $\mathfrak{R}'$, que nous recherchons. Qu'à cela ne tienne ! Cette vitesse $v'$ sera donnée, par définition, comme quotient par $dt'$ – dans $\mathfrak{R}'$ – de l'accroissement $dx'$ de la coordonnée selon $O'x'$, soit $v' = dx'/dt'$ (noter que notre convention simplificatrice annule les accroissements des coordonnées $y$ et $z$, et par là ceux aussi de $y'$ et $z'$, égales à $y$ et $z$, chacune à chacune).

Calculer $dx'$ et $dt'$ à partir des « lois fondamentales » s'apparente à un jeu d'enfants : $x'$ et $t'$ y comportent $x$ et $t$ « linéairement », comme on dit – peut-être pas en Mathématiques ? –, au premier degré, comme on dit aussi... bref, c'est $x$ et $t$ qui figurent dans les expressions, et non pas $x^2$ ou $t^3$, ou $1/x$, que sais-je ? On imagine donc – circonstance réelle, point du tout imaginaire – que $t$ et $x$ augmentent respectivement de $dt$ et $dx$, « infiniment petits » – comme nous savons. Corrélativement, $t'$ et $x'$ augmentent – selon les formules fondamentales – de $dt' = \left(dt - udx/c^2\right)/\sqrt{1-u^2/c^2}$ et $dx' = \left(dx - udt\right)/\sqrt{1-u^2/c^2}$. Le quotient de ces deux expressions voit se simplifier, haut et bas, le radical, pour donner $dx'/dt' = \left(dx - udt\right)/\left(dt - udx/c^2\right)$. Le jeu d'enfants se poursuit avec la division par $dt$ du numérateur et du dénominateur de l'expression ainsi trouvée : $dx'/dt' = \left(dx/dt - u\right)/\left(1 - \left(u/c^2\right)dx/dt\right)$, et s'achève par l'introduction de $v$ dans la formule et de $v'$ au premier membre : $v' = \left(v - u\right)/\left(1 - uv/c^2\right)$, « *loi de composition des vitesses* ».

Si riche et intéressante s'annonce l'« interprétation physique » que nous devons – comme à n'importe quel autre – à ce résultat passionnant, si capitale que nous lui réservons une section spéciale[5].

---

5. Voir p. 104.

*Aparté*. Si la récréation se prolonge un peu, nous pouvons jouer encore une brève partie de cache-cache entre les référentiels – « *Je sais, sire, une cache / Et ne crois pas qu'autre que moi la sache* », récitent les joueurs. Celui qui « colle » psalmodie dans $\mathfrak{R}$ l'énoncé du problème : $u$ demeurant colinéaire à $Ox$, la vitesse $\vec{v}$ du mobile prend une direction quelconque, ses trois composantes cartésiennes se nommant $v_x \triangleq dx/dt$, $v_y \triangleq dy/dt$ et $v_z \triangleq dz/dt$. Se retournant brusquement, il s'aventure prudemment dans $\mathfrak{R}'$, où la vitesse $\vec{v}\,'$ se décomposera de façon analogue : $v'_x \triangleq dx'/dt'$, $v'_y \triangleq dy'/dt'$ et $v'_z \triangleq dz'/dt'$. Les accroissements $dy'$ et $dz'$, mal cachés par l'orientation de $u$, s'identifient aussitôt, égaux à $dy$ et $dz$. Quant à $dx'$ et $dt'$, ils ont déjà été repérés dans le jeu précédent. Lorsque retentit la cloche – c'était pour moi un sifflet –, les formules finales sortent de leur cachette : $v'_x = (v_x - u)/(1 - uv_x/c^2)$ ; $v'_y = v_y\sqrt{1-u^2/c^2}\,/(1-uv_x/c^2)$ ; $v'_z = v_z\sqrt{1-u^2/c^2}\,/(1-uv_x/c^2)$.

Personne sans doute ne verrait avec un quelconque intérêt se dérouler les calculs – au demeurant sans subtilité ni piège – qui mènent aux formules précédentes. Chacun, en revanche, remarquera le dénominateur qu'elles présentent en commun.

## *Accélération*

Les référentiels $\mathfrak{R}$ et $\mathfrak{R}'$ que nous avons sollicités jusqu'ici se meuvent l'un par rapport à l'autre de façon uniforme : leur vitesse relative $u$ peut être choisie (presque) librement, mais elle doit rester constante tout au long de l'argument ; elle peut être prise positive ou négative – nous sommes convenus qu'elle se dirige suivant $Ox$ et $O'x'$ –, mais obligatoirement inférieure à $c$ en valeur absolue : la racine carrée « magique » déclarerait forfait si on lui présentait $1 - u^2/c^2$ négatif !

Nous envisageons ici, nous situant délibérément dans le référentiel $\mathfrak{R}$, d'y accélérer un objet – une fusée, peut-être, pour concrétiser le problème de façon apparemment plausible (en fait de plausibilité, les fusées ne dépassent pas quelques dizaines de milliers de kilomètres par *heure*, ce qui n'approche que de très loin les trois cent mille kilomètres par *seconde* de $c$). Revenons donc à un objet non précisé de l'Univers chimérique. Pour ne pas compliquer, nous supposerons l'*accélération constante*, que nous noterons $a$ – et prendrons selon $Ox$.

Si l'objet part, à $t = 0$, du « repos » (immobilité), sa vitesse $v$ à l'instant $t$ – toujours dans ce même référentiel $\mathfrak{R}$ – s'écrit $v = at / \sqrt{1 + a^2t^2 / c^2}$.

Le calcul à partir des « lois fondamentales », un peu délicat mais possible, représente un beau spécimen de « mathématique physicienne ». Il est reporté en fin de chapitre, pour en rendre facultatif le déchiffrage – le résultat, simple, étant dévoilé ci-dessus.

Passons aussitôt, au moment présent, à une première « discussion physique » de la formule.

On constate tout d'abord – on s'y attendait, mais il est bon de s'en assurer sur l'expression trouvée – que la vitesse $v$ reste nulle – l'objet reste immobile – si l'accélération $a$ est choisie nulle. Écrivons ensuite, pour comparaison, la réponse que donne à ce même problème la mécanique newtonienne : ce serait simplement $v = at$, car un taux d'accroissement constant $a$ implique une vitesse proportionnelle au temps $t$. Réponse différente de la précédente, sans surprise. Mais dégageons la limite non relativiste de la formule relativiste écrite d'emblée. Le résultat $at$ est homogène à une vitesse comme il se doit – une accélération multipliée par un temps. Dans le domaine où $at$, cette vitesse, s'avère petite devant $c$, le dénominateur diffère peu de 1, et l'on retrouve bien, alors, la formule « classique » $v = at$.

Ayant grappillé, alentour de cette expression chimérique, quelque information sensée, même si limitée, lançons-nous vers le grand large : quel comportement exhibe la vitesse $v$ de l'objet lorsque le temps $t$ croît indéfiniment ? La prédiction non relativiste $v = at$ voit quant à elle la vitesse s'accroître sans limite. La formule chimérique se montre plus subtile. Si le numérateur $at$ augmente, le dénominateur fait de même, au point qu'on peut bientôt y négliger le terme 1 devant $a^2t^2 / c^2$, auquel cas la racine carrée se rapproche progressivement de celle de $a^2t^2 / c^2$, c'est-à-dire se rapproche de $at / c$. Lorsqu'on divise $at$ (très grand) par $at / c$ (grand lui aussi), il en ressort tout simplement $c$. On notera cependant que, avec un dénominateur toujours supérieur à $at / c$ (sous la racine, 1 s'ajoute toujours à $a^2t^2 / c^2$) – même si, à peine, aux grands $t$ où $a^2t^2 / c^2$ domine outrageusement 1 –, la limite $c$ n'est jamais atteinte « en actualité » ; elle est seulement approchée de plus en plus près, par valeurs inférieures. La figure 2 représente la vitesse $v$ en fonction du temps $t$ ; une illustration numérique simple et frappante en sera proposée plus loin[6].

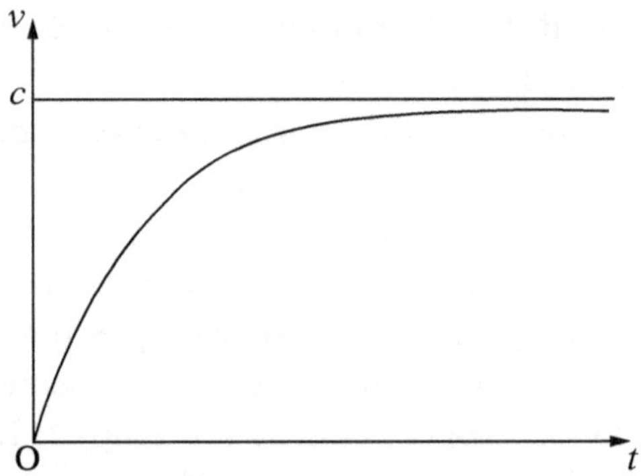


Figure 2

Ainsi, la vitesse $v$ d'un mobile soumis à une accélération constante croît avec le temps, mais elle tend vers une limite – sans jamais la dépasser, ni même l'atteindre – égale

6. Voir p. 99.

précisément au paramètre constant $c$ introduit par les « lois fondamentales ».

## *Appendice – Calcul de la vitesse accélérée*

Dans un référentiel $\mathfrak{R}$, une fusée éprouve une *accélération constante a*, dirigée suivant $Ox$ et positive. Initialement ($t = 0$), la fusée est immobile dans $\mathfrak{R}$ ($v = 0$). On se propose de calculer sa vitesse $v$ – par rapport à $\mathfrak{R}$ – à l'instant $t$ – mesuré dans $\mathfrak{R}$.

Nous allons développer un *raisonnement différentiel*[7]. On peut l'éviter seulement dans le cas ultrasimple d'une accélération constante $a$ en mécanique classique : $v = at$. Nous évaluerons l'accroissement infinitésimal $dv$ de la vitesse entre les instants $t$ et $t + dt$.

La difficulté à contourner réside dans l'impossibilité technique d'utiliser le référentiel $\mathfrak{R}'$ défini par la fusée elle-même – celui où elle demeure immobile – : constamment accéléré, son mouvement par rapport à $\mathfrak{R}$ met en jeu une vitesse perpétuellement variable, ce qui l'exclut du champ des possibles que délimitent les « lois fondamentales ».

Le contournement est fléché le long de l'itinéraire que voici. À l'instant $t$ – relatif à $\mathfrak{R}$ – la fusée a atteint dans $\mathfrak{R}$ la vitesse $v(t)$ – que nous recherchons, mais que nous manipulons comme si elle était connue. À cet instant $t$ – celui-là, précisément –, nous introduisons – artificiellement, virtuellement – un nouveau référentiel, qui sera noté $\mathfrak{R}'_t$ et caractérisé comme suit : il se meut, dans $\mathfrak{R}$, à la vitesse *constante* $v_t$ – dirigée suivant $Ox$ – que nous fixons *égale, précisément à* $v(t)$ : $v_t \triangleq v(t)$. À ce moment-là – mais à ce moment-là seulement – la fusée est arrêtée dans $\mathfrak{R}'_t$ (*cf.* Zénon d'Élée et sa flèche[8]).

7. *Cf.* chapitre 13.
8. Chapitre 1, p. 26.

Dans $\mathfrak{R}'_t$, la déviation emprunte un chemin aisé, mais bref. Aisé : durant l'intervalle de temps – temps de $\mathfrak{R}'_t$ – infinitésimal $dt'$, la vitesse de la fusée – dans $\mathfrak{R}'_t$ – croît infiniment peu, $dv'$, et à partir de zéro ; nul besoin de finasser, la mécanique non relativiste y pourvoira : $dv' = adt'$. Bref, le référentiel $\mathfrak{R}'_t$ sert seulement à l'instant $t$ – avec sa vitesse $v(t)$ dans $\mathfrak{R}$ – ; enfin, on peut pousser jusqu'à $t + dt$, tout de même !

Nous quittons aussitôt $\mathfrak{R}'_t$ pour retourner dans $\mathfrak{R}$, plus rassurant. La vitesse de la fusée y est devenue $v + dv$. On peut la calculer à partir de la loi de composition des vitesses[9], à partir de $dv' = adt'$ dans $\mathfrak{R}'_t$, se déplaçant à la vitesse $v_t$ : $v + dv = (dv' + v_t) / (1 + v_t dv' / c^2)$. Or, pour ε infiniment petit, $1 / (1 + \varepsilon) \simeq 1 - \varepsilon$, au deuxième ordre ($\varepsilon^2$) près en ε. Si donc on néglige les termes d'ordre 2 (ou supérieur) dans les infiniment petits du problème, on écrit $v + dv = (dv' + v_t) \times (1 - v_t dv' / c^2)$, soit $v + dv = (adt' + v) \times (1 - vadt' / c^2)$. Le terme fini $v$ apparaît des deux côtés, et se compense donc, laissant une relation entre les accroissements infinitésimaux $dv$ et $dt'$, à savoir $dv = adt' - v^2 adt' / c^2$ (on néglige le terme en $(dt')^2$).

Il faut évidemment évincer $dt'$ – dans $\mathfrak{R}'_t$ – au profit de $dt$ – sur la route principale $\mathfrak{R}$. Or la « loi fondamentale » concernant $t'$ amène $t$ mais aussi $x$ (ce sont ici des différences – petites). Dans $\mathfrak{R}'_t$, nous sommes partis de $v' = 0$ – par choix de $\mathfrak{R}'_t$ –, et nous pouvons attacher les origines du temps $t'$ et de l'abscisse $x'$ lors de cet événement initial $x' = 0$, $t' = 0$. Puis le temps $t'$ s'écoule – infiniment peu – : $dt'$, la vitesse étant devenue $dv' = adt'$ ; et la position $x'$ de la fusée sur l'axe $O'x'$ ? Pas bien éloignée sans doute ; mais encore ? Cette abscisse a été atteinte pendant le temps $dt'$, à une vitesse... comprise sans nul doute entre 0, au départ, et $dv' = adt'$ à l'arrivée. Vitesse infinitésimale multipliée par intervalle de temps infinitésimal aboutit à un infiniment petit du deuxième ordre – en $(dt')^2$ – ; il serait mal-

9. p. 90.

sain de ne pas le négliger, après avoir écarté, deux fois, des termes du même ordre. Tout se passe donc, dans $\mathfrak{R}'_{t'}$, comme si la fusée ne s'était pas détachée de $x' = 0$, pendant le temps $dt'$.

La « loi fondamentale » (inverse) donnant $dt$ s'exprime donc comme suit : $dt = (dt' + 0) / \sqrt{1 - v_t^2 / c^2}$. Reportée dans l'égalité liant $dv$ à $dt'$, cette expression propose une *équation différentielle* pour la fonction $v(t)$ : $dv = adt\left(1 - v^2 / c^2\right)^{3/2}$ (on avait déjà $adt'\,(1 - v^2 / c^2)$, et le passage de $dt'$ à $dt$ rajoute un facteur $\sqrt{1 - v^2 / c^2}$, au numérateur lui aussi).

La résolution de cette équation différentielle s'avère aisée, car « les variables se séparent », comme on dit dans le jargon : $t$ d'un côté, $v$ de l'autre ; $adt = dv / \left(1 - v^2 / c^2\right)^{3/2}$. Un peu de « cuisine », mais soignée et mijotée, montre que la dérivée par rapport à $v$ de la fonction $v / \left(1 - v^2 / c^2\right)^{1/2}$ coïncide précisément avec $\left(1 - v^2 / c^2\right)^{-3/2}$. Muni de ce viatique, on peut égaler les primitives des deux membres, à une constante près (« constante d'intégration ») : $at = v / \left(1 - v^2 / c^2\right)^{1/2} + \mathrm{C}$. Les conditions initiales suffisent à déterminer une fois pour toutes la constante C : elle s'annule si l'on veut que la vitesse $v$ soit nulle à l'instant initial $t = 0$.

On préférera évidemment exprimer $v$ en fonction de $t$ plutôt que conserver la relation inverse, $t$ en fonction de $v$. La transformation se fait simplement : on élève au carré les deux membres de l'égalité – avec C = 0 – ; on en tire aisément $v^2$ ; on reprend enfin la racine carrée – sachant que $v$ doit être positive pour $a$ positive. Il vient ainsi $v = at / \sqrt{1 - a^2 t^2 / c^2}$.

CHAPITRE 6

# LA CHIMÈRE « EN ACTE »

« — *¿ Cuantas palabras habrá [en el diccionario] ? pregunté.*
*— Todas – dijo el abuelo*[1]. »

Gabriel García MÁRQUEZ

## *Des vitesses « matérielles »*

« Et encore, même à ce point de vue de simple quantité, dans notre vie les jours ne sont pas égaux. [...] Il y a des jours montueux et malaisés qu'on met un temps infini à gravir et des jours en pente qui se laissent descendre à fond de train en chantant. »

Marcel PROUST

Nous voici à même de « discuter physiquement » les valeurs et le comportement des vitesses que sont susceptibles d'acquérir, dans tel ou tel référentiel, les objets *matériels* : fusée – par illusion anthropomorphique –, mais plutôt – par réalisme – électrons ou protons... Comme précédemment[2], nous limite-

1. « — Combien de mots peut-il y avoir [dans le dictionnaire] ?, demandai-je. / — Tous, dit mon grand-père. »
2. Sauf dans l'aparté de la p. 92.

rons notre attention à des vitesses colinéaires les unes aux autres, selon l'un des axes de coordonnées.

Le saisissant initialement immobile, on accélère l'un de ces objets matériels. Sa vitesse croît, pour sûr. Mais cette croissance se ralentit au fur et à mesure que s'écoule le temps (voir figure 2, p. 94), c'est-à-dire – intéressons-nous à l'axe vertical de la figure – au fur et à mesure que grandit la vitesse, précisément : augmentation de la vitesse, certes, mais de plus en plus atténuée, relativement, au cours de l'augmentation même. Jusqu'à ce que... on a beau tirer ou pousser, la vitesse varie à peine... Ne vous y trompez pourtant pas : elle continue à augmenter, si l'on maintient l'accélération, mais de façon laborieuse, puisqu'il lui est interdit – dans ce référentiel $\mathfrak{R}$ que nous n'avons pas quitté depuis le début – d'atteindre $c$, le paramètre fondamental de notre Univers chimérique – paramètre lui-même à dimension de vitesse.

Interdit, avez-vous écrit ? Mais vous êtes resté dans un seul et même référentiel $\mathfrak{R}$ ! Vous n'avez pas tenté d'exploiter habilement l'aspect chimérique des « lois fondamentales » pour dépasser la vitesse fatidique $c$.

Et si je caracole, moi, à cheval sur un référentiel $\mathfrak{R}'$ dont la vitesse $u$ vis-à-vis de $\mathfrak{R}$ est orientée en sens inverse de $v$, celle qu'a acquise l'objet par accélération ? Autrement dit, $v$ se trouvant positive d'après ce qui précède, je fais foncer mon référentiel équestre $\mathfrak{R}'$ à la rencontre du mobile, avec une vitesse $u$ négative et considérable. Ne vais-je point pouvoir, en me retournant sur ma selle, voir l'objet fuir dans $\mathfrak{R}'$ à grande vitesse ? Je sais : $v$, dans $\mathfrak{R}$, n'atteindra pas $c$. Je sais aussi : $u$, de $\mathfrak{R}'$ par rapport à $\mathfrak{R}$, n'atteindra pas $-c$, selon les « lois fondamentales ». Mais en combinant $v$ proche de $c$ avec $u$ proche de $-c$...

Effectuons un calcul numérique, pour acquérir une première impression. La vitesse résultante $v'$, dans $\mathfrak{R}'$ galopant, s'obtient en composant $v$ et $u$ : $v' = (v - u) / (1 - uv / c^2)$ – le chimérique n'exclut pas le rigoureux. Engageons – ce qui paraît raisonnable – $(9 / 10)c$, soit $v = 0{,}9c$ et $u = -0{,}9c$. Au numérateur, $v - u$ dépasse largement $c$ : $1{,}8c$. Au dénominateur,

$1 + (0{,}9)^2 = 1{,}81$ ramène le quotient au-dessous de $c$, puisque 1,8/1,81 n'accède pas à 1. Il s'en faut de peu, entends-je grommeler alentour. Certes ! Essayons donc 99/100, tant pour $v$ que pour $-u$. Le numérateur atteint presque $2c$ – en fait 1,98 – ; quant au dénominateur, il vaut $1 + (0{,}99)^2$, soit $1{,}98 + 10^{-4}$, ce qui le rend encore – de très peu – supérieur au numérateur ; le quotient demeure inférieur à $c$ – de très peu.

Assez de « bricolage » ! Calculons analytiquement $v'^2 / c^2$, pour $v$ et $u$ quelconques *a priori* – inférieures toutefois à $c$, en module –, et voyons s'il ne se présente pas quelque ruse qui, sans sortir de la légalité, rende le résultat positif – c'est-à-dire $v'$ supérieure à $c$. L'opération se déroule sans anicroche – attention aux signes, mais c'est le moins ! Le détail en est donné en bas de page et le résultat peut être écrit $v'^2 - c^2 = -c^2\left(1 - v^2/c^2\right)\left(1 - u^2/c^2\right)/\left(1 - uv/c^2\right)^2$ [3].

Le dernier facteur, en dénominateur, ne se départ pas de la positivité, puisqu'il s'agit d'un carré. Le $-c^2$ qui ouvre la marche dirige l'expression vers le négatif, à l'évidence. Quant aux parenthèses, positives toutes deux puisque $v^2 / c^2$, ni $u^2 / c^2$, ne dépassent jamais 1 : $u$ et $v$ restent inférieures à $c$ en module (refrain connu, ou intuition acquise). Ainsi, la différence $v'^2 - c^2$ campe, sans faiblesse ni concession, sur la plage négative. Au refrain : $v'$ reste inférieure à $c$ en module.

Une remarque tout de même – sans grand intérêt physique, mais soulignant la non nécessaire pertinence d'une conclusion mathématiquement irréprochable (« *deve essere letto nella lingua fisica*[4] »). La formule que nous venons d'écrire

3. Calcul algébrique simple.

$$v'^2 - c^2 = [(v-u)^2 / (1 - uv/c^2)^2] - c^2$$
$$= [1 / (1 - uv/c^2)^2][(v-u)^2 - c^2(1 - uv/c^2)^2]$$
$$= [1 / (1 - uv/c^2)^2][v^2 - 2uv + u^2 - c^2(1 - 2uv/c^2 + u^2v^2/c^4)]$$
$$= [1 / (1 - uv/c^2)^2][v^2 + u^2 - c^2 - u^2v^2/c^2]$$
$$= [1 / (1 - uv/c^2)^2][v^2(1 - u^2/c^2) - c^2(1 - u^2/c^2)]$$
$$= [1 / (1 - uv/c^2)^2][-c^2(1 - u^2/c^2)(1 - v^2/c^2)]$$

4. Voir prologue, p. 9.

et de commenter laisse pourtant place pour une autre possibilité : si le signe de $(1 - u^2 / c^2)$ est imprescriptible – y veillent les « lois fondamentales » –, la règle de composition des vitesses s'accommoderait de $v$ et $v'$ toutes deux supérieures à $c$ en module. Insistons : si des corps existaient véritablement – l'éventualité en a évidemment été examinée – qui pussent se mouvoir à une vitesse supérieure à $c$ dans quelque référentiel, alors leur vitesse se maintiendrait supérieure à $c$ dans *tous* les référentiels (l'égalité ci-dessus aboutit invariablement à $v'^2 - c^2$ positif si $v^2 - c^2$ l'est déjà, et *vice versa*). En particulier de telles particules, nommées – sans préjuger de leur réalité – « tachyons » (du grec « rapide »), ne pourraient jamais être amenées au repos. Aucun tachyon n'a jamais été observé.

On tire de la composition des vitesses « matérielles » une interprétation physique d'un autre ordre, positive pourrait-on dire. Imaginons un objet matériel quelconque, se déplaçant dans un référentiel $\mathfrak{R}$ quelconque avec une vitesse $v$ quelconque – sauf notre refrain. Il est sans aucun doute un référentiel $\mathfrak{R}'$ qui « rattrape » l'objet, où celui-ci demeure immobile. D'après cette même formule de composition, la vitesse $v'$ s'annule si $u$ est prise égale à $v$ : le référentiel $\mathfrak{R}'$ est alors, pour cet objet, celui – n'est-ce pas évident ? – qui adopte, par rapport à $\mathfrak{R}$, précisément la même vitesse que l'objet, celui qui « court » en quelque sorte avec lui.

## *Des hautes énergies*

> « En vain la terre proche nous trace sa frontière.
> Une même vague par le monde, une même vague depuis Troie
> Roule sa hanche jusqu'à nous. »
>
> SAINT-JOHN PERSE

Revenons au processus d'*accélération*. On conçoit que la mise en œuvre effective d'un tel processus se heurte à de multiples problèmes techniques, lesquels suscitent à leur tour de délicates questions budgétaires. On peut dès lors, poursuivant dans de semblables dispositions d'esprit, se demander anxieusement – ou agressivement – « où passe l'argent du contribuable » lorsque, maintenant coûte que coûte l'accélération constante, l'opérateur en tire des résultats de plus en plus décevants pour ce qui concerne la vitesse : quelques pour cent d'augmentation seulement, bientôt quelques pour mille...

Que l'on se rassérène ! Les comptes sont bien tenus : « *Vous déguisez en vain une chose trop claire.* » De la fusée, emblématique plutôt que ressemblant exemple, rien ici ne sera dit : ce n'est pas en les termes présents que se jouent et se jugent ses frais et dépens, avec sa petite dizaine de kilomètres par seconde mais ses énormes tonnes de charge. C'est de particules (électrons, protons,...) qu'il va s'agir dans la suite, exécutant des tours de piste par centaines de milliers, par millions, le long de l'anneau torique de l'accélérateur, et recevant à chacun de leurs passages une poussée opiniâtre, sans cesse renouvelée. Faute d'accroître la vitesse de la particule de façon significative, palpable, l'accélération ajoute continuellement à son *énergie*. Celle-ci, dans l'« univers chimérique » où vivent et évoluent ces objets, a pour expression $E = mc^2 / \sqrt{1 - v^2 / c^2}$ (on ne manquera pas de reconnaître, dotée sans surprise de la « racine magique », la formule de célébrité universelle : $E = mc^2$ !) ; la lettre $m$ désigne la masse du corpuscule – on précise, parfois encore, sa « masse au repos » –, la lettre $v$ sa vitesse comme auparavant. Expertise n'y faut, habitude n'y manque, pour constater que l'énergie $E$ croît sans limite au fur et à mesure que $v$ s'approche de $c$ : la combinaison $(1 - v^2 / c^2)$ diminue quand $v$ croît, et tend vers zéro ; or sa racine figure dans $E$ à son dénominateur...

Des ordres de grandeur proprement hallucinants accompagnent les prouesses des accélérateurs actuels. Un calcul analytique sans embûche (élever au carré, redistribuer les termes, prendre à nouveau la racine) conduit, de $E$ fonction de

$v$ – formule qui précède – à $v$ fonction de $E$, que voici : $v / c = \sqrt{1 - \left(mc^2 / E\right)^2}$. Le LEP (*Large Electron-Positron*) – 27 kilomètres de circonférence dans la banlieue de Genève, « à cheval » sur la frontière – entraînait, jusqu'en l'an 2000, des électrons et des positrons (« antiélectrons ») tournant en sens inverse jusqu'à 100 GeV d'énergie ; son arrêt a permis la construction – en cours – dans le même tunnel, d'une nouvelle « machine », cette fois à protons, qui les amènera – bientôt ! – à 7 TeV, soit 7 000 GeV. Avec ces unités d'énergie, la masse de l'électron – ou celle du positron, strictement égale – équivaut à $mc^2 \simeq 0{,}5$ MeV, celle du proton à presque 1 GeV. Les vitesses qui découlent de ces données numériques ne diffèrent de $c$ – toujours par défaut, selon la loi – que par d'infimes quantités : $v / c$ vaudra, pour les protons mentionnés, 1 moins 10 milliardièmes ; les électrons et positrons, de masse beaucoup plus faible, « montaient » dans le LEP à 1 moins un centième de milliardième !

## *De la particule chimérique « actuelle »*

> « Après vous, traversant l'espace où tout s'élance,
> J'irai seule et sereine, en un chaste silence.
> Je fendrai l'air du front et de mes seins altiers. »
>
> Alfred DE VIGNY

Nous avons vu s'élaborer et se confirmer un ensemble infini de vitesses : vitesses d'objets matériels dans un référentiel ou un autre, ou bien vitesse d'un référentiel par rapport à un autre. Mais un référentiel est le plus souvent caractérisé par un objet matériel, nommément désigné, au repos en lui[5] : rien n'empêche de raisonner en se fondant sur le référentiel où telle

5. Chapitre 19, p. 235.

particule – eût-elle été accélérée à une grande vitesse dans le référentiel du laboratoire – est installée et persiste dans son immobilité.

La Physique introduit dans cet ensemble une loi de composition qui découle en droite ligne des « lois fondamentales » : à deux telles vitesses – notons-les $v_1$ et $v_2$ pour symétriser les expressions ainsi que les arguments – on en associe une troisième $v'$ – appelons-la leur « résultante » – que donne la formule $v' = (v_1 + v_2) / (1 + v_1 v_2 / c^2)$.

Toutes les vitesses de l'ensemble restent inférieures, strictement, à $c$, et supérieures, strictement, à $-c$. La loi de composition respecte cette limitation. L'ensemble n'en est pas moins *infini* : à toute vitesse, si proche soit-elle de $c$, on peut toujours faire correspondre un sous-ensemble infini de vitesses qui lui sont supérieures – énoncé équivalent au voisinage de $-c$.

Mis à part son rôle crucial qui découle directement des « lois fondamentales », et qui lui subordonne toutes les vitesses « matérielles » de l'ensemble, on se demande avec insistance et intérêt si le paramètre chimérique $c$ ne serait pas susceptible de prendre part « en acte » – c'est-à-dire physiquement, concrètement – au jeu intriqué et ingénieux des vitesses – dont il partage en tout cas les dimensions physiques.

Analysons en premier lieu la composition des vitesses et imaginons par exemple, hardiment, que $v_1$ vaut $c$. Il vient dans ce cas – purement exploratoire, pour l'instant – $v' = (c + v_2) / (1 + c v_2 / c^2)$, soit $v' = (c + v_2) / (1 + v_2 / c) = c$. Exclamation de surprise et de joie ! Loin de refuser son concours à pareille excentricité, la loi maintenant familière attribue à nouveau $c$ comme résultante à $c$ et $v_2$ – quelle que soit cette dernière. Après retour à un calme relatif, la conclusion présente un double aspect. Évidente, d'abord : le paramètre $c$ ne pouvait se permettre de changer de valeur en changeant de référentiel – si $v_2$ tient lieu d'une vitesse relative entre deux d'entre eux. Intrigante, ensuite, car elle simule le comportement d'un infini : l'infini n'est pas affecté si on lui ajoute un nombre quelconque.

Cette seconde interprétation ajoute du piquant à la question de l'« actualité ».

Le processus d'accélération ni le libellé que nous lui avons trouvé ne sauraient s'appliquer à la vitesse-paramètre *c*. Qu'ils partent d'un objet au repos ou en mouvement quelconque, ils s'essoufflent tous deux, désemparés, en deçà de la limite fatidique *c*. Pour gigantesques et puissants – et ingénieusement agencés – qu'aient été dessinés puis réalisés les appareillages formidables, les particules qu'ils happent vont engrangeant des quantités colossales d'énergie sans cesser de piétiner aux abords du seuil de vitesse interdit.

La solution viendra – « *un jour pourtant un jour viendra couleur d'orange* » – de la théorie chimérique elle-même ; elle ne pourra dès lors que s'avérer dans la réalité expérimentale. La grandeur vitesse n'est pas de celles dont le caractère chimérique se présente de façon le plus transparente. L'« *énergie* » $E = mc^2 / \sqrt{1 - v^2 / c^2}$ se signale plus directement accessible, qui comporte en évidence le « radical magique ». On lui associe, plutôt que la vitesse sans apprêt, l'« *impulsion* » $P = mv / \sqrt{1 - v^2 / c^2}$, où se retrouve le fameux radical. « *Et j'en dirais et j'en dirais / Tant fut cette vie aventure* », sur le « quadrivecteur impulsion-énergie », être physico-mathématique qui vit dans la simplicité biblique originelle des « lois fondamentales » – chimériques, au demeurant ! Sans chercher pourquoi, sans creuser profond, sans savoir le but, nous nous lançons dans le calcul – aisé, au demeurant, à partir des deux formules qui se sont juste écrites – de l'expression $E^2 - P^2 c^2$. Le dénominateur $(1 - v^2 / c^2)$ se place en facteur commun, et le numérateur, $m^2 c^4 - m^2 v^2 c^2$, égale $m^2 c^4(1 - v^2 / c^2)$. Le ciel s'éclaircit aussitôt – n'avais-je pas employé les qualificatifs « direct » et « simple » ? – pour dévoiler $E^2 - P^2 c^2 = m^2 c^4$. Notons que, malgré le changement de *E* et *P* au gré du référentiel, la combinaison du premier membre garde *même valeur* dans tous, à savoir le carré de la masse de l'objet, multiplié par $c^4$ pour rétablir les dimensions physiques du premier membre. Maintenant, revenir à la vitesse est immédiat : $v / c = Pc / E$.

L'argument – décisif – qui va suivre se fonde seulement sur les deux formules qui précèdent. La première d'entre elles ne s'offusquerait pas si on lui proposait de couvrir une occurrence – une *particule* ! – dont l'énergie $E$ et l'impulsion $P$, non nulles l'une comme l'autre, annuleraient néanmoins la combinaison $E^2 - P^2 c^2$, c'est-à-dire la masse $m$ ! Les égalités antérieures, celles qui semblaient définir l'énergie et l'impulsion à partir de la masse et de la vitesse, se rebellent aussitôt : $m = 0$ entraîne pour elles la seule possibilité, absurde, $E = 0$ et $P = 0$ ; elles se refusent donc de tout leur être à admettre la nullité de la masse. La chimère intervient alors ès qualités, avec autorité et détermination : les égalités récalcitrantes seraient cantonnées dans le domaine des masses non nulles – des objets que nous avons jusqu'ici qualifiés de « matériels » –, où elles font bon ménage avec les deux dernières formules ; elles renonceraient explicitement et définitivement à ce nouveau domaine qui s'ouvre à leurs yeux ébahis et incrédules – comme les nôtres –, déployant cette éventualité suprêmement et exclusivement chimérique de *particules de masse nulle*.

On l'interroge aussitôt anxieusement, la chimère triomphante : quelle vitesse pourrait déployer une telle « chose » ? Se détournant d'un air (faussement) modeste, le monstre polycéphale pointe l'un de ses index vers la seconde formule : $v / c = Pc / E$, qui est jusqu'ici demeurée coite. Et là, saisi d'un coup, dans ce Temple ignoré dont il a juste franchi le seuil, par un miracle longtemps espéré et enfin dévoilé, l'homme de peu de foi se sent inondé de lumière… D'après la première formule au second membre nul, $Pc$ et $E$ s'égalent ; dans la seconde formule, $v / c$ s'égale donc à 1 ! La « chose » *atteint exactement la vitesse* $c$ et n'en démord pas tout au long de son existence – pourvu qu'elle reste libre de ses mouvements.

« *Sur le plus haut des monts s'arrêtent les chevaux.* » Une particule de masse nulle se meut avec précisément $c$ pour vitesse, sans jamais en changer. La notion d'accélération perd son sens dans ce contexte : une telle « chose », dès son apparition, affiche *c* comme vitesse. Et ce, d'après la loi de composition, dans quelque référentiel que l'on choisisse. Impossible par conséquent d'observer la « chose » au repos. Impossible également de jamais la « rattraper », puisque toute vitesse relative *u* entre deux référentiels demeure quant à elle strictement inférieure à *c*.

Cette « chose » existe. Nous l'avons tous rencontrée, en nombre myriadique et proprement insaisissable dans la lumière du jour, en tout petit nombre – les doigts de la main – dans certains laboratoires : le *photon*.

## TROISIÈME PARTIE

# ANALYSE DIMENSIONNELLE

« De mauves et d'iris et de nocturnes roses
Sont les grâces de nuit sous leurs danses écloses.
Que de parfums voilés dispensent leurs doigts d'or ! »
Paul VALÉRY

## CHAPITRE 7

# RÈGLES DU JEU

« Mais que la Providence, ou bien que le Destin
Règle les affaires du monde… »

Jean DE LA FONTAINE

Nous abordons ici un sujet assez méconnu, peu orthodoxe dans ses méthodes sinon dans ses buts, qui se prolongera néanmoins au cours de quatre chapitres encore sans épuiser son pouvoir évocateur ni la force de ses enseignements. Ignoré par le mathématicien, voire méprisé, comme vil réseau de conventions arbitraires que dicteraient des bienséances obscures et prosaïques régnant sur l'expérimentation ; restreint, pour la plupart des physiciens eux-mêmes, à un simple garde-fou commode contre les erreurs de calcul – ce qui suppose déjà d'en reconnaître la validité – ; outil souple et inflexible à la fois, susceptible de s'adapter à de multiples problèmes, occupant même pour certains le noyau théorique de leur compréhension.

## *Unités et dimensions*

« Chacune de ses formes a une allure particulière ; il y répond un bruit particulier. Le tout vit avec intensité comme un mécanisme compliqué, aussi précis que hasardeux. »

Francis PONGE

Je fus, il y a peu, sollicité par une jeune élève de lycée – « *qui m'est chère* » – à propos d'un problème de géométrie plane que proposait son manuel. Le programme de la classe de seconde – pensai-je *in petto* avec quelque suffisance – ne saurait m'embarrasser ! L'énoncé procédait d'un demi-cercle, dont le diamètre valait 4. – « *Holà ! Quatre quoi ?* » interroge le grand-père en fronçant un sourcil réprobateur – « *Je ne sais pas, moi ! Quatre centimètres, ou quatre carreaux...* » Appelé à témoin, le livre confirme, de tout le poids inhérent à la chose imprimée : 4, tout sec – « *sec comme un coup de parapluie dans l'œil* », disait l'humoriste ! – La figure « officielle » qui accompagne le texte dirait plutôt, à l'œil du physicien, 3 centimètres que 4 ; requis en tant qu'expert impartial, le double décimètre émet un verdict strict mais déconcertant : 3,2 centimètres.

Il faut se rendre à l'évidence : en mathématiques – celles, à tout le moins, qui s'enseignent aux novices à travers le « Journal officiel » du manuel scolaire –, en mathématiques un segment de droite se mesure par un nombre « sec », ou « pur » – sans unité, en tout cas –, qui par ailleurs n'a rien à voir avec la longueur réelle manifestée publiquement par la figure qui fait foi (on m'admoneste : je suis trop sévère, c'est tout de même un nombre positif qu'« ils » proposent...). On inculque pourtant à ces jeunes gens des notations codifiées par avance devant l'Éternité, précises et imposées, qui distinguent soigneusement – sous peine de sanctions sévères – un segment de droite [*AB*] de sa mesure *AB*, laquelle s'exprime, si nécessaire, par un nombre, comme ça, sans unités. C'est sans doute cette « généralité » qui permet, plus loin, de *définir* le module d'un vecteur générique $\vec{v}$ par la chaîne d'égalités (copiée directement dans le manuel) : $\overrightarrow{AB} = \vec{v}$, et donc $\|\vec{v}\| = \|\overrightarrow{AB}\| = AB$. Si j'applique cette « définition » à une vitesse[1] $\vec{v}$, le module $AB$ auquel j'aboutis – une longueur – se mesure en mètres – multiples ou sous-multiples – ; ne serait-il pas sain d'enseigner aux jeunes gens qu'il s'exprime *en réalité* en mètres par seconde ou kilomètres par heure ? La tête me tournait : la Première Guerre mondiale avait duré 7 et tué 500, le Mont-Blanc s'élevait à 10 000, la vitesse de la lumière valait 100 ou 1 000, et l'âge du capitaine 10...

Je me ressaisis : « J'en avais vu d'autres ! » Avalant ma salive physicienne, sans plus me récrier, je guidai l'adolescente docile et sensée – c'est en carreaux après tout, non en heures, qu'elle envisageait de mesurer le diamètre – vers le résultat final : $y = 1 - x^2 / 4$ ; dans cette relation, $x$ et $y$ représentent les mesures de deux autres longueurs, définies dans l'énoncé. Ainsi, une aire ($x^2$) – son quart – se retranche d'un nombre pur (1) pour s'égaler à une longueur ($y$) !... Mon instituteur campagnard, pleinement conscient, quant à lui, de la responsabilité lourde qui incombe aux pédagogues, affirmait avec une conviction communicative qu'« on ne peut ajouter des pommes et des vaches ».

En physique – dont le but, imprescriptible et inaliénable en même temps qu'obligé, consiste à décrire et comprendre la réalité –, en physique on affecte à toute grandeur des « dimensions ». On entend par *dimensions physiques* d'une grandeur, d'une quantité, d'une expression, les rapports (chiffrés) qu'elle entretient avec certaines de ces entités, en petit nombre, qui ont été choisies comme étalons – à savoir la longueur, la masse, le temps, l'intensité de courant électrique et la tempéra-

1. Voir p. 25.

ture. Par exemple, une vitesse – quelle que soit son origine et quel que soit l'objet qui la porte – présente les dimensions d'une longueur divisée par un temps ; on dit aussi qu'elle est « *homogène* » à ce quotient d'une longueur par un temps. Une accélération – celle d'un train qui démarre ou d'une fusée qui décolle, comme celle de la pesanteur sur Terre – reflète le taux temporel d'accroissement d'une vitesse, avec pour dimensions, par conséquent, celles d'une vitesse divisée par un temps, soit – pour « descendre » jusqu'aux étalons fondamentaux – celles du quotient d'une longueur par le carré d'un temps. La charge électrique s'obtient quant à elle par le produit d'une intensité de courant par un temps.

Lorsque, ayant affaire à une grandeur quelconque, on cherche ses dimensions physiques, on s'adresse à une formule – simple autant que possible – dont on sait qu'elle exprime cette grandeur ou la comporte, sous l'un ou l'autre de ses avatars. L'énergie, par exemple. On connaît l'expression $(1 / 2)\, mv^2$ de l'énergie cinétique ; le demi ne fait rien à l'affaire – nombre pur –, de sorte qu'on se trouve en présence d'une masse multipliant le carré d'une longueur et que divise le carré d'un temps. Peut-être préférera-t-on analyser la formule $W = F \cdot d$ qui définit le travail $W$ – une forme d'énergie – d'une force $F$ le long d'un déplacement $d$ (une longueur). Il y faut les dimensions de la force $F$, que l'on peut tirer sans coup férir de la loi de la dynamique classique (Newton) : $F = ma$, où $a$ est une accélération. Une mise bout à bout aisée donne pour le travail-énergie $m\ell t^{-2}$ (la force) $\times\, \ell$ (le déplacement), ce qui rejoint l'estimation précédente : $m\ell^2 t^{-2}$ – masse, fois carré d'une longueur, par carré d'un temps.

C'est bien ! Personne, à ce que je vois, ne s'étonne que les deux calculs, d'inspiration fort différente, aboutissent au même résultat, ni que par ailleurs soient indispensables quelques connaissances en Physique. J'ai glissé sans crier gare la notation abrégée que nous utiliserons désormais : $\ell$ pour longueur, $m$ pour masse (attention à l'homonymie avec « mètre »), $t$ pour temps, *i* pour intensité, *T* pour température ; un exposant précédé du signe moins ($t^{-2}$) vient du dénominateur ($1 / t^2$).

Indissolublement liée aux dimensions physiques d'une grandeur, l'unité qui permet d'exprimer sa mesure : cm/s (centimètre par seconde) ou km/h (kilomètre à l'heure) pour la vitesse, $m / s^2$ (mètre par seconde au carré) pour l'accélération, coulomb *C* ou ampère.seconde A.s pour la charge, joule J ou électron-Volt eV pour l'énergie... On voit déjà là que, malgré cette relation « indissoluble », on dispose dans chaque cas de plusieurs unités – ne serait-ce que par multiples et sous-multiples (centimètre ou kilomètre) – pour une seule et même dimension ; le choix entre elles est dicté par la commodité ou l'habitude...

Que l'on m'entende bien céans : *insensé* qui tenterait d'ajouter deux grandeurs, ou de retrancher l'une de l'autre, si elles ne présentaient pas les *mêmes dimensions physiques* ; en naîtrait un « *monstr' horrend' inform' ingens cui lumen ademptum*[2] ». Et si de mesures il s'agissait, les deux nombres s'ajouteraient ou se retrancheraient selon les règles « mathématiques » universelles et impassibles, mais ces opérations n'acquerraient de signification que si les dimensions physiques coïncidaient, et les unités – y compris les multiples et sous-multiples : on n'additionne pas « comme ça » 10 centimètres et 1 kilomètre.

## *L'atome d'hydrogène, fidèle archétype*

> « Mais ce champ ne se peut tellement moissonner
> Que les derniers venus n'y trouvent à glaner. »
> Jean de La Fontaine

Le plus simple des atomes, celui qui occupe la première place dans la classification des éléments, est constitué d'un

2. « Monstre effroyable, difforme, gigantesque, à qui la lumière a été arrachée » (Virgile).

proton et d'un électron, seulement. Voyons à établir la liste – elle se révélera courte – des *paramètres physiques pertinents* susceptibles de figurer dans l'expression des grandeurs les plus patentes (rayon, énergie) de l'atome d'hydrogène.

L'électron propose aussitôt sa masse $m_e$ et sa charge $q_e$. Du proton, on retiendra aussi sa charge – exactement opposée à celle de l'électron – ; quant à sa masse, 1 840 fois supérieure à $m_e$, on pourra l'écarter en pratique : le proton sera considéré dans nos arguments, à une excellente approximation, comme immobile – de même que la Terre reste immuable sous l'action d'une balle de tennis. Aux charges nous aurons affaire ici uniquement en tant qu'agents de l'interaction – attraction – entre les deux particules, la force $F$ que l'on connaît depuis Charles de Coulomb (1785) : à la distance $r$, $F = (-q_e \times q_e / 4\pi\varepsilon_0) / r^2$. La constante $1 / 4\pi\varepsilon_0$ a été inventée sur le tard pour tirer l'électromagnétisme d'un inextricable nœud de conventions et d'unités disparates. Pour nous, il nous suffira de poser égale à $e^2$ l'expression $q_e^2 / 4\pi\varepsilon_0$, qui se déplacerait en bloc dans les calculs – si nous envisagions d'y entrer – : $q_e^2 / 4\pi\varepsilon_0 \triangleq e^2$. Gardez le secret : nous revenons de la sorte à l'un des anneaux gluants et froids de l'effroyable entrelacs de vipères.

À $m_e$ et $e^2$ il faut adjoindre $\hbar$, la *constante de Planck* – ici canoniquement divisée par $2\pi$ –, signe héraldique que brandit en première évidence le blason de la mécanique quantique (« *de gueules à besant d'or et chef d'azur à H barré d'argent* »), car c'est à elle que ressortit – il est bientôt un siècle que nous l'avons appris – la structure de l'atome. Munis de ce viatique, recherchons l'expression qui pourrait convenir au *rayon* $a_0$ de l'atome d'hydrogène : c'est ainsi qu'on le note, en le nommant « *rayon de Bohr* » – d'après Niels Bohr, qui le premier l'introduisit (1913). Sonnons donc « À l'analyse dimensionnelle ! » comme on fait « Au réveil ! » ou « Aux champs ! »...

Le rayon visé appartient à la catégorie « longueur ». Nous écrivons $\left(e^2\right)^\alpha {m_e}^\beta \hbar^\gamma$, et nous apprêtons à *choisir les exposants* $\alpha$, $\beta$, $\gamma$ – pas nécessairement positifs, pas nécessairement entiers – en sorte que le produit d'ensemble soit homogène à une *longueur* $\ell$. La masse de l'électron parle d'elle-même : $m$. Pour $e^2$ nous savons, de par la définition que nous en avons donnée, que $e^2 / r^2$ désigne une force, laquelle – nous l'avons commenté ci-avant – répond aux dimensions de $ma = m\ell t^{-2}$ ; celles de $e^2$ s'obtiennent donc en multipliant les précédentes par le carré de la distance $r$, soit par $\ell^2$ : $e^2 = m\ell^3 t^{-2}$. Nous nous comprenons, j'espère : le signe = ne sanctionne pas ici une véritable égalité, « mathématique » ou numérique, mais bien plutôt une similitude de dimensions physiques, signification qu'éclaire pleinement le contexte, et qu'iront précisant, s'il en était besoin, les maniements ultérieurs. Et $\hbar$ ? se demande-t-on alentour… « Et h-barre ? » répètent les échos. Rien de bien compliqué, malgré l'aura de mystère qui émane parfois encore de la mécanique quantique : la constante $h$ – « pure », sans le dénominateur $2\pi$ – fut introduite par Max Planck (1900) afin que son produit $h\nu$ par une fréquence $\nu$ soit une énergie. Qu'importe ici son ordre de grandeur ! La fréquence $\nu$, en tant qu'inverse d'une période temporelle, s'avère homogène à $1 / t$, ou $t^{-1}$. Le retour à $\hbar$ le montre comme une énergie multipliée par un temps, c'est-à-dire – voir ci-dessus la double analyse de la grandeur énergie – $\hbar = m\ell^2 t^{-2} \times t = m\ell^2 t^{-1}$.

Nous voici donc à pied d'œuvre. Pour « deviner » la formule en $\left(e^2\right)^\alpha m_e{}^\beta \hbar^\gamma$ qui s'identifie au rayon $a_0$, il nous faut résoudre l'*équation aux dimensions* $\left(m\ell^3 t^{-2}\right)^\alpha m^\beta \left(m\ell^2 t^{-1}\right)^\gamma = \ell$, avec pour inconnues les exposants $\alpha$, $\beta$, $\gamma$. Prenons, dans l'ordre, les grandeurs de base $m$, puis $\ell$, enfin $t$. La grandeur $m$ ne figurant pas au second membre, il faut que, au premier, la somme des exposants qui l'affectent s'annule – car $m^0 = 1$ – ; vient ainsi une première relation entre les inconnues : $\alpha + \beta + \gamma = 0$. Une deuxième relation découlera de l'équilibrage de la grandeur $\ell$, qui se trouve à la puissance 1 dans le membre de droite (on se rappellera que $\left(\ell^3\right)^\alpha = \ell^{3\alpha}$) : $3\alpha + 2\gamma = 1$. Finalement, le temps $t$ fournit, de même façon, $-2\alpha - \gamma = 0$.

Trois équations du premier degré à trois inconnues. Résolution d'autant plus aisée que les deux dernières équations ne contiennent pas $\beta$ : $3\alpha + 2\gamma = 1$ et $2\alpha + \gamma = 0$ donneront $\alpha$ et $\gamma$, par quelque méthode simple – substitution ? combinaison ? – qu'on voudra bien mettre en œuvre : $\alpha = -1$ ; $\gamma = 2$. De la première provient alors $\beta = -\alpha - \gamma$, qui aboutit à $\beta = -1$.

Ce calcul simple implique alors une conséquence de haute signification physique : $a_0 = \hbar^2 / m_e e^2$. Précipitons-nous pour vérifier, pour.... Non ! Point de précipitation, ni de cette exaltation factice et immodérée des stades !... Nous avons pourtant marqué un essai d'anthologie : le rayon de Bohr $a_0$ obéit précisément à cette expression ! Qu'il soit issu du modèle fruste originel (1913) ou de l'application rigoureuse de la Mécanique Quantique... Certes, dans ce dernier cas, on n'obtient pas vraiment le rayon d'une sphère qui engloberait l'atome, mais il n'en caractérise pas moins l'extension de la fonction d'onde qui décrit l'état de l'électron. Si l'on met des nombres dans cette formule ($\hbar = 1{,}05 \times 10^{-34}$ J.s, $m_e = 0{,}91 \times 10^{-30}$ kg, $q_e = 1{,}6 \times 10^{-19}$ C, $1/4\pi\varepsilon_0 = 9 \times 10^9$ SI – « système international[3] »), on trouve $a_0 = 0{,}53$ Å, avec l'ångström défini comme 1 Å = $10^{-10}$ m. Ainsi, par la vertu de notre formule « magique », les *longueurs* – rayons et distances – se mesurent, en Physique Atomique, *à l'aune de l'ångström* – disons par des nombres compris entre 1/10 et 10.

Halte-là ! Notre joie excède elle aussi la décence et se surfait ! Qui n'a vu le bât qui blesse, et où ? Notre raisonnement ne saurait avoir prise sur tel facteur sans dimension qui pour-

3. Le « système international d'unités », SI en abrégé, est fondé essentiellement sur le mètre, le kilogramme, la seconde et le kelvin – unité de température. Le coulomb $C$ y figure de droit. Il est commode de se ramener systématiquement au SI pour effectuer un calcul numérique : le résultat en sort alors automatiquement dans l'unité SI appropriée.

rait multiplier impunément l'expression tant louée. Quelle chance, la nôtre, que d'être tombés, sans savoir pourquoi, sur un cas où ce facteur vaut 1, tout simplement !

Voyons l'énergie du même atome d'hydrogène. Ce sera, à l'évidence, la plus immédiatement accessible, celle qu'il faut dépenser – au minimum – pour arracher l'électron au proton ; on la nomme « *énergie d'ionisation* ». Nous connaissons maintenant la musique du clairon. Nous reprenons $\left(e^2\right)^{\alpha'} m_e^{\beta'} \hbar^{\gamma'}$, et recherchons *quels exposants* $\alpha'$, $\beta'$, $\gamma'$ feront de cette expression une *énergie*. Équation aux dimensions : $\left(m\ell^3t^{-2}\right)^{\alpha'} m^{\beta'} \left(m\ell^2t^{-1}\right)^{\gamma'} = m\ell^2t^{-2}$. « Projection » sur $m$ : $\alpha' + \beta' + \gamma' = 1$ ; sur $\ell$ : $3\alpha' + 2\gamma' = 2$ ; sur $t$ : $-2\alpha' - \gamma' = -2$ donnent $\alpha' = 2$ et $\gamma' = -2$ ; d'où $\beta' = -\alpha' - \gamma' + 1$, soit $\beta' = 1$.

L'énergie $E'$ ainsi trouvée répond à la formule $E' = m_e e^4 / \hbar^2$. Notre chance paraît moindre cette fois : l'énergie d'ionisation de l'atome d'hydrogène s'écrit $E_1 = m_e e^4 / 2\hbar^2$. Le facteur – celui qui nous échappe – vaut ici 1/2. Filant la métaphore sportive, nous dirons avoir incontestablement marqué un essai, mais avoir échoué – de peu : 1/2 – dans la transformation. Il n'en reste pas moins que l'ordre de grandeur des énergies atomiques tourne autour de *la dizaine d'électronvolts*. En effet, calculée numériquement à partir de l'expression $m_e e^4 / 2\hbar^2$, l'énergie de liaison (ou d'ionisation) de l'atome d'hydrogène – que sa simplicité propulse au rang d'archétype – vaut $E_I = 13{,}6$ eV (utiliser les données antérieures, et le facteur de conversion $1 \text{ eV} = 1{,}6 \times 10^{-19}$ J).

Mais je n'aurais pas dû présenter les deux calculs précédents ainsi que je l'ai fait – pour enfantins qu'ils soient –, comme s'ils visaient le simple but de résoudre quelque devinette élémentaire – dont la réponse figure en toutes lettres, par avance, sur les pages de garde de maint manuel ; je n'aurais pas dû laisser entendre qu'il s'agit là d'un jeu – fût-il jeu de ballon aux rebonds capricieux. « *Au violon s'use l'archet / La pierre au jeu des ricochets* » et apparaît à la réflexion, au tréfonds des choses et des idées, la véritable nature des enjeux : fondamentaux comme les énigmes du Sphinx de Thèbes, et comme elles vitaux pour la physique. Partis d'une collection de paramètres – ils n'étaient pas plus de trois – susceptibles de caractériser les principaux aspects du système étudié – choisi pour sa simplicité –, nous avons « découvert », c'est-à-dire trouvé et dévoilé en même temps, que ces paramètres s'agencent, de façon harmonieuse et *unique*, pour produire une *longueur* ; et d'une autre façon, tout aussi harmonieuse, pour faire sortir une *énergie*. Ou bien nous nous sommes lourdement trompés dans l'analyse physique préalable qui a dégagé les paramètres appropriés, ou bien toute longueur se doit, dans l'atome, de se conformer à l'expression $\hbar^2 / m_e e^2$, et toute énergie à $m_e e^4 / \hbar^2$. Le facteur inconnu, *a priori* arbitraire, qui multiplie l'une ou l'autre combinaison sans en altérer les dimensions physiques ? Il reste ici insignifiant : exactement 1 dans le premier cas, 1/2 dans le second. Invoquera-t-on la chance ? Que non pas ! on le constate systématiquement, dans ce type d'arguments dont nous donnerons bientôt d'autres exemples : ce facteur immotivé arrive chaque fois – lorsque le plein développement de la théorie vient à le révéler – proche de 1. On peut s'en étonner, comme d'un prodige. On peut estimer plutôt que ce fait même – un facteur capricieux mais d'ordre 1 – participe de l'analyse dimensionnelle : si le véritable rayon $a_0$ de l'atome mesurait 100 ou 1 000 fois la longueur de base $\hbar^2 / m_e e^2$, les dimensions physiques seraient respectées, mais un aspect important de l'atome d'hydrogène nous serait demeuré incompris, qui pourrait motiver de tels nombres.

CHAPITRE 8

# ARGUMENTS DIMENSIONNELS DIVERS

« De tant d'objets divers le bizarre assemblage
Peut-être du hasard vous paraît un ouvrage. »
Jean RACINE

L'analyse dimensionnelle se rencontre un peu partout, aux quatre coins de la physique, omniprésente et précieuse. Elle n'a certes pas pour vocation de prendre la place, au pied levé, d'un calcul rigoureux fondé sur des considérations théoriques avérées. Mais elle guide, comme en filigrane, la main calculatrice tout au long du chemin, et saurait la retenir efficacement si d'aventure un résultat ou une formule faisait mine de s'écarter de l'« homogénéité » qu'elle exige sans faille. On la sollicite plus explicitement dans les évaluations d'ordres de grandeur, ou bien dans le but de délimiter la validité d'une approximation, ou même – comme nous faisons ici pour illustrer ses vertus – afin de trouver ou retrouver l'expression cruciale d'un paramètre physique pertinent. « *Nous l'allons montrer tout à l'heure* » sur des exemples touchant à des problèmes fort dissemblables[1].

1. Des considérations dimensionnelles ont déjà été avancées ici ou là, comme en passant (*cf.* p. 42).

## *La « constante de structure fine »*

*« Silencio de cal y mirto.*
*Malvas en las hierbas finas.*
*[...]*
*¡ Qué girasol ! Qué magnolia*
*de lentejuelas y cintas*[2] *! »*
Federico García Lorca

L'atome d'hydrogène, ci-devant archétype, a été traité d'emblée comme quantique – présence de $\hbar$ –, mais non relativiste – absence du paramètre $c$. L'analyse dimensionnelle va nous conforter dans ce sentiment intuitif – et le faire admettre aux disciples de Thomas apôtre. Il nous faudrait pour cela l'expression d'une vitesse typique de l'électron ; nous pourrions alors constater que son quotient par $c$, caractère distinctif de la relativité – vitesse de la lumière dans le vide, et des photons – s'avère nettement inférieur à 1.

Nous allons rechercher dans cet esprit un *nombre sans dimension,* que nous établirons à l'aide de $e^2$, $m_e$, $\hbar$ – comme auparavant – auxquels nous adjoindrons $c$. Reprenons notre petite musique : « *Rendez-moi, lui dit-il, mes chansons et mon somme ; / Et reprenez vos cent écus.* » Dans le cas présent, nous écrivons $\left(e^2\right)^\alpha {m_e}^\beta \hbar^\gamma c^\delta = A$ – nous figurons par $A$ un nombre « pur » non spécifié, et alignons au premier membre les quatre paramètres évoqués, élevés à des puissances $\alpha$, $\beta$, $\gamma$, $\delta$ que nous souhaitons déterminer. Allant nous enquérir ci-dessus[3] des formules dimensionnelles de $e^2$ et $\hbar$, et suppléant $c$ par $\ell t^{-1}$, nous précisons $\left(m\ell^3 t^{-2}\right)^\alpha m^\beta \left(m\ell^2 t^{-1}\right)^\gamma \left(\ell t^{-1}\right)^\delta = A$, et en tirons les

2. « Silence de chaux et myrte. / Des mauves dans les herbes fines. [...] / Quel tournesol ! Quel magnolia / de paillettes et de rubans ! »
3. p. 116.

équations que voici. En $m$ : $\alpha + \beta + \gamma = 0$ ; en $\ell$ : $3\alpha + 2\gamma + \delta = 0$ ; en $t$ : $-2\alpha - \gamma - \delta = 0$ (le nombre $A$ ne fait intervenir ni $m$, ni $\ell$, ni $t$ ; en d'autres termes, les exposants correspondants sont, dans $A$, tous nuls).

Trois équations pour quatre inconnues : la disparité a pour origine l'adjonction de la vitesse $c$ dans l'expression envisagée. Autre particularité notable : un nombre sans dimension étant demandé, le carré, ou le cube... de toute solution est encore solution ; la multiplication par 2, ou par 3... des quatre coefficients à la fois ne change pas les équations – dont le second membre est nul. Les deux dernières, seules à comporter $\delta$, à savoir $3\alpha + 2\gamma + \delta = 0$ et $-2\alpha - \gamma - \delta = 0$, se combinent – par simple addition membre à membre – pour l'éliminer, laissant en place $\alpha + \gamma = 0$ ; confrontée à cette nouvelle égalité, la première, $\alpha + \beta + \gamma = 0$, n'a d'autre issue que d'annuler $\beta$ : $\beta = 0$.

Remarquable, le résultat partiel que voilà : la constante sans dimension que nous poursuivons – s'il en existe une – ne comprendra *pas la masse* $m_e$ de l'électron ; ceci l'affranchit de toute attache particulière à cette particule – comme à n'importe quelle autre –, car $\hbar$ et $c$ sont constantes universelles, mais aussi $e^2$ – construite à partie de la charge élémentaire[4]. Puis nous rassemblons la nouvelle venue $\alpha + \gamma = 0$ avec l'une des deux restantes, disons $2\alpha + \gamma + \delta = 0$. Se manifeste ici, patente, l'indétermination que nous devions attendre depuis le début de l'argument : 3 inconnues ($\alpha$, $\beta$, $\gamma$) pour 2 équations indépendantes ; ce sont les rapports seulement entre les exposants, $\gamma / \alpha$ et $\delta / \alpha$, que nous pourrons tirer. La méthode la plus simple consiste à prendre d'emblée $\alpha = 1$. Il s'ensuit aussitôt $\gamma = -1$, puis $\delta = -2\alpha - \gamma = -1$.

Ainsi « découvrons »-nous la *constante de structure fine*, nommée de la sorte lors de sa première apparition, en Physique Atomique, et notée traditionnellement $\alpha$ (prendre garde au doublon de notation avec le premier exposant). Nous sommes

4. p. 116.

ici conduits à l'expression canonique $\alpha = e^2 / \hbar c$. Nous savons les nombres associés à $e^2$ : $(1{,}6 \times 10^{-19}\ \mathrm{C})^2 \times 9 \times 10^9$ SI ; à $\hbar = 1{,}05 \times 10^{-34}$ J.s ; et à $c$ : $3 \times 10^8$ m/s (les deux derniers sont aussi donnés en SI), desquels nous déduisons, par simples multiplication et division, $\alpha = 1 / 137$.

Le paramètre $c$ intervenant au premier degré en dénominateur – nous prenons désormais au sérieux le résultat « *tel que de l'âme il sort* » –, nous sommes en droit d'inférer de cette expression de $\alpha$ – constante sans dimension – que $e^2 / \hbar$, produit de $\alpha$ par la vitesse $c$, est homogène à une vitesse $v$. Un calcul simple – sans prétention aucune de rigueur – suggère effectivement que la vitesse de l'électron dans l'atome d'hydrogène égale $e^2 / \hbar$. Imaginons en effet l'électron tournant autour du proton sur une trajectoire circulaire de rayon $a_0$ – la mécanique quantique dénie pourtant cette représentation – ; l'accélération normale nécessaire à ce mouvement s'écrit[5] $v^2 / a_0$ ; elle est créée par la force électrique $(1 / 4\pi\varepsilon_0)q_e^2 / a_0^2 = e^2 / a_0^2$ ; de $m_e v^2 / a_0 = e^2 / a_0^2$ on déduit sans peine $v^2 = e^2 / m_e a_0$, et l'expression[6] $\hbar^2 / m_e e^2$ de $a_0$ conduit aussitôt à $v^2 = e^4 / \hbar^2$, dont il reste à prendre la racine carrée. Le rapport $v / c$ vaut ainsi $\alpha$. Il peut être considéré petit, comparé à 1, ce qui indique un comportement essentiellement non relativiste de l'électron dans l'atome d'hydrogène, et justifie *a posteriori* les arguments du chapitre précédent.

« *Croire tout découvert est une erreur profonde ; / C'est prendre l'horizon pour les bornes du monde.* » Il n'en reste pas moins que la constante sans dimension $\alpha$ mesure en quelque sorte le « degré de relativité » de l'atome, et qu'elle n'est pas infiniment petite. Il est intéressant de s'appuyer sur elle pour interpréter les résultats qu'a dégagés le chapitre 9 concernant le rayon $a_0$ et l'énergie d'ionisation $E_I$ de l'atome d'hydrogène. De la

5. Voir p. 42.
6. Voir p. 117.

formule[7] $E_I = m_e e^4 / 2\hbar^2$, éliminons $e^2$ au profit de $\alpha\hbar c$ ; il vient $E_I = (1/2)\,\alpha^2 m_e c^2$. Que voilà une tournure hautement significative. L'énergie d'ionisation de l'atome s'obtient – avec l'inévitable facteur 1/2 – en multipliant par le carré de la constante $\alpha$ l'énergie $m_e c^2$ que la relativité associe à la masse de l'électron. Ainsi, pour ce qui est de l'énergie, l'atome d'hydrogène se montre en quelque sorte doublement non relativiste.

Mettons en œuvre le même artifice – à savoir $e^2 = \alpha\hbar c$ – sur l'expression du rayon $a_0$ : $\hbar^2 / m_e e^2 = (1/\alpha)(\hbar / m_e c)$. La manipulation fait apparaître une combinaison de paramètres, $\hbar / m_e c$ – où se manifestent la mécanique quantique ($\hbar$), la relativité ($c$) et l'électron ($m_e$) –, homogène à une longueur – puisque est une longueur notre point de départ $a_0$. Cette dernière affirmation pourrait, s'il en était besoin, se vérifier aussitôt : dimensionnellement, $\hbar / m_e c$ s'écrit $(m\ell^2 t^{-1})m^{-1}(\ell t^{-1})^{-1}$, ce qui se simplifie bien pour aboutir à $\ell$. Ainsi, pour les longueurs, le rapport $a_0 / \lambda\!\!\!^{-}_c$ – où $\lambda\!\!\!^{-}_c$ se définit rituellement comme $\lambda\!\!\!^{-}_c \triangleq \hbar / m_e c$ – comporte $\alpha$ au premier degré seulement, et cette fois en position de dénominateur : $a_0 / \lambda\!\!\!^{-}_c = 1/\alpha$. Numériquement, la « *longueur d'onde de Compton* » $\lambda\!\!\!^{-}_c \triangleq \hbar / m_e c$ vaut $3{,}9 \times 10^{-3}$ Å (137 fois moindre que $a_0$). Elle s'est introduite lors des expériences d'Arthur Compton (1923), qui étudiait la diffusion de photons durs (rayons X) sur les électrons pratiquement libres d'un bloc de graphite.

La « constante de structure fine » a été découverte et baptisée dans des expériences presque oubliées de la physique atomique à ses débuts. Malgré cette extraction humble, la constante de structure fine a su utiliser ses accointances simultanées dans plusieurs milieux aristocratiques (quantique, relativiste, électromagnétique) et la pureté de ses dimensions

7. Voir p. 119.

pour conquérir un vaste domaine, et fondamental, de la physique – notamment l'électrodynamique quantique[8].

## *Énergie du corps noir*

On appelle « corps noir » – après Gustav Kirchhoff (1859) – une cavité fermée contenant des ondes électromagnétiques – c'est-à-dire un gaz de photons – en équilibre thermique à une température $T$ qui leur est imposée de l'extérieur – le plus souvent élevée ($T$ désigne la « température thermodynamique », dite aussi « absolue »). Un mince orifice percé dans une paroi laisse s'échapper au-dehors un rayonnement – des photons – dont l'analyse permet d'accéder aux propriétés du corps noir. On constate alors que sa densité volumique d'énergie $u$ – ou énergie par unité de volume – croît avec la température comme sa puissance quatrième, $u = \sigma T^4$ (loi de Stéfan-Boltzmann – 1879). Comportement remarquable s'il en fut ! le coefficient $\sigma$ se révèle en outre universel – indépendant de la forme et de la nature matérielle de l'enceinte.

L'analyse dimensionnelle se montrera-t-elle capable de relever cette gageure ? Pourra-t-elle tirer de ses seules ressources la formule que voilà, donnant comme proportionnelle à la quatrième puissance de la température la densité volumique d'énergie ?... Rien ne l'y oblige, au demeurant : elle n'y hasarde même pas sa pertinence, déjà établie par ailleurs – et laissant voir déjà ses faiblesses. Joue certainement en sa faveur l'universalité du facteur $\sigma$ : celle-ci signale un attribut spécifique du gaz de photons en soi, sans qu'intervienne aucunement la manière détaillée dont est produit et entretenu ce gaz par interaction avec les atomes constituant les murs ; seule compte leur température. Voilà bien une situation propice. À l'inverse, la variation en $T^4$ paraît signer une distribution hautement spé-

8. *Cf.* p. 68.

ciale des états accessibles aux photons ; on appréhende de la voir sortir de façon « naturelle » d'un système élémentaire d'équations-bilans toutes simples.

Jetons-nous à l'eau – à l'eau dimensionnelle ! Les constantes fondamentales $\hbar$ (quantique) et $c$ (relativiste) seront évidemment de la partie : les photons émargent à l'une et l'autre théorie. Ces deux fréquentations familières, $\hbar$ et $c$, s'accompagnent cette fois de la température $T$ nouveau venue. En outre, la description du système de photons relève – comme celle de tout autre gaz – de la mécanique statistique, portant en sautoir la « constante de Boltzmann » $k$. Les dimensions de celle-ci découlent aussitôt de la formule $S = k \ln W$ que la piété scientifique a fait graver sur la stèle funéraire de Ludwig Boltzmann, à Vienne : le logarithme est par nature sans dimension – comme d'ailleurs son argument $W$ – ; la constante $k$ est par conséquent homogène à l'entropie $S$ ; or la thermodynamique enseigne à qui veut l'entendre que $đQ_{rév} = TdS$ (la quantité infinitésimale $đQ_{rév}$ de chaleur que reçoit un système de façon réversible égale le produit de sa température $T$ par l'accroissement infinitésimal $dS$ de son entropie). Ainsi, $k$ avec $S$ apparaît comme une énergie – la chaleur – divisée par une température, soit $m\ell^2t^{-2}T^{-1}$.

Nous savons[9] que $\hbar$ a pour dimensions $m\ell^2t^{-1}$ et que $c$ est une vitesse, $\ell t^{-1}$ ; nous cherchons la densité volumique $u$ d'énergie, soit $(m\ell^2t^{-2}) / \ell^3$, en la prenant sous la forme générique $u = \hbar^\alpha c^\beta k^\gamma T^\delta$. Tout paraît en place : les exposants $\alpha$, $\beta$, $\gamma$, $\delta$ doivent découler de $m\ell^{-1}t^{-2} = \left(m\ell^2t^{-1}\right)^\alpha \left(\ell t^{-1}\right)^\beta \left(m\ell^2t^{-2}T^{-1}\right)^\gamma T^\delta$.

L'équilibrage de la température $T$ se fait on ne peut plus simplement : $-\gamma + \delta = 0$ (le zéro constate que le premier membre de l'égalité précédente ignore la température). Une remarque, avant de poursuivre – qui souligne les fortes corrélations entre exposants d'une formule dimensionnelle – : le $T^4$ que

9. Voir p. 117.

nous attendons proviendra de $\delta = 4$ ; mais le coefficient $\delta$ se défausse de ses prérogatives, à travers la relation $-\gamma + \delta = 0$, au profit de son collègue $\gamma$, qui assumera donc la représentation de $\delta$ ; or $\gamma$ sera déterminé par les égalités assurant l'harmonisation des termes en $m$, en $\ell$, puis en $t$, la température et l'exposant $\delta$ en étant désormais exclus. Écrivons donc ces égalités : en $m$, $1 = \alpha + \gamma$; en $\ell$, $-1 = 2\alpha + \beta + 2\gamma$ ; en $t$, $-2 = -\alpha - \beta - 2\gamma$. L'addition membre à membre des deux dernières donne directement $\alpha = -3$ ; ce qui, reporté dans la première, entraîne $\gamma = 4$ (nous y voilà !), et finalement $\beta = -3$ grâce à l'une des deux autres. On aboutit donc bien à la dépendance en $T^4$, avec pour coefficient $k^4 / \hbar^3 c^3$. Le calcul théorique exact conduit à $u = \sigma T^4$, avec $\alpha = (\pi^2 / 15) k^4 / \hbar^3 c^3$. Malgré son aspect quelque peu inattendu, le facteur $\pi^2 / 15$ se range sagement aux alentours de 0,66, c'est-à-dire non loin de 1.

## *Les « grandeurs de Planck »*

La théorie quantique et relativiste de la gravitation – indispensable à la compréhension des tout premiers instants de l'Univers – fait encore défaut aujourd'hui. Dans une telle situation, pour l'instant sans remède, l'analyse dimensionnelle est seule à pouvoir apporter quelque indication pertinente concernant ce domaine qui demeure mystérieux jusqu'ici.

On introduira évidemment les constantes fondamentales qui caractérisent, l'une ($\hbar$) la mécanique quantique, l'autre ($c$) la relativité. On leur adjoindra celle ($G$) qui figure dans la loi de la gravitation universelle de Newton – et que mesura pour la première fois Henry Cavendish, en 1798. On obtiendra ainsi des ordres de grandeur – pour une distance-longueur et pour une énergie, par exemple – qui invitent certainement à méditer. À de telles évaluations est associé le nom de Max Planck (1858-1947), l'un des premiers à attirer sur elles l'attention des physiciens. Les dimensions de la constante $G$ se lisent sur la formule

$F = Gmm'/r^2$ qui schématise la force $F$ de gravitation entre deux masses ponctuelles $m$ et $m'$ distantes de $r$. De $F = ma$ ($a$ : accélération) il s'ensuit que $m\ell t^{-2} = [G]m^2\ell^{-2}$, soit $[G] = m^{-1}\ell^3 t^{-2}$.

L'« énergie de Planck », que l'on cherche sous la forme $E_p = \hbar^\alpha c^\beta G^\gamma$, présente, comme toute énergie[10], les dimensions $m\ell^2 t^{-2}$ et donne lieu à l'équation aux dimensions $\left(m\ell^2 t^{-1}\right)^\alpha \left(\ell t^{-1}\right)^\beta \left(m^{-1}\ell^3 t^{-2}\right)^\gamma = m\ell^2 t^{-2}$, qui s'explicite comme suit : $\alpha - \gamma = 1$ pour $m$ ; $2\alpha + \beta + 3\gamma = 2$ pour $\ell$ ; $-\alpha - \beta - 2\gamma = -2$ pour $t$. L'inconnue $\beta$ s'élimine de la somme membre à membre des deux dernières équations : $\alpha + \gamma = 0$. Si l'on prend en compte la première, on résout aussitôt en $\alpha = -\gamma = 1/2$, d'où l'on déduit $\beta = 5/2$ en revenant aux dernières. Ainsi, l'énergie de Planck s'écrit $E_p = \sqrt{\hbar c^5 / G}$. Un calcul analogue peut être mené pour la « longueur de Planck » $L_p = \hbar^{\alpha'} c^{\beta'} G^{\gamma'}$, avec comme équation aux dimensions $\left(m\ell^2 t^{-1}\right)^{\alpha'} \left(\ell t^{-1}\right)^{\beta'} \left(m^{-1}\ell^3 t^{-2}\right)^{\gamma'} = \ell$, c'est-à-dire $\alpha' - \gamma' = 0$ sur $m$ ; $2\alpha' + \beta' + 3\gamma' = 1$ sur $\ell$ ; $-\alpha' - \beta' - 2\gamma' = 0$ sur $t$. La solution s'obtient aisément : $\alpha' = 1/2$, $\beta' = -3/2$, $\gamma' = 1/2$, de sorte que la longueur de Planck répond à l'expression $L_p = \sqrt{\hbar G / c^3}$.

Ce sont les valeurs numériques qui impressionnent ici ! On se souvient sans doute que $\hbar = 1{,}05 \times 10^{-34}$ J.s et $c = 3 \times 10^8$ m/s, et on apprend que, depuis la célèbre expérience de Cavendish, $G = 6{,}67 \times 10^{-11}$ SI. Aucun traquenard ne guette le calcul numérique de l'énergie de Planck et de la longueur de Planck lorsqu'il est mené dans le système international. En ce qui concerne l'énergie, il est préférable de traduire ensuite le joule – unité adaptée au domaine macroscopique – en électron-volts – unité microscopique –, par la relation 1 eV = $1{,}6 \times 10^{-19}$ J.

---

10. Voir p. 114.

On aboutit ainsi à $E_P = 1{,}95 \times 10^9$ J $= 1{,}22 \times 10^{28}$ eV et $L_P = 1{,}61 \times 10^{-35}$ m.

Nombres impressionnants s'il en fut, effectivement ! Il paraît légitime de chercher à la longueur de Planck des termes de comparaison parmi les distances les plus courtes connues jusqu'à présent : on avancera la taille d'un atome, de l'ordre de 1 Å = $10^{-10}$ m, ou celle d'un noyau, voisine de 1 F = $10^{-15}$ m, ou même, en désespoir de cause, la portée des interactions faibles, évaluée à $10^{-18}$ m... Aucune d'elles ne s'approche de façon significative de cette brièveté pharamineuse de $L_P$, ni d'un de ses multiples humainement concevables. Une sorte de vertige nous saisit où la longueur de Planck, à chacune de ces comparaisons fondamentalement frustrées, semble se rétracter davantage encore et reculer vers l'inimaginable.

Quant à l'énergie de Planck, son statut se révèle fort curieux, non exempt de certaine ambiguïté. Prenez-la en électronvolts – son unité « naturelle », pourrait-on dire –, et vous saisit à nouveau un étourdissement cosmique, mais en spirale inversée, s'ouvrant indéfiniment vers le haut : ni la masse du proton (940 MeV/$c^2$ ~ $10^9$ eV/$c^2$), ni celle des « bosons faibles » (80 et 90 GeV/$c^2$, soit environ $10^{11}$ eV/$c^2$), ni les performances des accélérateurs prochains (pour le LHC de Genève 7 TeV, arrondis ici à $10^{13}$ eV) ne nous amènent assez près du seuil d'où l'on parviendrait enfin à tutoyer l'énergie de Planck, ou tout au moins à converser avec elle. À l'aune des grandeurs de Planck, la physique qui nous occupe aujourd'hui s'apparente vraiment à « *un néant à l'égard de l'infini, un tout à l'égard du néant, un milieu entre rien et tout* » (B. Pascal). Mais il se trouve – la physique abonde en telles coïncidences – il se trouve que la multiplication par $10^{19}$ de l'unité précédente d'énergie, l'électronvolt, atterrit sur une autre unité d'énergie, le joule, qui nous parle à nouveau chrétien : cet accroissement fantastique ($10^{19}$) nous fait franchir d'un coup, à l'instar du nombre magique d'Avogadro ($6 \times 10^{23}$), le gouffre naturel – en ce qu'il existe vraiment dans la nature – qui disjoint les mondes microscopique (eV, ici) et macroscopique (ici, J). Si l'on ne répugne pas à l'admettre au niveau macroscopique, alors l'énergie de Planck – sans facteur multiplicatif – redevient « civilisée » : elle correspond à peu près à 500 kilowattheures, consommation électrique d'un foyer banal pendant trois mois. La tête récupère certes, à de tels chiffres, une assise plus ferme, mais c'est pour se perdre aussitôt en conjectures à nouveau sans fin : pourquoi macroscopique ?

CHAPITRE 9

# PROPAGATION

« Les houles, en roulant les images des cieux,
Mêlaient d'une façon solennelle et mystique
Les tout-puissants accords de leur riche musique
Aux couleurs du couchant reflété par mes yeux. »
Charles BAUDELAIRE

## *Équations aux dérivées partielles*

Certaines grandeurs physiques – non des moindres ni des moins nombreuses – se répandent largement dans l'espace « ordinaire » à trois dimensions – leur valeur change d'un point à l'autre dudit espace – et elles évoluent au cours du temps – en chaque point leur valeur change d'un instant à l'autre. On les décrit, tout naturellement, par des fonctions de $x$, $y$, $z$ – coordonnées cartésiennes du point courant – et du temps $t$. Nous écrirons génériquement, comme on fait traditionnellement en physique, $u = u(x,y,z\ ;t)$, le symbole $u$ désignant la grandeur particulière que nous souhaitons étudier.

Des exemples ? Le champ électrique $\vec{E} = \vec{E}(x,y,z\ ;t)$ et le champ magnétique $\vec{B}$, pour qui tient une formule analogue ; ce sont là fonctions à valeurs vectorielles, qui se déploient en trois composantes cartésiennes – lesquelles ne varient pas nécessairement de concert : $E_x = E_x\,(x,y,z\,;t)$, $E_y = E_y\,(x,y,z\,;t)$, $E_z = E_z\,(x,y,z\,;t)$, et de même $B_x$ , $B_y$, $B_z$. Ce peut être aussi la densité volumique de charge électrique $\rho = \rho\,(x,y,z\,;t)$ – charge par unité de volume, au voisinage immédiat du point $(x, y, z)$ et à l'instant $t$ – ou la densité superficielle de courant $\vec{j} = \vec{j}\left(x,y,z\,;t\right)$ – intensité de courant par unité de surface, à nouveau vectorielle. On peut dire que l'électromagnétisme vit tout entier dans et par le formalisme construit sur ces bases : « *Dans les temps les plus noirs, il recevait la substance qui le fait vivre.* » Mais, s'il y règne en seigneur incontesté – car de fondamentale extraction –, il n'est pas seul à l'arpenter avec rigueur, ce domaine avec grand soin balisé. L'acoustique elle aussi – pour donner un exemple – emprunte de bonne grâce ces sentiers parfois escarpés : le son consiste en de (légères) surpressions et dépressions qui se propagent dans l'espace en vibrant dans le temps, accompagnées du va-et-vient de (minces) tranches d'air ; c'est alors un $p$ – pour « pression » – qui prendra la place de $u$, ou bien ce symbole $u$ représentera le déplacement même, à l'instant $t$, de la parcelle centrée au point $(x,y,z)$ de l'espace. On peut citer également la chaleur, qui diffuse à partir de ses sources pour affecter progressivement la température établie en les divers endroits.

Dès lors qu'une grandeur $u$ se présente comme fonction de plusieurs variables – $u = u\,(x,y,z\,;t)$ – s'introduisent naturellement ses *dérivées partielles*, *B, A – BA* des manipulations mathématiques qui ont cours dans ce domaine à peine entrouvert ci-dessus. Le principe reste celui qui préside aux dérivations simples[1]. Mais il existe ici une dérivée par rapport à chaque variable. On y accède grâce à la convention que les autres variables sont maintenues constantes, c'est-à-dire traitées, au cours de l'opération de dérivation, comme inertes. Ainsi, la dérivée par-

1. *Cf.* p. 32.

tielle de $u$ par rapport à $x$, que l'on note – par consensus universel – avec des « d ronds », $\partial u / \partial x$, répond à la définition qui suit : limite, quand l'accroissement $\Delta x$ tend vers zéro, du quotient $\Delta u / \Delta x$ – l'accroissement $\Delta u$ de la fonction, associé à $\Delta x$, étant calculé comme si $y$, $z$, et $t$ étaient invariables.

Le présent chapitre et le suivant analysent – en se fondant à nouveau sur les préceptes de l'analyse dimensionnelle – deux « équations aux dérivées partielles », ainsi nommées car elles proposent, chacune d'elles, une relation entre les dérivées partielles – certaines parmi celles-ci – d'une grandeur physique représentée par une fonction des coordonnées d'espace et du temps. Ces équations ont été choisies ici – elles se sont imposées, devrais-je dire – comme décrivant et régissant deux phénomènes particulièrement importants – fondamentaux, devrais-je dire.

## *Équations d'ondes*

En cette noble terre signalée ci-avant réside à demeure – la parcourant sans trêve, inlassablement, en tous sens – une équation aux dérivées partielles que la Renommée a claironnée aux quatre horizons, et publiée aux quatre coins de l'univers physique :

$$\Delta u - \frac{1}{c^2}\frac{\partial^2 u}{\partial t^2} = 0,$$

l'« équation de propagation » ou « équation d'onde ».

Diverses grandeurs – champ électrique ou champ magnétique, ou bien surpression ou déplacement acoustiques... – viennent à l'envi occuper la place (centrale) de $u$, fonction de $x$, $y$, $z$, $t$ : la signification de ce symbole, $u$, se modifie du tout au tout au gré du phénomène que l'on décrit et, là même, selon l'aspect qu'on en veut privilégier. La quantité $u$ change, l'équation demeure (« *Passent les jours et passent les semaines...* »). C'est sa structure, rigide, indéformable – si le signe moins était remplacé par plus, « *toute la face de la terre aurait changé* » –, qui véhicule le sens profond, tout le sens en vérité. C'est la Pythie. Ses oracles – nous en découvrirons bientôt la teneur essentielle – empruntent au langage mathématique sa rigueur. L'équation prophétesse elle-même, dès avant de se manifester à l'extérieur, s'édifie en termes de dérivées partielles secondes – à savoir dérivée chacune d'une première dérivée partielle – : ainsi de $\partial^2 u / \partial t^2$, dérivée partielle par rapport au temps $t$ de $\partial u / \partial t$ ; ainsi de $\Delta u$, connu partout comme « le laplacien de $u$ » – confusion à éviter avec l'accroissement de $u$ – et défini selon $\Delta u \triangleq \partial^2 u / \partial x^2 + \partial^2 u / \partial y^2 + \partial^2 u / \partial z^2$. Quant au coefficient $1 / c^2$, il introduit une constante $c$ qui figure au dénominateur par son carré – positif comme tout carré de nombre réel – et dont l'analyse dimensionnelle va aussitôt caractériser la nature physique.

Le laplacien $\Delta u$ revêt pour dimensions, comme fait chacun de ses trois termes – qui ne saurait y manquer, par la règle primaire des pommes et des vaches –, celles de la grandeur $u$ divisées par le carré d'une longueur : ils représentent en effet des longueurs – à l'instar des variables $x$, $y$, $z$, elles-mêmes – les accroissements $\Delta x$, $\Delta y$, $\Delta z$ qui interviennent deux fois d'affilée, au dénominateur, dans les doubles dérivations du laplacien. Mais… les dimensions de $u$ ?… Elles diffèrent radicalement, du champ électrique jusqu'à la pression acoustique ! Certes, mais elles apparaissent identiques dans tous les termes de l'équation, en sorte que seuls les dénominateurs doivent nous préoccuper ; on voit dans ceux du laplacien $\Delta u$ le carré d'une longueur, qui se retrouve nécessairement dans $c^2$ multipliant le carré d'un temps – venant de $\partial^2 u / \partial t^2$ ; il s'en ensuit que le paramètre $c$ ne peut faillir à son destin de *vitesse*. Effectivement, en électromagnétisme – la théorie reine –, les équations de propagation de l'un ou l'autre champ comportent pour vitesse $c$ la combinaison $1/\sqrt{\varepsilon_0 \mu_0}$ des deux constantes fondamentales électrique $\varepsilon_0$ et magnétique $\mu_0$, ce qui conduit à une valeur numérique très proche de 300 000 km/s. L'ordre de grandeur bondit – vers le bas – en Acoustique, et se diversifie :

la vitesse du son avoisine 340 m/s dans l'air, 1 500 m/s dans l'eau, 5 km/s dans l'acier,...

Cette équation de propagation, qui semble simple à l'abord mais sitôt après énigmatique, recèle un phénomène à la fois curieux et fondamental, qui laisse pantelants de surprise le profane et le débutant ; tellement aisé à déduire, en vérité, qu'on en est doublement désarçonné.

Adoptons, pour le voir se manifester, une situation concrète et facile, où l'espace se restreint à une dimension : une corde tendue horizontalement (figure 1), dont les points seront repérés sur un axe $Ox$. Nous choisirons pour grandeur $u$ le déplacement transversal – compté positivement vers le haut – des divers points, par rapport à leur position d'équilibre. Plus précisément (figure 2), $u = u(x,t)$ mesurera l'écart vertical, à l'instant $t$, du point de la corde caractérisé par l'abscisse $x$.

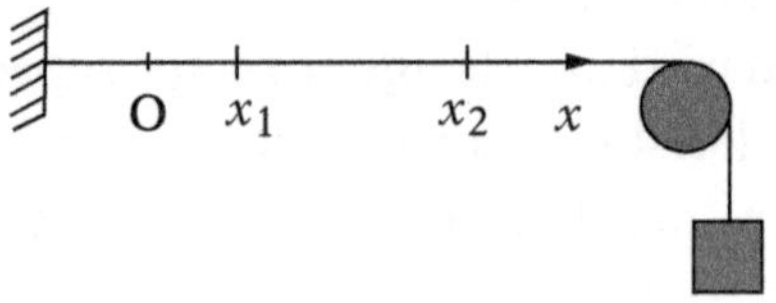


Figure 1

Si l'on se fixe tout d'abord une abscisse $x_0$ – pour mieux comprendre – et qu'on observe le point particulier ainsi désigné sur la corde, la fonction de $t$ qui s'écrit $u(x_0,t)$ retrace le mouvement vertical exécuté par ce point au cours du temps $t$ ; ce mouvement diffère *a priori* d'un point de la corde à l'autre. Si maintenant, à l'inverse, on se fixe un instant $t_0$, la fonction de $x$ qui s'écrit $u(x,t_0)$ caractérise la distribution du décalage latéral des divers points, d'abscisse $x$, le long de la corde ; en somme, $u(x,t_0)$ dessine l'image photographique de la corde qui serait prise à cet instant $t_0$.

Une analyse théorique un peu serrée – application de la loi fondamentale de Newton à un tronçon infinitésimal de la corde

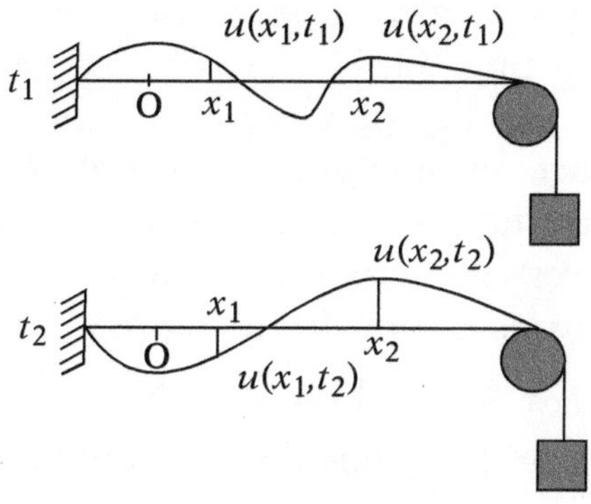


Figure 2

– avec introduction judicieuse de quelques approximations aboutit, pour $u(x,t)$, à l'équation du dieu-soleil – ramenée à une dimension d'espace unique – : $\partial^2 u / \partial x^2 - (1/c^2)\partial^2 u / \partial t^2 = 0$. La constante $c$ qui se dégage de la démonstration s'exprime selon $c = \sqrt{F/\mu}$ à partir de la masse linéique (masse par unité de longueur) $\mu$ de la corde et de la force $F$ qui la tend. Vérification des dimensions : $F$ est homogène au produit d'une masse par une accélération, donc à $m\ell t^{-2}$, et $\mu$ à $m\ell^{-1}$ ; ainsi, $F/\mu$ s'affiche comme $\ell^2 t^{-2}$ et sa racine carrée comme $\ell t^{-1}$ – voilà bien une vitesse.

## *Propriété spécifique des solutions*

À présent, que les âmes sensibles détournent les yeux : l'artiste va travailler sans filet !

Roulement prolongé de tambour, d'intensité progressivement croissante, jusqu'au seuil de l'insupportable. Interruption brutale, d'un coup, coïncidant avec l'extinction soudaine de l'éclairage : silence et ténèbres sous le chapiteau... Mais apparaît aussitôt la lumière d'un unique projecteur zénithal, qui imprime sur la piste un disque lumineux d'un mètre à peine de diamètre. L'« artiste » entre en scène dans ce rond éblouissant, qui ne le quittera plus dans ses évolutions, pour brusques et rapides et vastes qu'elles puissent être. Une voix caverneuse, emplissant l'espace, évoque avec respect et vénération la prêtresse de Delphes, tandis que se projette, sur un écran géant tendu par le travers de l'accès aux coulisses, l'équation magique que nous avons appris à connaître – sa version à une dimension : $\partial^2 u / \partial x^2 - (1/c^2)\partial^2 u / \partial t^2 = 0$.

S'aidant d'un microphone dont de multiples haut-parleurs judicieusement disposés répercutent les accents solennels dans l'ensemble de la vaste tente, l'« artiste » s'adresse au public, fasciné, qui emplit les gradins. Il ponctue son discours, lent et persuasif, d'amples gestes de bras et de hochements de tête engageants. Il présente, en commençant, une variable homogène à une longueur baptisée $\xi$ en l'honneur d'Apollon – la lettre $\xi$ s'affiche, isolée, sur la toile de fond. Il sollicite avec insistance l'auditoire, demandant qu'on lui propose une fonction – quelconque, choisie sans contrainte – de cette variable unique, $\xi$. Sans se faire trop prier, les spectateurs relèvent le défi : on avance ici la fonction $\xi^2$, on s'enhardit là jusqu'à l'exponentielle, on suggère encore, là-bas, le cosinus.

Procédant par ordre, l'« artiste » prend d'abord en main le carré $\xi^2$ : « Je modifie légèrement cette fonction – sans l'altérer – pour l'adapter au problème concret de la corde tendue : $\xi^2$ représentant le carré d'une longueur, je me permets de diviser par une autre longueur $a$ constante pour obtenir globalement la dimension du déplacement $u$. Maintenant, que personne ne bouge !... Silence et recueillement, attention et expectative : « *Agua y sombra, sombra y agua / por Jerez de la Frontera*[2]. » De la fonction $\xi^2 / a$, ainsi spontanément mise en avant, « *En ferraillant je vais – hop ! – à l'improvisade* », tirer *une solution de l'équation de propagation*. Le tour de passe-passe, exécuté

2. « L'eau et l'ombre, l'ombre et l'eau / vers Jerez de la Frontière » (F. García Lorca).

devant les yeux ébahis de chacun et de tous, consiste à remplacer, d'un seul coup d'un seul, $\xi$ par $x - ct$. Apparaît sur l'écran l'égalité $u(x,t) = (x - ct)^2 / a$, flanquée des dérivées partielles pertinentes de cette fonction $u(x,t)$ là – qu'a calculées *in vivo* un comparse mathématicien au chômage. Au premier ordre, $\partial u / \partial x = 2(x - ct) / a$ et $\partial u / \partial t = - 2c(x - ct) / a$ ; au second ordre, $\partial^2 u / \partial x^2 = 2 / a$ et $\partial^2 u / \partial t^2 = + 2c^2 / a$. Par conséquent, la combinaison $\partial^2 u / \partial x^2 - (1 / c^2)\partial^2 u / \partial t^2$ s'annule : $u(x,t) = (x - ct)^2 / a$ vérifie l'équation de propagation !

« *"Bravo !" crie la foule en délire ; et de réclamer une autre représentation.* »

La fonction exponentielle ne peut s'appliquer qu'à une variable sans dimension : nous prendrons $\xi / a$. En outre, nous affecterons à l'exponentielle, sans dimension elle-même, un multiplicateur $A$ qui l'ajustera à la dimension voulue – une longueur. La « deuxième représentation » porte donc sur $A\exp(\xi / a)$. L'« artiste » lui fait aussitôt subir la transformation magique : $u(x,t) = A\exp(x - ct) / a$. Sortant dans l'instant, des coulisses obscures à la projection lumineuse, les dérivées adéquates (je ne m'explique pas que, pour ces basses besognes, ait été engagé un mathématicien, au risque d'erreurs ; un physicien eût été plus fiable, dont c'est le lot quotidien) : au premier ordre, $\partial u / \partial x = (A / a)\exp(x - ct) / a$ et $\partial u / \partial t = (-cA / a)$ $\exp(x - ct) / a$ ; au second ordre, $\partial^2 u / \partial x^2 = (A / a^2)\exp(x - ct) / a$, et $\partial^2 u / \partial t^2 = (+ c^2 A / a^2)\exp(x - ct) / a$. Et – ô miracle renouvelé ! – la combinaison fatidique des dérivées secondes s'annule à nouveau !

Le cosinus, traité au pas de charge, confirme la validité du procédé : $A\cos\xi / a$, aménagé en $u(x,\mathrm{t}) = A\cos(x - ct) / a$, conduit à $\partial u / \partial x = - (A / a)\sin(x - ct) / a$ et $\partial u / \partial t = (+ cA / a)$ $\sin(x - ct) / a$, puis à $\partial^2 u / \partial x^2 = - (A / a^2)\cos(x - ct) / a$ et $\partial^2 u / \partial t^2 =$ $(- Ac^2 / a^2)\cos(x - ct) / a$. Encore gagné !

Mais voici que du premier rang, juste au-delà de la rambarde, partent des appels aigus et pressants : un enfant – un surdoué, peut-être –, juché sur son siège, interpelle l'« artiste »

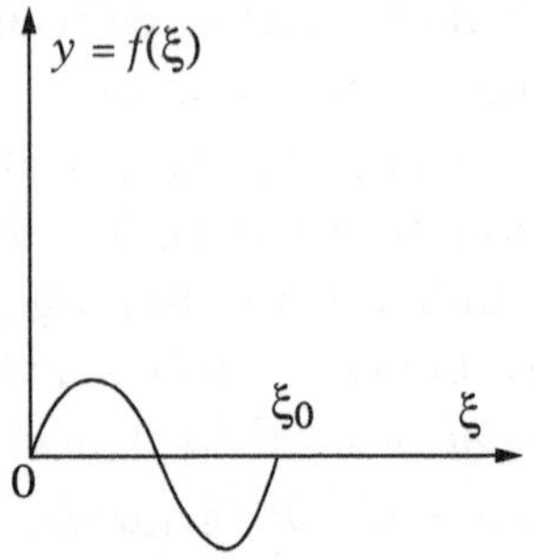


Figure 3

en brandissant au-dessus de sa tête un papier arraché à la hâte d'un agenda sans doute périmé, sur quoi est griffonné ce que donne à voir la figure 3, immédiatement reproduite, agrandie, pour être vue de tous. La fonction $f(\xi)$ que voilà n'est pas définie par une formule analytique comme les précédentes, mais bien plutôt par sa représentation graphique, judicieusement choisie – comme nous serons amenés à le constater – : $f(\xi)$ s'annule partout, excepté sur un intervalle $(0,\xi_0)$ restreint, où elle s'arrange néanmoins pour changer de signe ! Et le numéro reprend, selon le plan maintenant éprouvé. « Ne connaissant pas véritablement l'expression de $f(\xi)$, j'émets l'hypothèse que les conditions dimensionnelles y sont respectées ; en particulier, les valeurs prises par cette fonction – la figure suggère de les nommer $y$ – appartiennent comme celles de $\xi$ à la classe des longueurs. J'applique alors, sans barguigner, mon tour de passe-passe : $u\,(x,t) = f(x - ct)$, puis calcule du même élan les dérivées nécessaires : si l'on me permet de noter $f'(\xi)$ et $f''(\xi)$ les dérivées première et seconde de la fonction $f$ par rapport à son unique variable $\xi$, les règles – simples – de dérivation pour une fonction de fonction[3] aboutissent à $\partial u / \partial x = f'(x - ct)$ et $\partial u / \partial t = - cf'(x - ct)$ comme dérivées premières ; on obtient les

3. Si $u(x,t) = f(x - ct)$, alors $\partial u / \partial x = (\mathrm{d}f / \mathrm{d}\xi) \times (\partial \xi / \partial x)$ et $\partial u / \partial t = (\mathrm{d}f / \mathrm{d}\xi) \times (\partial \xi / \partial t)$, avec, pour $\xi = x - ct$, $\partial \xi / \partial x = 1$ et $\partial \xi / \partial t = - c$.

dérivées secondes en poussant d'un cran supplémentaire ces deux mêmes formules : $\partial^2 u / \partial x^2 = f''(x - ct)$ et $\partial^2 u / \partial t^2 = (-c)^2 f''(x - ct)$. Ces résultats s'affichent en évidence sur l'écran. Quelques secondes de silence – l'« artiste » se tient coi, pointant seulement ses deux index vers $\partial^2 u / \partial x^2$ et $\partial^2 u / \partial t^2$ –, puis éclate un tonnerre d'applaudissements, ponctué de-ci de-là par des hurlements brefs dont on reconnaît seulement deux voyelles : « ... a... o ! »

L'« artiste » salue de manière conventionnelle, fléchissant le cou (« *Laissent pencher leur front et fléchissent le cou* ») tout d'abord, puis se cassant en deux à la taille... s'y reprenant à plusieurs fois. Il sort, se courbant là aussi pour passer sous la vaste toile lumineuse – où persiste la source, indubitable mais prodigieuse, de son triomphe –, revient pour répondre à nouveau aux acclamations du public, qui prennent bientôt une forme rythmique impérieuse – les claquements des innombrables paumes se groupant en un seul et même battement coordonné. Fusent de toutes parts les cris de « *Bis* ! *Bis* ! ». À sa troisième fausse sortie, l'« artiste » lève à mi-hauteur ses deux mains disjointes, qu'il balance doucement en signe d'apaisement. Ayant obtenu le silence – présageant pour l'assistance la venue d'une répétition de l'exploit précédent –, l'« artiste » s'exprime d'une voix forte : « "*Ce n'est pas une taille avantageuse, c'est / Mon âme que je cambre ainsi qu'en un corset.*" Ce n'est pas une reprise du spectacle que je vais exécuter maintenant devant vous, mais bien plutôt son achèvement, son couronnement, son apothéose, que les succès antérieurs – merci de les avoir appréciés – préparent seulement, et rendent possible. Je vais exploiter, pour cette partie cruciale et ultime de la représentation, la même fonction $f(\xi)$, mystérieuse mais générique : je reviens au diagramme qu'a soumis d'abord à ma perspicacité le jeune homme – enfant inspiré des dieux (figure 3). Je réitère le pas décisif qui a, sans coup férir ni artifice requérir, construit sur $f(\xi)$ une solution $u(x,t) = f(x - ct)$ de l'équation d'onde. Apparaîtra alors en pleine lumière l'origine sémantique de l'appellation "équation de propagation". »

« Je m'attache, pour atteindre cet objectif, à interpréter sur la corde tendue horizontalement cette fonction de deux variables $u(x,t)$ destinée à en décrire la forme et son évolution dans le temps : $u(x,t)$ caractérise l'écart vertical, à l'instant $t$, du point d'abscisse $x$ par rapport à sa position d'équilibre sur la droite horizontale. »

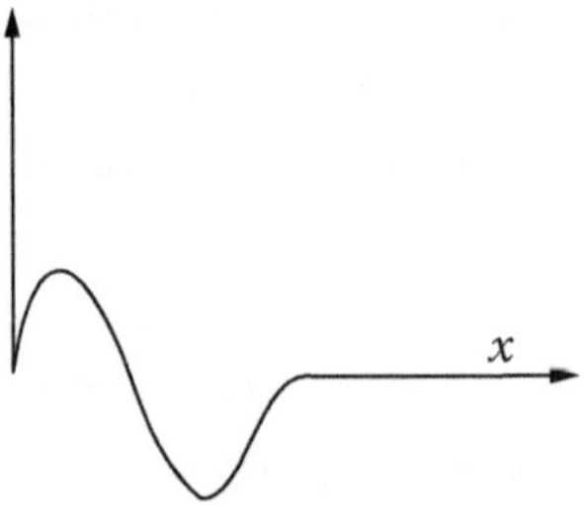


Figure 4

« Je demande en premier lieu : quel aspect présente la corde à l'instant initial $t = 0$ ? Le point repéré par $x$ est déplacé verticalement de $u(x,0)$ – par définition de $u(x,t)$ et par choix de $t = 0$. Dans le cas présent, $u(x,0) = f(x)$ – j'ai seulement remplacé $t$ par zéro dans $f(x - ct)$. Ainsi, au temps zéro, les points de la corde restent au repos, sauf toutefois ceux qui se situent entre $x = 0$ et $x = \xi_0$ – rappelons-nous que $\xi$ et $x$ sont homogènes l'un à l'autre, comme longueurs –, lesquels reproduisent à l'identique le dessin que montre la figure 3. Autrement dit (figure 4), la photographie de la corde, prise à l'instant initial, révèle la forme de la représentation graphique de la fonction $f$. »

Sur le point de reprendre, les manifestations bruyantes d'approbation et d'admiration sont étouffées dans l'œuf par l'« artiste », d'un geste autoritaire de la main. « Maintenant, voici le summum, le faîte, le pinacle de ce temple que nous avons édifié pierre à pierre. Je pose la question : quelle forme développe la corde à un instant $t_0$ ultérieur ? La réponse gît encore dans l'expression de $u(x,t)$, prise en $t = t_0$. Or, dans notre cas, $u(x,t_0) = f(x - ct_0)$. L'interprétation de ce résultat s'appuie à nouveau sur le fait patent que la fonction $f(\xi)$ prend des valeurs non nulles seulement entre $\xi = 0$ et $\xi = \xi_0$. Ainsi, en l'occurrence présente, $u(x,t_0)$ reste nul partout en $x$, sauf entre $x_1$ et $x_2$, tels que $x_1 - ct_0 = 0$ et $x_2 - ct_0 = \xi_0$ ; en d'autres termes, la corde n'est déformée qu'entre les abscisses $x_1 = ct_0$ et $x_2 = \xi_0 + ct_0$. Il y a plus : la forme de la corde à $t_0$ n'a pas changé (figure 5) – excepté un décalage horizontal de $ct_0$ – par rapport à ce qu'elle était à l'instant initial $t = 0$. »

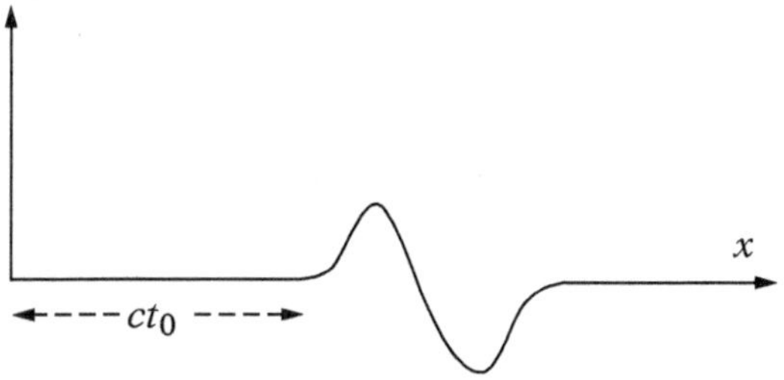


Figure 5

Si l'on imagine $t_0$ d'abord tout proche de zéro, puis un peu postérieur, puis encore un peu ultérieur… alors jaillit soudain, évidence percutante, le concept de propagation, comme émerge de la brume une tour cathédrale (« *Mais vous apparaissez, reine mystérieuse. / Cette pointe là-bas dans le moutonnement* »). L'altération – brève ici pour mieux donner à voir – qui en perturbe l'horizontalité originelle court le long de la corde – conservant intact son dessin –, à la vitesse $c$, dans le sens des $x$ croissants (ce serait en sens inverse si la même variable $\xi$ avait été remplacée par $x + ct$ dans la même fonction $f$). Qui ne s'extasierait devant ce phénomène, miracle naturel dévoilé par la mathématique physicienne, appuyée seulement ici sur l'analyse dimensionnelle ? N'est-ce pas elle qui permet et suggère d'ajouter *ct* à *x* ? Nul tronçon de la corde ne se déplace jamais dans la direction longitudinale : chaque point se contente d'obéir passivement, sans quitter sa place, pourrait-on dire, au va-et-vient transversal que lui prescrit à son passage l'ébranlement – « *L'aliment idéal passe.* » Et celui-ci, évident mais immatériel en soi, poursuit imperturbablement et obstinément son chemin filiforme de chanvre ou de métal, indifférent à la nature du support mais attentif aux lois universelles de la physique. À l'entrée d'un port de mer, la progression manifeste des vagues ni leur ressac n'entraînent contre les digues, où elles s'écrasent l'une après l'autre, la bouée solitaire et fiable au marin qui se soulève et retombe, à chaque ondulation, sans quitter l'emplacement significatif qu'on lui a de longtemps assigné.

CHAPITRE 10

# DIFFUSION

## *Équation de la chaleur*

« *Et le [physicien] se plaignait / Que les soins de la Providence / N'eussent pas au marché* » *des grandeurs mesurables / Fait figurer la renommée / Comme le courir et le choir* (d'après J. de La Fontaine). Eût-elle, cette vertu, admis une estimation quantitative, qu'on eût enregistré, auprès de l'« équation de la chaleur », une valeur considérable, élevée certes, mais moindre cependant qu'auprès de l'équation de propagation qui nous a occupés naguère. Celle-ci en effet, parangon en la matière, atteignait à une manière de perfection formelle, découlant en droite ligne, sans nulle approximation, des postulats fondateurs de l'Électromagnétisme (équations de Maxwell). En revanche il s'agit ici, avec l'équation de la chaleur – dite aussi « équation de la diffusion » –, d'une loi foncièrement phénoménologique, « empirique » si l'on préfère le terme. Prenons-la néanmoins, sans plus attendre, pour ce qu'elle est – et pour les enseignements qu'on en peut tirer – :

$$\frac{\partial T}{\partial t} - D\Delta T = 0.$$

Elle concerne une situation où la température $T$ varie selon l'endroit et selon le moment, c'est-à-dire où, pour décrire cette quantité, il faut faire appel à une fonction des coordonnées $x$, $y$, $z$ du point courant de l'espace ainsi que du temps $t$, qui s'écrira $T = T(x,y,z\,;t)$. Le symbole $\Delta$ désigne à nouveau l'opérateur laplacien : $\Delta T \triangleq \partial^2 T / \partial x^2 + \partial^2 T / \partial y^2 + \partial^2 T / \partial z^2$. Le « coefficient de diffusion thermique » $D$, accessible à la mesure, sera considéré constant dans le domaine spatial et temporel à explorer.

Un coup d'œil irréfléchi laisse peut-être penser que l'équation nouveau-venue se prêtera comme l'ancienne aux jeux du cirque. Que l'on se détrompe pourtant ! L'analyse dimensionnelle – elle encore, elle toujours ! – y suffira, avertissant par des signaux non équivoques le bouleversement radical qu'opère dans l'économie des solutions cette simple substitution d'une dérivée première par rapport au temps $t$ à la dérivée seconde antérieure. Le présage se manifeste, tel un antique augure – « *Sire, on voit dans le ciel des nuages de feu* » –, par l'homogénéité du coefficient $D$ et sa différence foncière d'avec celle d'une vitesse – ou du carré, ou de l'inverse d'une vitesse – qui prévalait précédemment. Ici, les interventions de la température se compensant entre les deux termes de l'équation, le $t^{-1}$ du premier doit s'équilibrer avec le $D\ell^{-2}$ du second ; il s'ensuit du $\ell^2 t^{-1}$ pour $D$ – des centimètres carrés par seconde si l'on préfère ainsi.

## *Diffusion libre*

Sur ce socle ferme et inéluctable apparaît aussitôt une propriété singulière : « *Le cor éclate et meurt, renaît et se prolonge.* » Étant choisi un intervalle de temps $\tau$ – *a priori* quelconque –, demandons-nous : quelle distance caractéristique $\delta$ l'équation de la chaleur va-t-elle associer à cette durée $\tau$ ? La réponse ne se fait pas prier ni ne se déguise : le produit de $D$ par $\tau$ présente d'emblée $\ell^2$ pour dimensions ; il suffit d'en extraire la racine carrée : $\delta = \sqrt{D\tau}$. Étrange, effectivement, inattendu, ce résultat pourtant inexorable. Pour qui s'est accoutumé à de bonnes et franches vitesses, dans l'équation de propagation comme dans la vie courante, le chemin parcouru croît – cela va de soi – en raison directe du laps de temps $\tau$ qu'on y investit – ce devrait être ici $\delta = c\tau$, avec $c$ pour vitesse. La spécificité des processus de *diffusion* – celle de la chaleur en représente l'archétype – éclate ainsi en pleine lumière ; elle réside en ceci que le trajet $\delta$ franchi va comme la *racine carrée du temps* $\tau$ qui lui correspond.

Pour discerner concrètement cette particularité des phénomènes diffusifs, pour les différencier des effets de propagation, ayons recours à quelques nombres simples, dans une situation familière. Une cuillère ou une louche métallique plonge son cuilleron dans un potage bouillant. Le coefficient $D$ de diffusion thermique de l'aluminium ou de l'argent dont est fait le manche vaut environ 1 $cm^2s^{-1}$. L'argument parlera plus clair à partir de la relation inverse – mais équivalente – $\tau = \delta^2 / D$ de celle que nous avons écrite primitivement, $\delta = \sqrt{D\tau}$. Commençons par calculer le temps $\tau_1$ que met la chaleur de l'assiette ou de la soupière pour parvenir, le long du manche, à $\delta_1$ = 10 cm du bouillon ; pas la moindre difficulté, puisque $\delta_1$ et $D$ sont tous deux exprimés à l'aide des centimètres : $\tau_1$ = 100 s, soit un peu plus d'une minute et demie. Passons maintenant à $\tau_2$, nécessaire pour atteindre $\delta_2$ = 20 cm. Nous avons à dessein choisi $\delta_2$ double de $\delta_1$ ; néanmoins $\tau_2$ ne s'avère pas pour autant double de $\tau_1$, mais bien quadruple – puisque $\tau$ est proportionnel à $\delta^2$, dans la formule (inverse) qui nous guide, de sorte qu'un trajet deux fois plus long exige un temps quatre fois supérieur, et trois fois plus long, neuf fois supérieur... Donc $\tau_2$ = 400 s, qui passent les six minutes et demie. Commentaire pratique, sur la lancée : le temps ne manque pas, pour retirer les doigts ou la cuillère sans se brûler. Si, « pour voir », on pousse jusqu'à $\delta_3$ = 1 m – un peu long, même pour une louche ! –, c'est-à-dire $\delta_3 = 10\delta_1$, la durée $\tau_3$ correspondante ne décuple pas $\tau_1$, mais le centuple ! On atteint là des délais prohibitifs : 2 heures trois quarts et plus ; la louche et la soupe peuvent refroidir tout à loisir avant que leur chaleur n'atteigne de tels confins...

Ne quittons pas le sujet sans signaler que le bois présente un coefficient de diffusion thermique mille fois moindre ($D \sim 10^{-3} \mathrm{cm}^2 \mathrm{s}^{-1}$), de sorte que les intervalles de temps précédents, calculés pour un métal tel que l'argent, sont à multiplier par mille – d'après $\tau = \delta^2 / D$ – si de cuillère ou de manche en bois il s'agit. Pour diffuser sur $\delta_1 = 10$ cm, la chaleur nécessite déjà $\tau'_1 = 10^5$ s (environ 28 heures !) ; autant dire qu'elle demeure totalement imperceptible dans des conditions usuelles de distance et de temps.

## *Diffusion « forcée »*

Voici venir céans une anecdote – d'aucuns diraient un conte –, un court récit en tout cas, amusant et instructif à la fois, peut-être poétique – il jongle avec les jours et les nuits, avec les saisons aussi –, déconcertant dans sa coda. Il m'a, ce calcul – je m'en souviens encore –, littéralement enchanté lorsque je l'ai pour la première fois abordé : « *La Fleur, qui plaisait tant à mon cœur désolé.* » Et ici, c'est l'analyse dimensionnelle encore qui va nous en dévoiler « la substantifique moelle ».

Il s'agit de comprendre comment est influencé le sol, en profondeur, par les variations de température de l'atmosphère, à la superficie (des arguments analogues vaudraient pour l'intérieur d'une grotte vis-à-vis de son entrée). On s'adresse pour cela au modèle le plus simple : la température de l'air ambiant varie de façon périodique – la période s'établira à 24 heures pour l'évolution diurne, à 365 jours pour l'évolution annuelle. Précisons « mathématiquement » au niveau le plus élémentaire, mais en englobant du même élan le diurne et l'annuel : en $z = 0$ – qui caractérise le « plancher des vaches » –, la température $T$ s'établit en moyenne à $T_m$, mais elle oscille entre $T_m + T_0$ et $T_m - T_0$ selon une durée caractéristique $\tau$ (période) ; nous admettrons que $T$ égale $T_m + T_0$ aux instants $t = 0, \tau, 2\tau$, etc. après être passée par $T_m - T_0$ à $t = \tau/2, 3\tau/2$, etc.

Un axe $Oz$ vertical, orienté vers le bas, repère les divers points intérieurs au sol par leur profondeur $z$. On s'attend à ce que la valeur moyenne $T_m$ et l'amplitude $T_0$ des oscillations dépendent de $z$. Écartons $T_m$ : elle met en jeu des phénomènes géophysiques que nous laissons délibérément de côté. Quant à $T_0$, elle ne peut que décroître quand augmente la distance à la surface, c'est-à-dire la profondeur $z$. De quel pourcentage $T_0$ aura-t-elle diminué à la cote $z$ ? Comme $z$ est une longueur, la réponse viendra – semi-quantitativement – si nous savons construire une longueur caractéristique du problème. Munis de $D$ – en $\ell^2 t^{-1}$ – et de la période $\tau$ – un temps –, nous ne sommes pas longs à chercher : $\Lambda = \sqrt{D\tau}$ donne l'ordre de grandeur de la profondeur au-delà de laquelle les variations de température ne sont plus guère perceptibles.

Des chiffres ! On me dit que, dans le sol, le coefficient de diffusion thermique vaut environ $D \simeq 1{,}5 \times 10^{-7}\,\mathrm{m^2 s^{-1}}$. Je calcule aussitôt la profondeur $\Lambda_d$ de pénétration des alternances jour-nuit $\left(\tau_d = 24 \times 3600\mathrm{s}\right)$ et la profondeur $\Lambda_a$ qu'atteignent les alternances été-hiver $\left(\tau_a = 365\tau_d\right)$ : $\Lambda_d \simeq 10$ cm et $\Lambda_a \simeq 2$ m.

L'interprétation est d'abord aisée : les variations de température journalières cessent pratiquement de se faire sentir à une dizaine de centimètres au-dessous de la surface du sol ; les variations saisonnières pénètrent beaucoup plus bas, passant le mètre de fond. Traduites en botanique et agriculture élémentaires, les conclusions coulent de source : si les graminées et céréales sont affectées par la succession des jours et des nuits, les arbres, mieux enracinés, y restent insensibles. On constate aussi – pour en revenir au minéral – que les caves et grottes souterraines conservent une température immuable, jour et nuit, été comme hiver.

S'il m'autorisait le recours à un outil technique, fort connu au demeurant – je fais allusion à la fonction « cosinus » –, j'offrirais au lecteur, sans frais supplémentaires, une courte excursion hors des sentiers battus – facultative, en tout état de cause. Voici donc.

En $z = 0$ – surface du sol ou entrée d'une grotte –, la température que nous avons plus haut schématisée prend plus précisément l'expression – en première approximation, encore – $T = T_m + T_0 \cos(2\pi t / \tau)$. On vérifie : $T_m + T_0$ lorsque le cosinus passe par son maximum égal à +1, ce qui se produit pour $t = 0$, $t = \tau$, $2\tau$, etc. – étés successifs – ; $T_m - T_0$ (hivers) lors des minimums, égaux à –1, du cosinus, qui ont lieu aux dates $\tau / 2$, $3\tau / 2$, etc.

Cette expression concerne $z = 0$. Pour $z$ positif, à l'intérieur de la grotte ou du sol, l'amplitude $T_0(z)$ des oscillations, nous le savons de ce qui précède, décroît progressivement lorsque $z$ croît (décroissance exponentielle, pour les experts). Mais, puisque nous disposons d'une longueur caractéristique $\Lambda$, la variable $z$ – elle aussi longueur – peut également pénétrer dans le cosinus, sous la forme adimensionnée $z / \Lambda$. Or, en Physique – loi générale, partout et toujours vérifiée – en Physique, donc, « tout ce qui n'est pas explicitement interdit est permis, et ce qui est permis arrive immanquablement ». Application présente : $z / \Lambda$ figure dans le cosinus, à l'instar de $t / \tau$ : nous avons affaire en fait à $\cos 2\pi\left(t / \tau - z / \Lambda\right)$.

Et alors, « *Lo and behold*[1] ! ». À la profondeur $z = \Lambda$ – en bout de course pour $T_0(z)$, quasiment – le cosinus précédent, de forme générale, se réduit à $\cos\left[2\pi\left(t / \tau\right) - 2\pi\right]$. Cette forme particulière reproduit fidèlement le $\cos 2\pi\left(t / \tau\right)$ qui régente la surface ; l'alternance des hivers et des étés suit « en phase » celle de l'extérieur : température maximale (été) lorsque $t = \tau$, $2\tau$, etc. ; minimale (hiver) pour $t = \tau / 2$, $3\tau / 2$, etc. Mais la succession des saisons, si elle est toujours perçue en $z = \Lambda / 2$, s'y présente cul par-dessus tête. En effet, $\cos\left[2\pi\left(t / \tau\right) - \pi\right]$ vaut exactement l'opposé de $\cos 2\pi\left(t / \tau\right)$. À cette profondeur $\Lambda / 2$

1. « Écarquillez vos yeux ! »

(environ un mètre), les maximums surviennent en même temps que font les minimums dans l'atmosphère ouverte, de sorte que l'hiver règne là lorsque ici c'est l'été, et *vice versa* : « *Vous aviez fait un jour jaillir, sans y songer, / Un grand pommier en fleur, au milieu de l'hiver.* »

Bien entendu, la résolution complète et rigoureuse de l'équation de la chaleur, à laquelle on impose, en surface ($z = 0$), une oscillation temporelle de la température, confirme les conjectures dimensionnelles présentées ci-dessus.

CHAPITRE 11

# PHÉNOMÈNES CRITIQUES

« Quoi ? je souffrirai, moi, qu'un cagot de critique
Vienne usurper céans un pouvoir tyrannique,
Et que nous ne puissions à rien nous divertir,
Si ce beau monsieur-là n'y daigne consentir ? »

MOLIÈRE

Des systèmes physiques très divers par leur apparence et leur nature manifestent pourtant – placés dans des conditions bien particulières – un comportement à la fois spécifique et universel, que le physicien qualifie de « critique ». Spécifique, certes, car de tels phénomènes n'apparaissent, pour une substance, qu'au voisinage immédiat d'un « point critique » qui lui appartient en propre. Mais universel aussi, pourvu qu'on sache identifier, de l'un à l'autre de ces corps, des grandeurs et caractéristiques qui se correspondent par-dessus leurs différences de nature et d'apparence – à la densité d'un fluide fait pendant l'aimantation d'un ferromagnétique – et répètent, on dirait par mimétisme, les mêmes conduites singulières, chacun dans son domaine critique spécifique.

## *Un exemple spectaculaire*

Les phénomènes critiques ont été découverts sur les fluides (liquides et gaz), en 1850, dans une expérience célèbre menée à Vienne par Johann Augustus Natterer – « l'expérience des tubes de Natterer ».

Ainsi donc, dans des tubes scellés à parois transparentes sont enfermés des échantillons d'un corps pur – l'eau fera éventuellement l'affaire. Dans chacun d'eux coexistent, par construction, du liquide et sa vapeur – point d'air ni d'aucune autre substance – ; le liquide, plus dense, se rassemble dans le fond ; la vapeur, invisible, occupe la partie supérieure et manifeste sa présence par le « ménisque » – parfaitement apparent quant à lui – qui sépare les deux domaines, inférieur et supérieur. On chauffe ensuite ces éprouvettes – soigneusement closes –, l'une après l'autre. L'évolution le plus couramment observée au cours du chauffage se manifeste par la descente progressive du ménisque, nettement distinct, pour l'amener à disparaître au fond du récipient : le liquide s'y est peu à peu vaporisé, finissant par s'épuiser. Certains tubes, où la proportion initiale de liquide est importante, affichent l'évolution inverse : le ménisque monte sous l'effet de la chaleur – la vapeur se condense petit à petit – et quitte la scène par en haut.

En tâtonnant alentour des remplissages initiaux – celui-ci aboutit à l'élimination du liquide, celui-là de la vapeur –, on parvient au « remplissage critique », qui donne lieu à un comportement radicalement autre, dans l'opération où s'élève la température. Pour commencer, le ménisque ne donne aucun signe de chercher à s'échapper par l'un ou l'autre bout : planté au beau milieu du tube, c'est à peine si un examen scrutateur en décèle de faibles déplacements – qui se compensent d'ailleurs les uns les autres. C'est alors que les yeux – fatigués peut-être de trop fixer cette séparation décidément immuable –

se désorientent soudain : là, à l'emplacement même de la frontière entre liquide et vapeur jusqu'alors franche et évidente, se développe en un rien de temps une brume, un brouillard qui va bientôt la masquer totalement. La persistance du chauffage dissipe peu après cette « opalescence critique » – selon le terme consacré. Mais l'éprouvette, redevenue limpide, ne comporte plus aucun accident ni aucune démarcation : le ménisque s'est évanoui sur place, sans pourtant que sa disparition ait pu véritablement être observée, cachée qu'elle était par un brouillard « malencontreux » – mais inévitable.

## *Données théorico-expérimentales succinctes*

La description théorique d'un système macroscopique se fonde sur un jeu de « variables d'état » et sur une « fonction thermodynamique » dépendant de ces variables. Pour un fluide, notamment dans un domaine où vont se produire des transitions de phases – ou « changements d'états » – telles que liquide-vapeur, il s'avère commode de choisir la « fonction de Gibbs » $G$ – communément nommée « enthalpie libre » – avec pour variables la température $T$ et la pression $p$, soit $G = G(T,p)$. L'intérêt de ce choix – $G$ munie des variables $T$ et $p$ qui lui sont naturellement associées – se comprend aisément : si deux phases, liquide et vapeur, sont à la fois présentes, en équilibre, dans un même système, la température et la pression prennent mêmes valeurs de part et d'autre.

Lorsque est connue la fonction de Gibbs $G$ dans sa dépendance en température $T$ et pression $p$, sont par là connues toutes les propriétés thermodynamiques du fluide : par exemple, sa chaleur spécifique $c$ s'obtient en dérivant $G$ deux fois successives par rapport à $T$ ; le coefficient de compressibilité $\chi$ découle de même de la dérivée seconde de $G$ par rapport à $p$ ; etc. Tous ces attributs que la théorie déduit de $G$ sont accessibles par ailleurs à la mesure.

Au « point critique » du fluide, que caractérisent sa température $T_c$ et sa pression $p_c$, la fonction $G$ reste parfaitement définie et continue – comme elle l'est aux transitions de phases « normales » – : $G(T_c,p_c)$. Les « phénomènes critiques » qui nous intéressent présentement se manifestent au voisinage immédiat du point $(T_c,p_c)$. Nous écrivons, en bons physiciens, pour valoir dans ce domaine d'extension réduite, la fonction de Gibbs comme $G(T,p) = G(T_c,p_c) + \varphi(T - T_c,p - p_c)$ ; le terme additionnel $\varphi$, faible devant le précédent, tend vers zéro lorsque $T$ tend vers $T_c$ et $p$ vers $p_c$.

L'expérimentation – qui précède en l'occurrence la théorie – nous réserve des surprises de taille : la chaleur spécifique $c$, la compressibilité $\chi$ et avec elles tous les coefficients analogues se montrent singuliers à l'approche du point critique ! Plus précisément ils « divergent » – tendent vers l'infini –, et ce avec des « exposants critiques » à valeurs curieuses : ainsi, $c$ se comporte comme $|T-T_c|^{-\alpha}$, et l'on mesure $\alpha \simeq 0,1$ ; et $\chi$ comme $|T-T_c|^{-\gamma}$, avec $\gamma \simeq 1,2$. Expériences délicates et malaisées, certes, qui visent à déterminer la nature exacte de la divergence critique pour chacun des divers coefficients abordables. Surprenants les résultats, certes ! des exposants en nombres décimaux, qui ne parlent aucune langue civilisée et n'éveillent dans les archives aucun souvenir même lointain. Et pourtant ! pourtant ils revendiquent dès l'emblée l'universalité : là où les paramètres critiques $T_c$ et $p_c$ changent dans des proportions énormes avec le fluide auquel ils s'attachent (exemple de la température critique $T_c$ : 647,4 K pour l'eau ; 126,1 K pour l'azote ; 5,20 K pour l'hélium), les exposants critiques $\alpha$, $\gamma$, etc. demeurent quant à eux inchangés, identiquement les mêmes – aux incertitudes expérimentales près – pour tous les fluides.

Même au-delà, sans doute... Des comportements critiques analogues se manifestent dans des contextes totalement différents : ferromagnétisme de certains corps, supraconductivité de certains métaux à basse température, superfluidité de l'hélium au-dessous de 2 K... Là aussi apparaissent des exposants critiques, régissant l'approche divergente de multiples grandeurs vers une situation bien particulière ; les valeurs de ces exposants semblent reproduire, au niveau purement numérique, celles qui sont trouvées par ailleurs dans les fluides.

## *L'invariance d'échelle*

Je ne vais toutefois point, là, tout de go, vous exposer la théorie des phénomènes critiques. Si je me suis quelque peu avancé dans leur description et si j'ai dévoilé leur teneur essentielle, c'est que, outre leur intérêt physique primordial, l'analyse dimensionnelle – *deus ex machina* – y interprète le rôle éponyme – critique, c'est-à-dire.

Après de multiples tentatives échouées pour écrire, de diverses manières, le terme additionnel $\varphi$, crucial en l'occurrence, dans la fonction de Gibbs $G$, les théoriciens finirent un jour par découvrir le pot aux roses, aux roses exotiques. Je me propose d'en offrir le bouquet tel quel, sans chercher à en expliciter l'origine.

Au voisinage d'un point critique, les fluctuations – négligeables, à l'habitude, dans les systèmes macroscopiques – les fluctuations émergent et se manifestent, évidentes. Ainsi, dans un fluide, à l'approche du point critique $(T_c, p_c)$ : la densité par exemple – masse par unité de volume –, en un endroit déterminé et alentour, se modifie sans trêve au cours du temps – s'accroissant, puis décroissant, puis se relevant à nouveau –, et la limpidité du milieu s'efface en opalescence critique.

Ce ne sont toutefois pas les fluctuations elles-mêmes qui gouvernent en cette affaire – essayée comme tant d'autres, l'éventualité en a fait long feu –, mais bien la *longueur* de *corrélation* entre lesdites. Lorsque, dans un fluide, fluctue la densité, les différents sites ne mènent pas leur jeu aléatoire chacun pour soi : les variations qui affectent la densité en un point du fluide ne se font pas indépendamment de celles qui se produisent aux points voisins ; on nomme « longueur de corrélation » la distance – en ordre de grandeur – sur laquelle se font sentir ces interdépendances. Or, lorsque la température et la pression se rapprochent de leurs valeurs critiques $T_c$ et $p_c$, la longueur de corrélation $\xi$ des fluctuations croît sans limite – si ce n'est celle qu'imposent les mensurations du récipient.

On émet alors l'hypothèse dite d'« invariance d'échelle », qu'un auteur américain[1] énonce de façon lapidaire : « *Nothing matters except* $\xi$[2] ». Mais une longueur ne peut par elle-même constituer un paramètre de développement pour $\varphi$. Cherchons donc dans le fluide des grandeurs de dimensions convenables qui puissent compenser celle de $\xi$. De longueur point, à proprement parler, mais le volume $V$ du récipient, homogène au cube d'une longueur. On écrira donc, « à la physicienne », $G(T,p) = G(T_c,p_c) + G_0 \times (V/\xi^3)$ : la constante $G_0$ porte les dimensions de $G$ (une énergie) ; le terme supplémentaire, ainsi libellé, est petit puisque $\xi$ est grande ; il tend vers zéro à l'approche du point critique. Il existe des situations critiques qui se restreignent à des surfaces (celles qui concernent la tension superficielle) ; c'est alors $\Sigma/\xi^2$ qui prend la place de $V/\xi^3$ ($\Sigma$ : aire de la surface).

On peut s'évertuer – sans doute s'y emploie-t-on – à évaluer $\xi$, dans des modèles frustes ou bien élaborés. Une chose apparaît indubitable d'entrée de jeu : la longueur de corrélation ne relève pas de la nature du fluide – de la masse ni de la structure de ses molécules –, mais bien de la transition critique elle-même, de sa dynamique qui établit les corrélations et élargit leur portée $\xi$. Voilà comprise l'« universalité » soulignée précédemment. Dès l'emblée encore, sans rien demander de plus, on prédit que les exposants critiques se déduisent tous de deux d'entre eux, lesquels restent – pour l'instant – inconnus. L'argument se mène aisément.

---

1. David L. Goodstein, *States of Matter,* Prentice-Hall, Englewood Cliffs, 1975.

2. « Rien n'importe hormis la longueur de corrélation. »

Deux paramètres sans dimension, que nous noterons $q$ et $r$ – les deux mystérieux encore –, caractérisent la façon dont la longueur de corrélation $\xi$ croît indéfiniment : la pression $p$ étant fixée à sa valeur critique $p_C$, la longueur $\xi$ se comporte, lorsque la température $T$ approche de sa valeur critique $T_C$, comme $|T-T_c|^{-q}$ ; de façon analogue, pour $T = T_C$, la longueur $\xi$ diverge comme $|p-p_c|^{-r}$ si la pression $p$ s'avance vers $p_C$. Alors la chaleur spécifique $c$, proportionnelle à $\partial^2 G / \partial T^2$, présente un terme « raisonnable » suivi d'une contribution tendant vers l'infini. Celle-ci se déduit de $\partial^2 \varphi / \partial T^2$ ; au numérateur, $\varphi$ est en[3] $\xi^{-3}$ ; au dénominateur apparaît $\partial T^2$, c'est-à-dire le carré de $|T-T_c|$. En définitive, $c \sim \xi^{-3}|T-T_c|^{-2}$, soit[4] $\alpha = -3q + 2$. De même pour la compressibilité $\chi$, qui découle de $\partial^2 G / \partial p^2$, c'est-à-dire, pour sa partie divergente, de $\partial^2 \varphi / \partial p^2$ : on écrit tout simplement $\chi \sim \xi^{-3}|p-p_c|^{-2}$, qui se précise en $|p-p_c|^{-3\times(-r)-2}$ et aboutit donc à $\gamma = -3r + 2$.

L'arithmétique peut certes se montrer un tant soit peu plus élaborée, s'agissant de quelques autres exposants critiques. Mais l'essentiel est là, et l'auteur américain cité naguère[5] peut donner libre cours à son humour : « L'invariance d'échelle : la physique découvre l'analyse dimensionnelle », intitule-t-il un paragraphe crucial.

3. $\varphi = G_0 V / \xi^3$ (invariance d'échelle).

4. Voir p. 155 la définition de $\alpha$.

5. p. 157.

QUATRIÈME PARTIE

# DIFFÉRENCES ET SOMMES, DIFFÉRENTIELLES ET INTÉGRALES

« Sire, on voit dans le ciel des nuages de feu ;
Suspendez votre marche ; il ne faut tenter Dieu. »

Alfred DE VIGNY

CHAPITRE 12

# LA CHIMÈRE DE L'INFINIMENT PETIT

« *¡ Avisad a los jazmines*
*con su blancura pequeña*[1] *!* »
Federico GARCÍA LORCA

Pétri dès le berceau d'humilité candide mais aussi de solide bon sens, le physicien générique en vient immanquablement, un jour ou l'autre – « *Si tu reviens danser chez Temporel...* » –, à s'interroger anxieusement, comme on peut faire sur l'origine du monde ou sur la grâce divine, à s'interroger, dis-je, sur la nature exacte de cette notion, apparemment fondamentale, que lui a inculquée péremptoirement l'enseignement mathématique sous le nom d'« infiniment petit ». Entendons-nous bien : le physicien quémandeur n'a cure de la réponse universelle, omnipotente, définitive *sub specie aeternitatis*[2], telle qu'elle existe déjà, sans nul doute, dans le prêt-à-porter mathématique. Non ! Il pose quant à lui le problème à travers une situation concrète particulière, le plus simple possible, et exemplaire. Ce pourra être[3] un mobile se déplaçant le long d'une tra-

1. « Prévenez les jasmins / à la blancheur menue ! »
2. Au regard de l'éternité.
3. *Cf.* chapitre 1, p. 31.

jectoire connue par avance, et plus précisément sa vitesse « instantanée » $v$. « On apprend à hurler, dit l'autre, avec les loups », qui définissent $v$ – notée $ds / dt$ – comme la limite, lorsque l'intervalle de temps $\Delta t$ *tend vers zéro*, du rapport $\Delta s / \Delta t$, quotient de la distance (algébrique) $\Delta s$ parcourue sur la trajectoire pendant $\Delta t$, à cette durée $\Delta t$ elle-même. Quelle réalité cachent-ils, dans ce cas précis, ces mots convenus de la langue de bois : « tend vers zéro » ou « infiniment petit » ?

Elles lui seront de peu de secours, à ce physicien en transes d'élucidation, les motivations évoquées naguère[4] pour introduire la vitesse instantanée. Peut-être cherchera-t-il alors son salut – canot de sauvetage ou radeau de *La Méduse* – dans quelque dictionnaire encyclopédique. « *Et dans ce décor / Banal à pleurer, / Il me semble encor / [Le] voir arriver* » : « L'infiniment petit, l'infiniment grand, ce qui peut toujours être plus petit ou plus grand qu'une quantité donnée. » « *Qu'est-ce que c'est que ça, s'il vous plait ? – C'est le titre* », la première phrase rencontrée avant même que ne s'engage le paragraphe d'« Anal. Math. ». Point trop de quoi éclairer la lanterne de Diogène ! De quoi étouffer par avance toute lueur qui pourrait s'aventurer à y poindre. Car il est de notoriété physique que l'un et l'autre accroissement $\Delta s$ et $\Delta t$ perdent toute signification lorsqu'on prétend les chercher inférieurs à de certaines « quantités données » – seuils de discernement qui ne présentent dans l'absolu aucun vice rédhibitoire, mais s'imposent naturellement dans la situation concrète envisagée. Un exemple bientôt en portera témoignage patent.

Quant au physicien générique, insatisfait et penaud de n'avoir rien appris qu'il ne sût par avance, il ne voit d'autre issue que de reprendre à contrecœur le cours résigné de sa vie dichotomique. Il ôtera son chapeau devant les « infiniment petits » qui « tendent vers zéro », et récitera à voix haute – de Z en A aussi bien que de A en Z, comme d'aucuns leur Livre

4. p. 30.

sacré, dit-on – les règles opérationnelles qui régissent leurs manipulations. Mais à porte close dans son laboratoire occulte, à l'abri des regards inquisiteurs, il s'adonne à des menées perfides et inavouables, rejoignant la cohorte de ceux « *Qui, goûtant dans le crime une tranquille paix, / Ont su se faire un front qui ne rougit jamais* ».

## *De la vitesse « instantanée » en automobile*

Une voiture ordinaire roule sur une autoroute ordinaire. Le « compteur », bien en évidence au tableau de bord, affiche « instantanément » la vitesse du véhicule, c'est-à-dire la valeur de $v$ à ce moment précis $t$ où l'on consulte le cadran. D'où les tire-t-il, le compteur, d'où tire-t-il les indications qu'il délivre ainsi en continu ?

Certes, tout un chacun physicien, soit générique ou singulier, sait avec pertinence – coiffé de son couvre-chef orthodoxe – calculer $v$ dans le cas où quelque génie omniscient lui soufflerait à l'oreille la fonction $s(t)$ qui représente fidèlement, continue elle aussi, la progression de l'automobile le long de la route, au cours du temps $t$ : il lui suffirait de dériver cette fonction $s(t)$, pour obtenir aussitôt $v = ds / dt$. Mais cette information mirobolante, $s(t)$, ne peut être délivrée qu'artificiellement, par un énoncé de problème académique, le plus souvent. Elle ne saurait se dévoiler dans la réalité : la voiture est encore en chemin au temps $t$ dont il est question ; son futur reste à inventer, et donc à découvrir celui de $s(t)$.

Ce n'est donc pas $s(t)$ que donne à lire le tableau de bord, mais bien la vitesse $v$, directement. Existent certes, en outre, des totalisateurs numériques qui affichent imperturbablement, en kilomètres – virgule, hectomètres – le chemin parcouru depuis la « première mise en circulation » et depuis quelque départ matinal festif – « *ivre d'un rêve héroïque et brutal* ». Mais nous ne solliciterons pas ces indications, pour nous secondaires, concentrant notre attention sur le *compteur de vitesse*.

À l'évidence, un dénombrement des tours de roue peut seul lui permettre de mesurer les distances. Il doit assurément comporter par ailleurs un chronomètre : la vitesse $v$ de l'automobile se déduit, par une opération simple, d'un nombre de tours accomplis par les roues durant un intervalle de temps spécifié – résultat brut, que détermine en premier le dispositif.

Évaluons les ordres de grandeur qui se dégagent, pour les accroissements des variables pertinentes – $\Delta s$ et $\Delta t$ dans le cas présent –, d'une analyse réaliste de l'appareillage et des conditions concrètes de son fonctionnement. C'est là notre manière à nous physiciens d'évaluer les « quantités données » que – n'en déplaise au mathématicien – ne sauraient franchir (à reculons) ces accroissements, dans le problème envisagé.

Commençons par les longueurs. Une roue de 50 centimètres de diamètre développera au sol, à chaque rotation complète, un peu plus de 1,5 mètre. Voilà certes une distance courte, à l'aune des kilomètres qu'engloutit l'automobile ; mais tout à fait appréciable, sur une chaussée. On pourrait même prendre en considération des fractions de tour, 1/2 ou 1/5. Mais au-delà, holà ! « *J'ai vu l'Agésilas, / Hélas ! / Mais après l'Attila / Holà !* » Cela semble en effet hors de portée pratique que de vouloir distinguer un dixième de révolution sur une roue de voiture en mouvement, ou bien les 15 centimètres correspondants sur l'asphalte qu'elle parcourt. Il y faudrait une prouesse technique qui dépasse sans doute le niveau d'un équipement monté en série.

Du côté des intervalles de temps, l'horloge de bord, généralement digitale, affiche les minutes. Réaction quelque peu paresseuse : en analogique, l'œil percevrait sans difficulté les déplacements d'une trotteuse signalant les secondes. Encore faudrait-il que la précision ainsi gagnée puisse se transférer effectivement dans les mesures de vitesse ! En tout état de cause, l'accroissement $\Delta t$ ne paraît guère pouvoir descendre au-dessous de la seconde.

Mais là ne s'arrête pas l'analyse que nous avons projetée, concernant le compteur de vitesse d'une voiture automobile commune. Les vitesses à mesurer et à porter sur le cadran varient suivant les circonstances du voyage, mais nous prendrons $v = 100$ km/h – exemple courant et significatif. Une conversion simple transforme cette valeur en $v \simeq 28$ m/s. Si nous cherchions à évaluer cette vitesse $v = ds / dt$ en chronométrant une révolution complète mais unique de l'une des roues, soit $ds \simeq 1{,}5$ m, il nous faudrait atteindre, pour $dt = ds / v$, les 5 centièmes de seconde, ce que nous avons jugé irréaliste il y a peu : si la distance *ds* nous a paru raisonnable, la précision sur le temps qu'il faudrait lui associer s'avère rédhibitoire, pour un véhicule usuel. Il faudra donc transiger, c'est-à-dire, en l'occurrence, accepter de « perdre » sur la distance pour revenir dans le domaine du possible, que bornent ici les mesures de temps : on doit aller jusqu'à vingt tours de roue ($ds \simeq 30$ m) pour que, à 100 km/h, on les chronomètre en $dt \simeq 1$ s.

Faut-il enfoncer le clou ? Les accroissements *ds* et *dt* qui composent l'évaluation concrète de la vitesse – dite « instantanée » –, pour une voiture ordinaire, ne sont *pas* « infiniment petits », ni même « très petits » à l'échelle courante : le conducteur qui s'installe au volant n'a peut-être pas parcouru à pied trente mètres, depuis son domicile ou son lieu de travail, et son pouls bat approximativement la seconde !

## *De la vitesse « instantanée » en athlétisme*

Dans l'« épreuve reine » de l'athlétisme – le cent mètres plat –, les concurrents sont aujourd'hui chronométrés au centième de seconde ; c'est avec cette précision temporelle que se jugent les performances et s'établissent les records. Dans une telle épreuve, la vitesse moyenne se situe à l'entour de dix mètres par seconde : les cent mètres en dix secondes, à peu de chose près. Malgré la brièveté de la course, la vitesse « instantanée » ne saurait s'y maintenir constante tout du long, partout et toujours égale à la vitesse moyenne : le départ hors des blocs, une nécessaire accélération et peut-être, ici ou là, quelque fléchissement dans l'effort...

Imaginons un entraîneur qui, soucieux d'améliorer le « profil de vitesse » de son champion en herbe, en étudie des enregistrements photographiques et chronométriques. Est-il raisonnable de pousser ainsi des jeunes gens vers les limites extrêmes de leurs capacités corporelles, pour qu'une poignée d'entre eux accèdent à une gloire éphémère – dont peut-être leur morne vie entière ne suffira pas à les guérir ? Pour évaluer la vitesse « instantanée » du coureur à chaque étape de son parcours déjà paroxystique, l'instructeur écartera d'emblée, intuitivement, le centième de seconde comme intervalle $dt$ ; effectivement, le $ds$ correspondant, de l'ordre de dix centimètres, ne pourrait guère s'apprécier, dans ces conditions tumultueuses d'observation. Le dixième de seconde, auquel s'associera une distance d'environ un mètre, commence à émerger du brouillard des incertitudes. Donc – le but n'étant pas d'enseigner son office à l'entraîneur – le physicien conclut seulement que $dt$ doit excéder le dixième de seconde et $ds$ le mètre, dans une mesure de la vitesse de l'athlète.

CHAPITRE 13

# UN CALCUL DIFFÉRENTIEL ET INTÉGRAL

« J'ai rêvé la nuit verte aux neiges éblouies,
Baiser montant aux yeux des mers avec lenteurs
La circulation des sèves inouïes,
Et l'éveil jaune et bleu des phosphores chanteurs ! »

Arthur RIMBAUD.

Après quelques rudes assauts contre la notion mathématique d'« infiniment petits » appliquée sans discernement à des sujets physiques, après quelques arguments et exemples montrant combien illusoire s'avère l'affirmation pourtant sans cesse réitérée qu'ils « tendent vers zéro », attelons-nous maintenant à un véritable calcul différentiel, suivi d'une intégration en bonne et due forme – le tout mené « à la physicienne ».

## *Un problème simple*

« *La Ligne générale* » consiste ici à évaluer l'énergie que peut délivrer une retenue d'eau – telle qu'en occasionne un barrage hydroélectrique en montagne. Nous modélisons et simplifions radicalement le problème, en en conservant toutefois le trait essentiel : c'est désormais un récipient cylindrique de section $S$ qui retient l'eau (figure) ; son plancher, horizontal, se situe à la hauteur $h_0$ au-dessus de la turbine qui va recevoir la chute d'eau et transformer en énergie électrique l'énergie potentielle de pesanteur associée au dénivelé ; l'eau y atteint le niveau $h$ – compté quant à lui à partir du plancher.

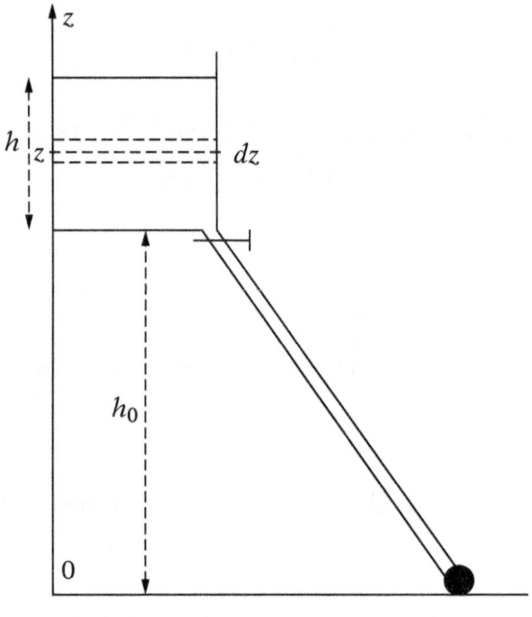


Figure 1

On suppose connu cet énoncé physique élémentaire : un objet quelconque de masse $m$, descendant dans le champ de la pesanteur terrestre depuis l'altitude $z$ jusqu'à $z_0$ – inférieure à $z$ – libère une énergie d'expression $mg(z - z_0)$, le symbole $g$ représentant l'accélération de la pesanteur, qui pourra être considérée constante, pour ce qui nous concerne ici. Afin de simplifier encore et de fixer les idées, on se propose de vider entièrement le réservoir, sans qu'aucune rivière ni canalisation ne vienne l'alimenter par ailleurs.

Cette formule, si simple et transparente, se heurte néanmoins, dans son application au problème envisagé, à une difficulté qui paraît rédhibitoire – quoique aisée à caractériser. Exprimons-la sur le mode naïf – comme nous avons fait pour la pomme de Newton[1] qui connaissait des embarras analogues. Est-ce la hauteur totale $(h_0 + h)$ qui vient ici remplacer $(z - z_0)$ ? Certainement pas, car seule la pellicule d'eau superficielle dégringole de tout là-haut. Peut-être $h_0$, alors ? Certes non, car l'eau provient en totalité de niveaux supérieurs à $h_0$. Et si l'on essayait $(h_0 + h) / 2$ ? – Cessons ce ridicule jeu de devinettes, et raisonnons selon les méthodes éprouvées qu'ont inventées dans ce but, indépendamment et simultanément (XVII^e siècle), Gottfried Wilhelm Leibniz et Isaac Newton.

## *Calcul différentiel*

Plaçons-nous, par la pensée, en un point situé au beau milieu de la réserve d'eau. C'est précisément sa cote $z$ et nulle autre – l'origine en étant prise à l'horizontale de la turbine – qui, pour l'eau initialement installée en ce point, doit figurer dans l'expression de l'énergie potentielle de pesanteur. Mais y intervient aussi la masse de l'objet qui tombe ; or la quantité de liquide en un point véritable se montre évanescente, sa masse, inconsistante.

Il nous faut donc élargir, en quelque sorte, ce point originel en une goutte – un petit volume s'étendant horizontalement et verticalement autour de ce point initial – qui acquerrait une véritable masse, appréciable même si faible. Mais allons-nous pouvoir conserver, ce faisant, l'unicité de la cote $z$, élément tout aussi essentiel ? Pour une extension dans les directions horizontales, aucun empêchement ni aucune limite – autres qu'imposés par le contenant – : la cote se maintient inchangée

1. Voir p. 13.

en tous les points, ainsi atteints, d'une droite ou d'un plan horizontaux. Toutefois – c'est ici que gît le lièvre – « guère plus de liquide ne tient dans une droite ou un plan géométriquement définis qu'en un point ». Et toute amplification dans le sens vertical, indispensable pour déployer la goutte dans l'espace et lui octroyer, avec un volume, une véritable masse, brouille aussitôt les cotes $z$, multiples maintenant là où l'on en voulait une seule. Le déboulé du lièvre, entendez la solution à cette énigme, procède du *calcul infinitésimal*, autrement dit *différentiel*, qui va en l'occurrence comme suit.

« *Dorénavant, tout ce que vous direz pourra être retourné contre vous.* »

On découpe – par la pensée, encore –, de part et d'autre du plan horizontal d'altitude $z$, une « tranche d'eau » d'épaisseur très faible – que l'on note $dz$. Que faut-il entendre par « très faible » ? La réponse s'énonce de façon parfaitement nette, en physique : on doit adopter un intervalle $dz$ très petit devant $z$ elle-même et devant la hauteur $h$, qui possèdent les mêmes dimensions – longueurs. Certes, mais combien petit ? insiste-t-on ici ou là. Ne quittez pas ! Voici.

On va tout naturellement calculer par la formule $mgz$ – ici, $z_0 = 0$ – l'énergie délivrée à la turbine par cette tranche. Mais il paraîtrait tout aussi licite de prendre $mg(z + dz / 2)$ ou $mg(z - dz / 2)$, ou le produit par $mg$ de quelque autre hauteur de chute comprise entre $z - dz / 2$ et $z + dz / 2$. La condition qui limite $dz$ exige que cette sorte de flottement dans la contribution de la tranche liquide demeure imperceptible, compte tenu de l'incertitude – inévitable – qui affecte par ailleurs la mesure de l'énergie totale fournie par l'ensemble du réservoir. Métaphoriquement, le flottement doit disparaître, noyé incognito dans le flot d'incertitude globale – d'origine foncièrement autre.

Cela admis, le calcul se déroule sans anicroche.

Volume de la tranche d'altitude $z$ et d'épaisseur $dz$ : $dV = Sdz$ (aire de la base × hauteur) ; il est, comme $dz$, « très petit », d'où la notation $dV$.

Masse d'eau occupant cette tranche : $dm = \mu dV$ ; la masse volumique $\mu$ de l'eau sera ici considérée constante, pour la raison que les liquides se montrent pratiquement incompressibles (la pression croît, dans l'eau, avec la profondeur – égale à $(h_0 + h - z)$ – mais la masse volumique $\mu$ n'en est pas affectée).

Énergie communiquée par cette tranche à la turbine : $dE = dm\, gz$ – elle aussi très petite avec $dm$, ce que signale encore le symbole $d$ – ; en définitive,

$$dE = \mu gSzdz.$$

## *Intégration*

Cette formule que nous venons d'établir, bien que cruciale dans la méthode que nous décrivons, sert seulement d'intermédiaire : nous intéresse l'énergie totale qu'apporte – ou pourrait apporter – à la turbine le contenu du réservoir dans son ensemble. Cette énergie totale $E$ se calcule évidemment en ajoutant les diverses contributions – chacune d'elles très petite – de toutes les tranches en quoi l'on a subdivisé le récipient. Une nouvelle notion capitale s'introduit ainsi, celle d'*intégrale*, complémentaire en quelque sorte de la précédente, celle de différentielle.

L'argument n'en sera pas obscurci, mais au contraire sa signification en sera mieux perçue, si nous renonçons à l'hypothèse d'un récipient cylindrique, de section constante $S$ ; nous supposerons seulement cette section, désormais variable, connue à chaque altitude : $S(z)$. L'expression de la différentielle $dE$ est modifiée en conséquence :

$$dE = \mu gS(z) \cdot zdz.$$

Procédons maintenant au découpage du réservoir – de son contenu – en tranches horizontales. La totalité de l'eau doit évidemment être concernée, mais chacune de ses parties doit intervenir une seule fois. Les subdivisions sont donc tenues de se toucher bord à bord entre voisines, sans laisser d'espacement ni se recouvrir, même partiellement. Au lieu de caractériser une de ces tranches successives par l'altitude $z$ de ses points moyens et son épaisseur $dz$, il s'avère ici plus commode d'en spécifier les altitudes minimale et maximale. Divisons donc la hauteur $h$ de liquide en un très grand nombre de très courts intervalles, délimités – sans lacune ni recouvrement – par $n$ cotes, que nous citons dans l'ordre croissant : $z_1 = h_0, z_2, z_3, \ldots, z_i, z_{i+1}, \ldots, z_{n-1}, z_n = h_0 + h$. Dans ces notations, la bande générique limitée par $z_i$ et $z_{i+1}$ – très proches – contribue à l'énergie la quantité – très faible –

$$dE_i = \mu g S(z_i) \times z_i \times (z_{i+1} - z_i) :$$

la différence $(z_{i+1} - z_i)$ remplace à bon droit la différentielle $dz$. L'énergie totale s'obtient comme somme des (n–1) contributions – $S(z_i)$ étant abrégé en $S_i$ – :

$$E = \mu g \{ S_1 z_1 (z_2 - z_1) + S_2 z_2 (z_3 - z_2) + \ldots + S_i z_i (z_{i+1} - z_i) + \ldots \\ \ldots + S_{n-1} z_{n-1} (z_n - z_{n-1}) \}.$$

Pour éviter de longues lignes d'écriture, on fait appel à une convention (universellement admise) : la majuscule grecque $\Sigma$ indique la sommation ; on explicite seulement le terme générique ; on précise, au-dessous de $\Sigma$ et au-dessus, la première valeur et la dernière que prend l'indice courant – $i$ dans notre cas – qui figure dans l'expression générique :

$$E = \mu g \sum_{i=1}^{n-1} S_i z_i (z_{i+1} - z_i).$$

Un illustre mathématicien, Bernhard Riemann, proposa (1854) d'appeler « intégrale » la limite – si elle existe – d'une telle somme, lorsque le nombre (n-1) d'intervalles tend vers l'infini, chacun d'eux tendant simultanément vers zéro. La notation consacrée – elle aussi universelle – dicte la formule

$$E = \mu g \int_{h_0}^{h_0+h} S(z) z dz.$$

Il va sans dire que, en physique, l'évaluation d'une intégrale passe – sauf résolution analytique (voir ci-dessous) – par une somme à nombre fini de termes, chacun d'eux étant traité comme ci-dessus (« différentielle »). Une méthode simple, couramment utilisée, calcule ladite somme avec un « pas d'intégration » $\Delta z$ – valeur commune aux divers intervalles $(z_{i+1} - z_i)$ – qui paraît raisonnable, puis répète le calcul avec des pas 2 fois, 5 ou même 10 fois inférieurs au $\Delta z$ initial ; le procédé est interrompu, et son aboutissement, accepté, lorsque sa différence avec le résultat immédiatement précédent est devenue moindre que l'incertitude attendue par ailleurs sur la grandeur à évaluer – l'énergie totale, en l'occurrence actuelle. Cette « incertitude attendue » découle d'une analyse, souvent aisée, du problème réel à traiter : s'il s'agit de mesurer les dimensions d'un meuble usuel, exiger une précision de 1 mm serait excessif – sauf mise en œuvre d'un appareillage spécial. À l'évidence, le temps de calcul croît lorsqu'on diminue le pas d'intégration. Celui-ci est choisi selon le comportement de la fonction à intégrer : plus ou moins grandes valeurs, plus ou moins rapides variations. On est souvent amené à utiliser des pas différents dans différents domaines de l'intervalle d'intégration global.

## *Intégration analytique*

Reprenons maintenant la convention initiale d'une section $S$ constante :

$$dE = \mu g S z dz .$$

La notation $dz$ pour l'épaisseur de la tranche d'eau nous a été suggérée par l'étude de la vitesse (chapitre 12) : $dz$ représente un accroissement très petit, en l'occurrence de l'altitude $z$. Tout naturellement, cette graphie elle-même s'est reportée sur la quantité d'énergie associée : un accroissement très petit $dE$. Si l'on s'en tient dès lors à l'apparence formelle, l'égalité précédente se compare trait pour trait à la formule $ds = vdt$, où l'on nommait « primitive de $v$ » la fonction $s(t)$.

La question surgit donc d'elle-même : existe-t-il une fonction $F(z)$ qui tiendrait dans le cas présent le rôle que joue $s(t)$

vis-à-vis de la vitesse $v$, une fonction $F(z)$ dont $\mu gSz$ serait la dérivée, ici par rapport à la variable $z$ ? La réponse ne se fait guère attendre, compte tenu de l'invariabilité du produit $\mu gS$ : la primitive $F(z)$ cherchée s'écrit $F(z) = \mu gS\, z^2/2 + C$ – avec une constante arbitraire $C$ – car la dérivée de cette expression reproduit précisément $\mu gSz$. Nous héritons ainsi une nouvelle manière de formuler la contribution $dE$ – très faible – à l'énergie :

$$dE = \frac{dF}{dz}dz, \text{ soit } dE = dF(z) = \mu gS\, d(z^2/2).$$

Tirons parti de cette nouveauté dans l'évaluation de la somme[2] donnant $E$ : à partir de l'accroissement élémentaire général

$$dE_i = \mu gS\left(\frac{z_{i+1}^2}{2} - \frac{z_i^2}{2}\right),$$

on peut reconstituer les diverses contributions à l'énergie totale :

$$E = \mu gS\left\{\left(\frac{z_2^2}{2} - \frac{z_1^2}{2}\right) + \left(\frac{z_3^2}{2} - \frac{z_2^2}{2}\right) + \left(\frac{z_4^2}{2} - \frac{z_3^2}{2}\right) + \ldots + \left(\frac{z_{n-1}^2}{2} - \frac{z_{n-2}^2}{2}\right) + \left(\frac{z_n^2}{2} - \frac{z_{n-1}^2}{2}\right)\right\}.$$

Se manifeste dans cette expression une originalité remarquable : le tout premier terme, dans la parenthèse initiale $\left(z_2^2/2\right)$, se trouve exactement compensé par le second terme de la deuxième parenthèse $\left(-z_2^2/2\right)$, dont le premier terme $\left(z_3^2/2\right)$ est annulé lui aussi par le second dans la parenthèse suivante – qui a été explicitée, ainsi que l'avant-dernière, pour que se dévoile clairement le mécanisme (purement algébrique) qui entre en jeu. Tel un château de cartes savamment agencé qui croule bientôt en multiples culbutes successives, telle la somme

2. Voir p. 172.

précédente est balayée de proche en proche, laissant seulement en place $\left(-z_1^2/2\right)$, au début et $\left(z_n^2/2\right)$, à la fin. Or $z_1$ se confond avec $h_0$, et $z_n$ avec $(h_0 + h)$. Ainsi,

$$E = \mu g S \left[ \frac{\left(h_0 + h\right)^2}{2} - \frac{h_0^2}{2} \right] \text{ lorsque } S \text{ constante.}$$

On transforme aisément ce résultat en

$$E = \frac{1}{2} \mu g S h \left(h + 2h_0\right),$$

où l'on reconnaît l'expression de la masse totale d'eau, $m = \mu S h$ – masse volumique multipliant le volume total $Sh$ – :

$$E = mg\left(h_0 + \frac{h}{2}\right).$$

Cette manière de miracle, par quoi une intégrale se déduit, sans coup férir, d'une primitive de la fonction en cause, n'est certainement pas réservée au cas d'un pseudo-barrage hydroélectrique de forme simple mais extravagante.

Imaginons que, dans un problème quelconque, se fasse jour une intégrale telle que

$$\int_a^b f(u)du\,;$$

ce sont les bornes, inférieure *(a)* et supérieure *(b)*, du domaine d'intégration qui figurent aux extrémités correspondantes du « signe somme » ; le nom de la « variable d'intégration » (ici, $u$) importe peu.

Supposons maintenant que soit connue une primitive $F(u)$ de la fonction $f(u)$ à intégrer, vérifiant donc

$$\frac{dF}{du} = f(u).$$

La valeur de l'intégrale s'en ensuit aussitôt :

$$\int_a^b f(u)du = F(b) - F(a).$$

La démonstration fait appel, comme ci-dessus à propos du « barrage », à l'explicitation de la somme de Riemann. L'intégrale – convenons de l'appeler $I$ – procède à partir de la suite $a, u_1, u_2, \ldots, u_i, u_{i+1}, \ldots, u_{n-1}, b$ et de la somme associée :

$$I = f(a)\times(u_1 - a) + f(u_1)\times(u_2 - u_1) + \ldots + f(u_i)\times(u_{i+1} - u_i) + \ldots + f(u_{n-1})\times(b - u_{n-1}).$$

La primitive $F(u)$ s'introduit par sa différentielle

$$dF = f(u)du,$$

qui se traduit, pour des accroissements suffisamment faibles, par

$$F(u') - F(u) = f(u)\times(u' - u).$$

La somme de Riemann s'en trouve transformée en

$$I = \left[F(u_1) - F(a)\right] + \left[F(u_2) - F(u_1)\right] + \left[F(u_3) - F(u_2)\right] + \ldots + \left[F(u_{i+1}) - F(u_i)\right] + \left[F(u_{n-1}) - F(u_{n-2})\right] + \left[F(b) - F(u_{n-1})\right].$$

De ce château de cartes découle aussitôt

$$I = -F(a) + F(b).$$

Mais il est des situations, fort fréquentes, où l'on ne peut se prévaloir d'aucune primitive de $f(u)$. C'était le cas par exemple, pour notre barrage, lorsque la section $S$, variable avec l'altitude $z$, n'était connue que numériquement, grâce à un « profil » établi par des mesures topographiques. Les sommes de Riemann, calculées pas à pas, constituent alors le seul recours.

CHAPITRE 14

# LOI DE DÉSINTÉGRATION

« L'oiseau, de tous nos consanguins le plus ardent à vivre, mène aux confins du jour un singulier destin. [...] Par temps de lune grise couleur du gui des Gaules, il peuple de son spectre la prophétie des nuits. »

SAINT-JOHN PERSE

La radioactivité fut découverte, un peu par hasard et par chance, dans les dernières années du XIXe siècle (Henri Becquerel – 1896). Son étude se développa rapidement (Pierre et Marie Curie) : mis en évidence initialement sur l'uranium, le phénomène s'étendit au thorium, puis à deux corps inconnus jusqu'alors, le polonium et le curium, que les époux Curie isolèrent après les avoir recherchés et détectés.

Les substances radioactives se recrutent parmi les éléments chimiques – qui composent le tableau de Mendeleïev. Leurs atomes – plus exactement le noyau de ces atomes – se désintègrent spontanément : un tel noyau disparaît tout à coup, pour donner naissance à un « état final » fort différent. À titre d'exemple, le thorium 232 – élément de numéro 90 – se transforme ainsi, sans crier gare, en radium 228 accompagné d'une « particule $\alpha$ » (noyau d'hélium 4) ; ou bien c'est le bismuth 210 – numéro 83 – qui devient polonium 210 en émettant un électron et un antineutrino.

Au cours du XXe siècle sont apparues progressivement, multiples et bariolées, les particules subnucléaires – que l'on s'évertua pendant trop longtemps à qualifier d'« élémentaires ». Dans leur grande majorité, elles se révèlent « instables » : comme un noyau radioactif, une particule instable se désintègre tout soudain, laissant aussitôt sur place un groupe final de deux ou plusieurs particules. Parmi les dizaines de ces objets singuliers et fascinants qu'ont tirés de l'anonymat les grands accélérateurs, citons pour commencer le sage neutron, qui se convertit posément en une triplette de particules – stables quant à elles –, un proton, un électron et un antineutrino : $n \to p + e^- + \bar{\nu}_e$. La pléthore nous assaillit dans le choix d'un deuxième exemple. Arrêtons-nous simplement sur la « résonance baryonique », aujourd'hui symbolisée par $\Delta$ – dernier héritage du grand Enrico Fermi avant sa mort prématurée (1954) – : $\Delta \to p + \pi^-$. Le méson $\pi^-$, chargé ici négativement, se montre à son tour instable : $\pi^- \to \mu^- + \bar{\nu}_\mu$ (muon $\mu$ négatif et antineutrino muonique $\bar{\nu}_\mu$). Le muon se désintègre lui aussi en un électron et deux neutrinos – d'espèce différente – : $\mu^- \to e^- + \bar{\nu}_e + \nu_\mu$. De cet échantillon restreint se dégage sans doute une double impression : complexité du domaine, sans conteste, mais aussi importance, au moins numérique, des particules instables.

Les phénomènes de désintégration sont régis, tous autant qu'ils sont[1], par une loi *unique et universelle* dans sa forme. Si l'on rassemble, à un certain instant que nous prendrons pour origine des temps ($t = 0$), une collection de $N_0$ atomes d'un élément radioactif – ou $N_0$ exemplaires d'une même particule instable –, ceux-ci vont se désintégrant progressivement, plus ou

1. À condition qu'ils puissent être individualisés comme tels.

moins rapidement suivant leur nature. Le nombre $N(t)$ de ceux qui subsistent encore, intacts, au bout du temps $t$ obéit à la célèbre « loi de la radioactivité » :

$$N(t) = N_0 \exp(-t / \tau).$$

Cette loi fera l'objet d'une démonstration spécifique ci-dessous. La forme exponentielle se retrouve chez tous les objets instables. Seul change de l'un à l'autre le paramètre $\tau$, qui présente nécessairement les dimensions d'un temps – pour que le rapport $-t / \tau$ puisse figurer, en tant que grandeur sans dimension, comme argument dans une exponentielle –, et que l'on nomme « durée de vie » du noyau ou de la particule en question.

Chaque espèce de noyau radioactif ou de particule instable possède en propre, au même titre que sa masse, sa durée de vie $\tau$ ; elle l'accompagne, inchangée, dans toutes les circonstances et les situations[2] ; la durée de vie $\tau$ d'un corps déterminé reste totalement *indépendante des conditions extérieures* – température, pression... C'est elle qui gouverne la décroissance temporelle du nombre de corpuscules encore indemnes. Citons quelques ordres de grandeur : il reste, pour $t = \tau$, un peu plus d'un tiers de la réserve initiale $N_0$ qui ne se sont pas encore désintégrés ; cette proportion se réduit à moins de quinze pour cent pour $t = 2\tau$, et à moins d'un millième pour $t = 7\tau$.

L'éventail des valeurs que prend effectivement dans la nature la durée de vie $\tau$ s'avère véritablement impressionnant : depuis une fraction infime de seconde ($\sim 10^{-23}$ s pour certaines particules) jusqu'à plus de 10 milliards d'années (pour certains noyaux émetteurs $\alpha$). La physique elle-même s'émerveille au vu d'une loi qui accepte, sans modifier sa forme d'un iota, des changements de paramètre qui s'étalent sur une quarantaine d'ordres de grandeur (une quarantaine de puissances de dix[3]) ! Certaines particularités ne manquent pas également de frapper

2. En tant qu'intervalle de temps, $\tau$ subit évidemment les transformations spécifiques inhérentes à la théorie de la relativité. La durée de vie intrinsèque est rapportée par définition au référentiel où le corpuscule demeure immobile.

3. 1 an $\simeq 3 \times 10^7$ s.

les esprits : ainsi de la différence phénoménale qui sépare deux noyaux cousins germains – sinon frères – le thorium 224 et le thorium 232 (90 protons et 134 ou 142 neutrons), qui se désintègrent tous deux en radium accompagné d'une particule $\alpha$, et dont pourtant les durées de vie entretiennent un rapport de $5 \times 10^{17}$( !).

## *Origine théorique de la loi de désintégration*

L'instant initial $t = 0$ voit rassemblés un nombre $N_0$ – très grand[4] – de noyaux radioactifs ou de particules instables. Ces corpuscules disparaissent progressivement par désintégration, de sorte qu'il n'en reste plus sans dommage, à l'instant $t$ (positif), que $N(t)$.

L'argument qui conduit à l'expression de $N(t)$ se fonde sur la considération de *probabilités*. Mais attention ! Celles-ci n'entrent pas en jeu ici – comme on pourrait le penser – pour représenter globalement et commodément tels aspects de la réalité qu'on ne voudrait pas ou ne saurait pas élucider[5]. Non ! c'est ici la *mécanique quantique* qui gouverne les phénomènes, et c'est toujours en termes de probabilités que se formulent ses prédictions et ses décrets. Donc probabilités fondamentales, découlant en droite ligne de la théorie. Dans le type de problème qui nous concerne ici, chacun des corpuscules de l'ensemble vit sa vie propre, sans se laisser influencer par ses congénères ni ses voisins, ni par les conditions extérieures. Le préoccupe exclusivement certaine probabilité de désintégration

4. Un gramme de thorium (masse atomique 232 g) ou de bismuth (210 g) renferme 1/232 ou 1/210 mole, c'est-à-dire, en nombre de noyaux, $6 \times 10^{23}$ (nombre d'Avogadro) divisé par 232 ou 210, soit $2,6 \times 10^{21}$ ou $2,9 \times 10^{21}$. La situation paraît souvent moins favorable pour les particules – non pour le neutron, en tout cas, extrêmement abondant dans les laboratoires spécialisés.

5. Les chapitres 21-24 (sixième partie) approfondissent la notion de probabilité.

que pourrait éventuellement calculer la physique nucléaire – mais nous ne nous y essaierons pas.

Pour préciser la signification et la portée de cette situation, fixons d'abord notre attention sur un noyau – ou particule – déterminé. Nous nous trouvons dans l'incapacité parfaite de prévoir quand il va, celui-là particulier, se désintégrer ; la probabilité correspondante flotte alentour, virtuelle, en quelque sorte, tant que subsiste ce noyau, mais présente, constante dans le temps, inchangée et acharnée ; aucun signe avant-coureur, aucune trace de vieillissement – jusqu'à l'événement subit et aussitôt irrémédiable, attendu dans son expression mais ignoré dans sa survenue.

Une métaphore – de moralité douteuse – peut permettre de saisir la nature de cette occurrence : le noyau que nous observons se livre en quelque sorte, sans discontinuer, à ce jeu de hasard décadent qu'on nomme la « roulette russe ». On insère une balle unique dans le barillet d'un revolver à six coups ; d'un geste vif de la paume libre, on imprime une rotation rapide au barillet, préalablement libéré ; on le bloque soudain en position de tir, on dirige le canon du pistolet vers sa tempe et on actionne la détente. Une chance sur six de se tuer, la même à chaque tentative. Et ce n'est pas – on le comprend – une quelconque fatigue, ni le rang numérique de l'essai, qui décide de l'issue fatale... ou de la survie.

Revenons aux noyaux ou particules. C'est dans l'évolution collective de leur groupe que va se manifester concrètement la probabilité de désintégration – la même pour tous, évidemment. La « loi des grands nombres » enseigne que, au cours d'un très grand nombre $\aleph$ de tentatives, un événement de probabilité $P$ apparaît $n = \aleph P$ fois[6]. La transposition de cette formule au problème de désintégration se heurte à une difficulté spécifique qui va recentrer radicalement la question : le nom-

6. L'affirmation, trop abrupte, sera corrigée au chapitre 21. Elle reste toutefois valable telle quelle dans le cas présent, où $1/(\sqrt{\aleph})$ peut être négligé (*cf.* note 4 de la p. 180).

bre $\aleph$ de tentatives est ici remplacé par le nombre $N$ de noyaux – effectivement indépendants les uns des autres –, mais celui-ci varie avec le temps : $N(t)$. Ainsi, les noyaux qui se désintègrent à l'instant $t$ se comptent par le produit de $N(t)$ et de la probabilité $P$ ; mais ces noyaux que voilà, en quantité $N(t)P$, viennent évidemment se soustraire de $N(t)$, de sorte que le $\aleph$ d'après $t$ ne sera plus le même qu'à $t$.

La solution à cette difficulté – à savoir que $n = NP$ mais que $n$ influe sur $N$ –, solution qui se convertit en nœud central de notre nouvel argument, réside dans un *calcul différentiel*. On raisonne sur un intervalle de temps $(t, t+dt)$ très court – combien court résultera de l'argument lui-même, et sera précisé plus tard. Le « nombre d'épreuves » $\aleph$ sera remplacé par $N$ à l'instant $t$, étant entendu que $N(t)$ varie très peu entre $t$ et $t+dt$. C'est néanmoins cette variation que nous cherchons à cerner ; elle est provoquée par les noyaux qui se désintègrent durant ce bref intervalle ; nous la noterons $dN$, puisqu'elle est très petite devant $N(t)$ – foncièrement négative, car $N(t)$ décroît sans conteste lorsque le temps $t$ s'avance. Maintenant l'accroissement $dN$, très petit – voir ci-après –, se montre sensiblement – « au premier ordre » – proportionnel à $dt$, très petit lui aussi ; la formule $n=\aleph P$ le désigne en outre comme arborant le facteur $N(t)$. On aboutit ainsi à

$$dN = -N(t)\,\alpha dt.$$

Le coefficient $\alpha$ est nécessairement homogène à l'inverse d'un temps, puisque $\alpha dt$ représente une probabilité – sans dimension. On a donc affaire, avec $\alpha$, à une *probabilité par unité de temps*, indépendante du temps d'après l'analyse antérieure qui a porté sur le comportement d'un noyau – ou particule – déterminé. L'inverse de $\alpha$ apparaît donc comme un temps :

$$\tau \triangleq \frac{1}{\alpha}.$$

Ce temps caractéristique $\tau$ sera bientôt identifié avec la *durée de vie* des noyaux ou particules considérés.

Marquons une courte pause pour dissiper quelques malentendus éventuels concernant la petitesse des accroissements $dt$ et $dN$.

Mentionnons pour mémoire une anecdote véridique. Certain jour, certain mathématicien – dont je ne veux pas me rappeler le nom[7] –, dans sa certitude inébranlable que la différentielle $dt$ tend effectivement vers zéro, s'interrogeait avec angoisse sur le moment où elle deviendrait si brève qu'aucun corpuscule ne pourrait plus y loger sa désintégration.

L'intervalle de temps $dt$ est choisi « très petit » au regard de $\tau$, ou de $1 / \alpha$. Qu'est-ce à dire ? Que le rapport $dt / \tau$, c'est-à-dire la probabilité $\alpha dt$, est pris égal à... 1/100, ou 1/1000, si l'on veut. Mais ne pas se leurrer : dans un cas où $\tau$ vaut $10^{-8}$ seconde (le méson $\pi$ chargé), les $dt$ à envisager paraissent effectivement très brefs à l'échelle courante ; mais si $\tau$ approche $10^{10}$ années (le thorium 232)... La diminution ($-dN$) que le raisonnement propose d'égaler à $N\alpha dt$ s'avère petite par rapport à $N$ – à nouveau 1/100 ou 1/1000 –, mais encore très grande à l'échelle courante : 1/1000 de $10^{21}$, ou même de $10^{15}$, voilà beaucoup de monde qui se désintègre entre $t$ et $t+dt$.

L'analyse théorique de la situation nous a menés à la relation $dN = -N\alpha dt$, avec cette certitude que le coefficient $\alpha$ ne dépend pas du temps. S'avancent alors les mathématiques élémentaires qui, « *Pour n'appartenir à personne / Appartiennent à tout le monde* ». Elles interprètent $dt$ et $dN$ comme différentielles, et prennent en charge l'équation ainsi obtenue – après division par $dt$ – :

$$\frac{dN}{dt} = -\alpha N(t).$$

Le quotient $dN / dt$ représente, dans ce langage formel, la dérivée de la fonction $N(t)$. L'équation que voilà recherche donc une fonction dont la dérivée lui soit directement propor-

7. « ... *cuyo nombre no quiero acordarme...* » M. de Cervantes, *Don Quichotte*.

tionnelle. Or la réponse est connue de longue date : cette proportionnalité entre la fonction et sa dérivée caractérise la fonction exponentielle. Plus précisément, la dépendance en $t$ du résultat est parfaitement fixée – $\exp(-\alpha t)$ – ; toutefois, la solution générale de cette équation différentielle du premier ordre fait intervenir une constante (multiplicative) arbitraire, que l'on choisit commodément comme la valeur $N_0$ de $N$ à l'origine des temps $t = 0$. En définitive,

$$N(t) = N_0 \exp(-\alpha t) = N_0 \exp(-t / \tau),$$

ce qui boucle la boucle amorcée au début du chapitre.

« *Venez, vous dont l'œil étincelle, / Pour entendre une histoire encor.* »

Il y a bien des années de cela – plus de quatre décennies en vérité –, dans une immense et triste salle d'examen, « *un jeune homme qui me ressemble* » travaillait avec attention et acharnement la composition de physique de l'agrégation. Se présenta une question – un faisceau lumineux traversait un milieu atténuateur dont on donnait le coefficient d'absorption par unité de longueur – qui aurait été justiciable, quasiment mot pour mot – *mutatis mutantis* –, du même traitement qui a été appliqué ci-dessus à la désintégration des corpuscules. La réponse correcte comportait donc une exponentielle. Personne ne nous avait enseigné comment mener concrètement un tel raisonnement différentiel – son aspect formel relevait d'un cours de mathématiques tardif et bâclé, et l'enseignant de physique n'osait pas franchir le Rubicon. En tout état de cause, je trouvai que l'atténuation du faisceau lumineux était décrite par une droite – décroissante, tout de même ! Peu assuré sur la validité du résultat, je levai les yeux de ma copie, hésitant... « *et j'aperçois soudain / L'ombre de mon profil sur le mur du jardin !* » : mon voisin de droite tourna par hasard une page où était tracée une droite, toute semblable à la mienne, qu'il avait de surcroît repassée en rouge.

« *Ils ne mouraient pas tous, mais tous étaient frappés.* »

CHAPITRE 15

# DISTRIBUTION DE CHARGE

> « Mes marches d'émeraude et mes parvis d'albâtre,
> Mes colonnes de marbre ont les dieux pour sculpteurs. »
>
> Alfred DE VIGNY

La technique des différentielles et des intégrales est constamment sollicitée en physique, depuis qu'Isaac Newton et Gottfried Leibniz l'y ont introduite – de façon indépendante – à la fin du XVIIe siècle.

Nous avons consacré le chapitre 13 à un problème d'école élémentaire, destiné à présenter cette technique et à la mettre concrètement en pratique. Le chapitre suivant 14 l'applique à un sujet de toute première importance physique, bien que la mise en œuvre de la méthode y reste encore fort simple.

Elle paraîtrait banale, la question que nous nous proposons maintenant d'aborder : banale, la généralisation des différentielles aux trois coordonnées d'espace – que nécessite maint argument usuel – ; banal, le calcul du potentiel électrostatique créé par des charges qui se répartissent continûment dans l'espace – trop densément pour que puisse se manifester la charge élémentaire d'un électron unique. Mais voilà que s'insinue dans la place, pour y triompher, le sensationnel : des agents extérieurs s'avisent que l'assise théorique de ces considérations laisse à désirer – sans que jamais personne ne s'en soit plaint –, et se mettent en devoir, à grand fracas de concepts et de définitions, de la rendre conforme aux normes et règles qu'ils ont eux-mêmes édictées. Ainsi devient célèbre le mot « distribution », qui n'en demandait pas tant.

La *loi de Coulomb* (1784) décrit de manière parfaitement claire et explicite l'interaction entre charges électriques *immobiles* – « électrostatique ». La formule élémentaire concerne deux charges *ponctuelles* $q_0$ et $q$, situées aux points $M_0$ et $M$ respectivement :

$$\vec{F}_{q_0/q} = \frac{q_0 q}{4\pi\varepsilon_0} \frac{1}{D^2} \vec{u}.$$

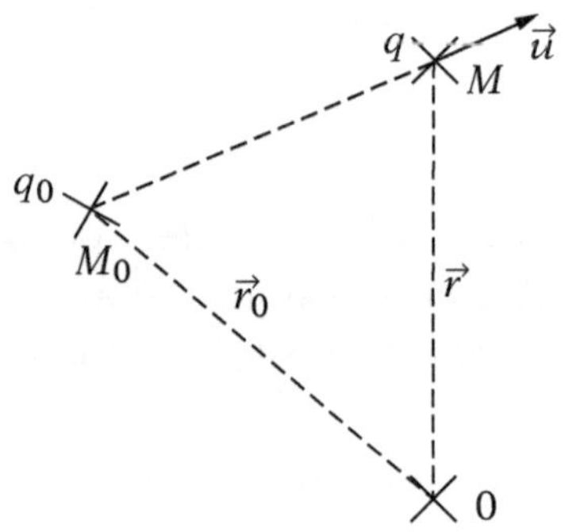


Figure 1

C'est là l'expression de la force qu'exerce $q_0$ sur $q$ ; la constante $1 / 4\pi\varepsilon_0$ – issue, quant à sa forme, de quelque compromis laborieux – est connue ($\simeq 9 \times 10^9$ dans le système d'unités international) ; $D$ représente la distance $M_0M$ entre les deux charges, et $\vec{u}$ le vecteur unitaire porté par la droite $M_0M$ et dirigé de $M_0$ vers $M$ (figure 1). Au cas, usuel, où une origine $O$ a été choisie – arbitrairement – dans l'espace, on repérera $M_0$ par le vecteur-position $\vec{r}_0 \triangleq \overrightarrow{OM_0}$, et $M$ par $\vec{r} \triangleq \overrightarrow{OM}$. Le vecteur $\overrightarrow{M_0M}$

joignant les deux points s'écrit alors $\overrightarrow{M_0M} = \vec{r} - \vec{r}_0$, et leur distance, $D = |\vec{r} - \vec{r}_0|$ (module – ici longueur – du vecteur $\vec{r} - \vec{r}_0$).

Mise en présence de deux charges $q_0$ et $q'_0$, la charge $q$ ressent, au point $M$, la somme vectorielle des deux forces $\vec{F}_{q_0/q}$ et $\vec{F}_{q'_0/q}$ – celle-ci répondant à une formule toute semblable à la précédente.

Il s'avère commode – et plus profond qu'il n'y paraît – de suivre Michael Faraday (1791-1867) lorsqu'il suggère d'introduire le *champ électrique* $\vec{E}_0$ créé, au point $M$, par la charge $q_0$ – située quant à elle au point $M_0$ – :

$$\vec{F}_{q_0/q} = q\vec{E}_0(M),$$

avec, évidemment,

$$\vec{E}_0(M) = \frac{q_0}{4\pi\varepsilon_0} \frac{1}{|\vec{r} - \vec{r}_0|^2} \vec{u}.$$

Explicitons et précisons. Si l'on fixe – au point $M_0$ – la charge « agissante » $q_0$, le champ électrique qu'elle produit se déploie dans tout l'espace, variant d'un point $M$ à l'autre : $\vec{E}_0(M)$. On peut maintenant introduire, en un quelconque de ces points $M$, une « charge d'essai » $q$ quelconque ; celle-ci ressentira, en ce point, la force $\vec{F} = q\vec{E}_0(M)$.

Il se trouve en outre que le champ électrique – lorsqu'il n'est accompagné d'aucun champ magnétique dépendant du temps – *dérive d'un potentiel* : il existe une fonction $V_0(M)$ – définie en réalité à une constante additive près – dont le *gradient*, changé de signe, reproduit le champ électrique :

$$\vec{E}_0(M) = -\overrightarrow{\text{grad}}\, V_0(M).$$

Le gradient s'introduit comme un opérateur vectoriel ; opérateur : il agit sur toute fonction (scalaire) $\varphi(M)$ du point courant $M$, c'est-à-dire $\varphi(\vec{r})$ de $\vec{r} = \overrightarrow{OM}$ ; vectoriel : le résultat de son action se comporte comme un vecteur ; il est défini, en tant que vecteur, par ses composantes cartésiennes, qui reprennent les dérivées de la fonction $\varphi$, quelconque, par rapport aux trois coordonnées $x, y, z$ : $\mathrm{grad}_x\varphi = \partial\varphi / \partial x$, $\mathrm{grad}_y\varphi = \partial\varphi / \partial y$, $\mathrm{grad}_z\varphi = \partial\varphi / \partial z$.

Le gradient, d'un usage très courant et pertinent en physique, constitue l'un des fleurons – le plus simple – de l'« analyse vectorielle » que nombre de mathématiciens combattent avec hargne, lui reprochant surtout de se limiter à l'espace réel qui nous entoure[1]. Un calcul, aisé aux étudiants scientifiques, établit que le potentiel associé au champ pris ci-dessus comme exemple s'écrit

$$V_0(M) = \frac{q_0}{4\pi\varepsilon_0} \frac{1}{|\vec{r} - \vec{r}_0|}$$

– on a, sans inconvénient, pris nulle la constante arbitraire.

Ces considérations – trop concises sans doute – sur les actions mutuelles entre charges électriques ponctuelles avaient pour raison d'être de nous rappeler des notions et des résultats qui permettront de fonder l'exposé plus général de l'électrostatique, que nous abordons maintenant.

À l'échelle macroscopique – objets de quelques centimètres ou mètres d'ampleur, ou même quelques millimètres –, la charge électrique se présente sous forme d'une *distribution continue* : elle est répartie sur un ensemble jointif de « points » $M_0$ couvrant toute l'étendue d'un domaine $\mathsf{D}_0$ de l'espace. Nous allons rechercher le potentiel $V_0(M)$ que crée une telle distribution au point courant $M$ de l'espace : le champ électrique $\vec{E}_0(M)$ en découle, et avec lui la force que subirait une charge d'essai quelconque qui viendrait au point $M$.

Nous allons découper menu le domaine $\mathsf{D}_0$ chargé, de façon à le faire apparaître, vu du point $M$, comme une juxtaposition de charges ponctuelles. Il nous suffira pour cela – mais ce sera aussi nécessaire – de considérer $\mathsf{D}_0$ comme un empilement, une collection de petits éléments de volume dont la taille

1. Voir l'opinion de Jean Dieudonné, citée dans le prologue, p. 19.

s'avère négligeable devant leur distance[2] au point $M$. Chacune de ces briques élémentaires aura pour expression – si par exemple on les construit en coordonnées cartésiennes – $dx_0 \cdot dy_0 \cdot dz_0$ : c'est là le volume d'un parallélépipède rectangulaire d'arêtes $dx_0$, $dy_0$ et $dz_0$ (la notation « $d$ » indiquant, comme dans les exemples des chapitres précédents, des longueurs très courtes). Pour alléger l'écriture – et nous affranchir éventuellement des coordonnées cartésiennes –, nous abrégerons en $d^3r_0$ un tel volume élémentaire – convention aisément intelligible, l'exposant 3 se rapportant aux 3 dimensions de l'espace.

Nous voilà à pied d'œuvre. En un point $M_0$ – repéré par $\vec{r}_0 \triangleq \overrightarrow{OM_0}$ – du domaine chargé $\mathsf{D}_0$, nous délimitons – par la pensée – une infime parcelle de volume $d^3r_0$. Elle renferme une charge électrique $\rho(M_0)d^3r_0$. Étant donné les dimensions physiques de $d^3r_0$ – un volume –, la fonction de point $\rho(M_0)$, que l'on écrit plutôt $\rho(\vec{r}_0)$, représente une *densité volumique*[3] *de charge électrique* ; elle se mesure en coulombs par mètre cube, bien que le mètre cube soit énorme comparé à $d^3r_0$, et le coulomb aussi, comparé à la charge $\rho(\vec{r}_0)d^3r_0$ (mais elles admettent évidemment des sous-multiples, ces unités que des conventions internationales et des dispositions législatives établissent comme réglementaires). Le potentiel électrostatique créé au point $M$ – que repère le vecteur-position $\vec{r}$ – par la charge pseudo-ponctuelle ainsi définie s'exprime selon la formule écrite ci-dessus pour le potentiel $V_0(\vec{r})$ engendré par une charge ponctuelle $q_0$ :

$$d^3V_0(\vec{r}) = \frac{1}{4\pi\varepsilon_0}\,\frac{\rho(\vec{r}_0)d^3r_0}{|\vec{r}-\vec{r}_0|}.$$

2. Voir cependant la remarque ci-après.

3. Dans ce formalisme, une véritable charge ponctuelle individualisée, telle que le début de ce chapitre les a sollicitées, est décrite par une « fonction $\delta$ ». Cette manière de retour en arrière sera explicitée plus loin (p. 191).

On comprendra que, provenant d'une charge minuscule – en $d^3r_0$ –, ce potentiel s'ensuive lui aussi minuscule – d'où la notation $d^3V_0$.

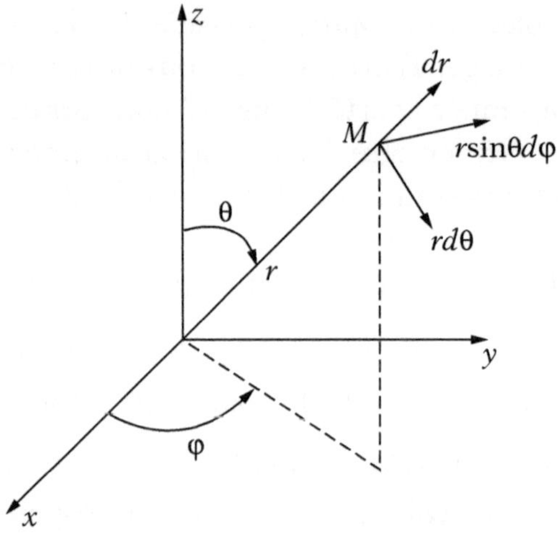


Figure 2

Reste, pour finir, à sommer les diverses contributions de ce type qui émanent de l'ensemble du domaine chargé $\mathsf{D}_0$. Comme de règle dans les situations de cette espèce (*cf.* chapitre 13, « intégration »), la somme s'écrit à l'aide du signe d'intégration :

$$V_0\left(\vec{r}\right) = \frac{1}{4\pi\varepsilon_0}\int \frac{\rho\left(\vec{r}_0\right)d^3r_0}{\left|\vec{r} - \vec{r}_0\right|}.$$

*Remarque.* La formule de départ, relative au potentiel créé par une charge ponctuelle $q_0$, diverge – croît sans limite – lorsque le point $M$ – soit $\vec{r}$ – se rapproche de $M_0$ – de $\vec{r}_0$. On peut craindre que l'intégrale avancée ci-dessus ne cesse de faire sens si le point $M$ se situe à l'intérieur du domaine chargé $\mathsf{D}_0$, où il est au contact de divers points $M_0$.

Cette crainte est en réalité sans objet : le problème disparaît dans l'intégrale. Examinons, pour nous en assurer, le voisinage immédiat d'un point $M_0$ particulier. Pour simplifier l'argument – sans le défigurer –, transportons l'origine $O$ en ce point-là, ce qui annule $\vec{r}_0$ ; c'est alors de $d^3r_0 / r$ que pourrait surgir la difficulté. Or calculons l'élément de volume entourant le point $O$, en utilisant les coordonnées sphériques $r, \theta, \varphi$ (figure 2) ; il vient alors $d^3r_0 = r^2 \sin\theta \cdot dr \cdot d\theta \cdot d\varphi$, de sorte que le quotient $d^3r_0 / r$ *décroît* comme $r$ quand $r$ tend vers zéro. La somme en est parfaitement définie.

## *Distribution ponctuelle*

Pour construire l'expression générale du potentiel $V_0(\vec{r})$ associé à une distribution de charge en volume, nous nous sommes ramenés à un système de charges (quasi) ponctuelles, auxquelles nous savions appliquer la formule directement déduite de la loi de Coulomb. Est-il possible de parcourir le chemin inverse, qui nous ramènerait depuis l'expression intégrale de $V_0$ à la formule simple correspondant à une charge ponctuelle isolée ?

Ardue paraît la tâche, sinon impossible : comment concentrer en un point unique – voire en plusieurs points séparés – la charge dispersée dans le domaine continu $\mathsf{D}_0$ de l'espace ? On se contenta pendant des décennies d'une (douce) schizophrénie qui manipulait habilement les charges ponctuelles mais se réfugiait dans les distributions volumiques dès que se profilait quelque singularité, et en tout cas pour écrire les équations fondamentales de l'électromagnétisme (James Clerk Maxwell – 1872).

Un jour pourtant fut proposée – à partir de motivations certes différentes, mais qu'importe ? – une solution très simple à ce problème, fondée sur un outil technique un peu bizarre, assurément, mais de manipulation aisée : la fonction $\delta$ de Dirac (1930)[4]. S'ensuivirent des difficultés factices, orchestrées

4. *Cf.* épilogue, p. 370.

par l'aristocratie mathématicienne. Mais qu'on se rassure pourtant : nul besoin de mathématiques élaborées, nul besoin d'ausculter $1/|\vec{r}-\vec{r}_0|$ quant à sa différentiabilité et à son support. Le raisonnement « à la physicienne » va comme suit. En tant que fonction de $\vec{r}_0$ – pourquoi ne mériterait-elle pas ce titre de « fonction » ? –, $\delta(\vec{r}_0-\vec{R}_0)$, où apparaît un paramètre vectoriel $\vec{R}_0$ fixe, s'annule partout, sauf en $\vec{r}_0=\vec{R}_0$. Aussi, la densité de charge décrivant une charge ponctuelle $q_0$ placée au point $\vec{R}_0$ s'écrit simplement

$$\rho^{(p)}(\vec{r}_0)=q_0\delta(\vec{r}_0-\vec{R}_0).$$

Afin de nous en assurer, portons cette forme dans l'expression intégrale de $V_0(\vec{r})$ :

$$V_0^{(p)}(\vec{r})=\frac{1}{4\pi\varepsilon_0}\int\frac{1}{|\vec{r}-\vec{r}_0|}q_0\delta(\vec{r}_0-\vec{R}_0)d^3r_0.$$

Pour calculer cette intégrale, on peut expliciter la fonction $\delta$ à trois dimensions comme produit de trois fonctions $\delta$ portant sur les coordonnées cartésiennes :

$$\delta(\vec{r}_0-\vec{R}_0)=\delta(x_0-X_0)\delta(y_0-Y_0)\delta(z_0-Z_0).$$

On aura compris que $X_0, Y_0, Z_0$ désignent les composantes cartésiennes du vecteur $\vec{R}_0$, c'est-à-dire les coordonnées du point $M_0$. La différentielle d'intégration se sépare de même :

$$d^3r_0=dx_0\cdot dy_0\cdot dz_0.$$

Voilà donc trois intégrations successives à effectuer, chacune d'elles à une dimension et comportant une fonction $\delta$.

Prenons un exemple générique d'une telle intégrale :

$$\int f(u)\delta(u-U_0)du.$$

Le résultat en est simplement $f(U_0)$. Il suffit pour l'obtenir d'appliquer la recette – drastique mais simple – que voici : on supprime le signe somme et la différentielle d'intégration ; dans la fonction qui reste après ces opérations – pour le cas présent c'est $f(u)$ –, on remplace partout $u$ par ce qu'indique la fonction $\delta$ – ici $U_0$. Application au calcul de $V_0^{(p)}(\vec{r})$ : on élimine $dx_0$ et le signe somme qui lui correspond, et l'on remplace $x_0$ – dans $|\vec{r}-\vec{r}_0|$ – par $X_0$. Inutile de s'appesantir sur cette issue intermédiaire où $\vec{r}$ reste en place et où la composante $x_0$ de $\vec{r}_0$ est changée en $X_0$, car les étapes suivantes – intégration sur $y_0$, puis sur $z_0$ – produisent des effets analogues. En définitive,

$$V_0^{(p)}(\vec{r})=\frac{1}{4\pi\varepsilon_0}q_0\frac{1}{|\vec{r}-\vec{R}_0|}.$$

Voilà bien le potentiel que crée au point $\vec{r}$ une charge ponctuelle $q_0$ fixée au point $\vec{R}_0$ (*cf.* la formule de départ, p. 188).

## *Énergie potentielle*

Nous envisageons ici à nouveau une distribution continue de charge, dont nous notons $\rho(\vec{r})$ la densité volumique au point $\vec{r}$ et $V(\vec{r})$, le potentiel électrostatique en $\vec{r}$. Nous supposons explicitement que les charges ainsi réparties se trouvent toutes à distance finie de l'origine $O$ des coordonnées ; nous choisissons la constante additive arbitraire qui affecte le potentiel de façon que $V$ s'annule loin de l'origine. Dans ces conditions, $V$ se déduit de $\rho$ selon la relation

$$V(\vec{r})=\frac{1}{4\pi\varepsilon_0}\int\frac{1}{|\vec{r}\,'-\vec{r}|}\rho(\vec{r}\,')d^3r'.$$

L'intégrale porte ici sur tout l'espace, puisque les zones éloignées ne contribuent pas faute de charge. Par ailleurs, lorsque $\vec{r}$ devient grand, $|\vec{r}\,'-\vec{r}|$ le suit car $\vec{r}\,'$ reste fini ; ainsi, $1/|\vec{r}\,'-\vec{r}|$ fait tendre le potentiel vers zéro aux grandes distances.

Nous abordons maintenant un autre aspect de ce système physique, l'aspect énergétique.

Cette distribution que nous constatons ne s'est pas mise en place d'un coup, tout de go, à la « je n'y étais pas jusqu'ici mais j'y suis désormais ». Non ! Il faut la construire peu à peu, pas à pas, par petites touches. On invente pour cela « l'Opérateur », anonyme et réservé mais efficient, qui procède depuis l'extérieur du système. Il lui faut aller chercher des charges « à l'infini » – c'est-à-dire dans une région lointaine où elles attendent immobiles, sans influer les unes sur les autres – et les apporter précautionneusement aux divers points $\vec{r}\,'$, en respectant le dessein qu'impose la distribution $\rho\left(\vec{r}\,'\right)$. Or ajouter de la charge en un endroit qui en accueille déjà une certaine quantité s'avère une entreprise délicate : la charge en place repousse, ou attire – c'est selon – celle que l'on veut lui adjoindre. Le rôle capital de l'Opérateur consiste donc à régulariser les phénomènes, pressant l'approche si elle est repoussée, la retenant si elle s'accélère. Bref, l'Opérateur extérieur applique sur la charge en transit une force exactement opposée à celle que lui fait subir l'environnement déjà chargé qu'elle aborde. Exactement opposée ? Pas vraiment : on aboutirait plutôt à un équilibre mécanique, maintenant en suspens ces bribes de charge par-ci par-là. L'Opérateur fait preuve ici de discernement et d'initiative : à la force principale qu'on lui a confiée – celle qui contrebalance la force électrostatique naturelle –, il superpose un supplément bénévole, d'intensité infime, mais dirigé de façon à mener à bon port la charge additionnelle dont il doit assurer le transfert.

Chacune des forces dont l'Opérateur assume la responsabilité voit son point d'application se déplacer, puisqu'il s'agit de transporter des charges d'un point à l'autre. L'Opérateur doit donc disposer d'une réserve d'énergie où il pourra puiser le travail de ces forces (celui des « suppléments bénévoles », négligeable, n'est pas compté). On démontre en électrostatique qu'un tel travail ne dépend pas du « chemin suivi » : il se calcule à partir des points de départ et d'arrivée de la charge transportée, les divers itinéraires possibles étant équivalents du point de vue énergétique. Voilà une propriété de toute première portée : le travail total que dépense l'Opérateur pour établir une distribution déterminée s'exprime à partir des seules grandeurs électriques ; ce travail peut, éventuellement, être récupéré en désassemblant le système ; sa mesure constitue ce que l'on nomme l'*énergie potentielle* de la distribution. Il y faut une origine des énergies, que nous n'aurons aucune peine à situer dans l'état où la densité volumique de charge $\rho(\vec{r})$ s'annule identiquement, annulant aussi par là même le potentiel $V(\vec{r})$ (voir la formule donnant $V$ à partir de $\rho$).

Une seule formule supplémentaire nous suffira, *B, A, BA* de la propriété précédente en même temps que sa quintessence. Une charge $q$ se déplace – ou est déplacée – entre un point $A$ où règne le potentiel électrostatique $V(A)$ et un point $B$ de potentiel $V(B)$. Les forces électriques que ressent la charge effectuent un travail – indépendant des modalités de passage entre $A$ et $B$ – égal à

$$W^{él}_{A\to B} = q\left[V(A) - V(B)\right].$$

L'Opérateur compense exactement les forces électriques, de sorte qu'il fournit le travail

$$W^{ext}_{A\to B} = q\left[V(B) - V(A)\right].$$

Ces préliminaires rappelés ou avancés, nous nous proposons de calculer l'énergie potentielle de la distribution $\rho(\vec{r})$, à laquelle est associé le potentiel $V(\vec{r})$. La méthode s'avérera simple. Première constatation, apparente sur l'expression intégrale de $V(\vec{r})$ à partir de $\rho(\vec{r})$ : si l'on multiplie par un nombre réel $\alpha$ la densité volumique de charge $\rho(\vec{r})$ en tous les points de l'espace – $\rho(\vec{r}) \to \alpha\rho(\vec{r})$ pour tout $\vec{r}$ –, alors le potentiel $V(\vec{r})$ s'en trouve lui aussi multiplié par $\alpha$ : $V(\vec{r}) \to \alpha V(\vec{r})$. En effet si, dans l'expression du potentiel $V(\vec{r})$, on remplace $\rho(\vec{r}\,')$ par $\alpha\rho(\vec{r}\,')$ – rien d'autre n'étant changé –, c'est $\alpha V(\vec{r})$ qu'on obtient :

$$\frac{1}{4\pi\varepsilon_0}\int \alpha\rho(\vec{r}\,')\frac{1}{|\vec{r}\,'-\vec{r}|}\,d^3r' = \alpha V(\vec{r}).$$

Cela va nous permettre de bâtir la distribution $\rho(\vec{r})$, qui nous occupe au premier chef, en faisant varier $\alpha$ continûment de zéro à un : $\alpha = 0$ caractérise l'état de référence, sans charge ni potentiel ; $\alpha = 1$ rétablit la distribution considérée.

Encore un *raisonnement différentiel* !... Imaginons que nous soyons parvenus au stade $(\alpha)$, où $\alpha < 1$, et que nous nous efforcions d'atteindre le stade[5] $(\alpha + \delta\alpha)$ qui le suit immédiatement. Au point $\vec{r}\,'$ de l'espace, où l'attend une charge $\alpha\rho(\vec{r}\,')d^3r'$, l'Opérateur avance une nouvelle charge, très faible, $\delta\alpha\,\rho(\vec{r}\,')d^3r'$. Elle vient de loin, où s'annule le potentiel : $V(A) = 0$. Elle aboutit en $\vec{r}\,'$, où le potentiel vaut à ce moment-là $V(B) = \alpha V(\vec{r}\,')$. L'opérateur puise dans sa réserve d'énergie pour investir dans l'entreprise un travail – en quelque sorte doublement infinitésimal, en $\delta\alpha$ et en $d^3r'$ –

$$\begin{aligned}\delta\, d^3W^{ext} &= \delta\alpha\,\rho(\vec{r}\,')d^3r'\left[\alpha V(\vec{r}\,') - V(\infty)\right]\\ &= \alpha\,\delta\alpha\, d^3r'\rho(\vec{r}\,')V(\vec{r}\,').\end{aligned}$$

C'est pour faire comprendre le bilan énergétique dans son détail qu'a été singularisé un point $\vec{r}\,'$ ; il faut évidemment sommer – intégrer – sur tous les points de l'espace que couvre $\rho(\vec{r}\,')$. On aboutit ainsi au travail total – mais encore infinitésimal – $\delta W^{ext}$ que demande la transition de l'état intermédiaire $(\alpha)$ à l'état $(\alpha + \delta\alpha)$ :

$$\delta W^{ext} = \delta\alpha \int d^3r'\,\rho(\vec{r}\,')\alpha V(\vec{r}\,'),$$

soit

$$\delta W^{ext} = \alpha\,\delta\alpha \times A,$$

avec la définition

$$A \triangleq \int d^3r'\,\rho(\vec{r}\,')V(\vec{r}\,')$$

(indépendant de $\alpha$).

L'intégration de cette expression différentielle coule de source. Rapprochons-la de la relation formelle entre différentielle et dérivée :

$$\delta W^{ext} = \frac{dW^{ext}}{d\alpha}\delta\alpha,$$

5. Nous notons $\delta\alpha$ l'accroissement du paramètre $\alpha$, pour éviter toute confusion avec $d^3r'$.

pour obtenir

$$\frac{dW^{ext}}{d\alpha} = A\alpha.$$

La fonction $W^{ext}(\alpha)$ s'en déduit aussitôt :

$$W^{ext}(\alpha) = \frac{1}{2}A\alpha^2 + C.$$

La « constante d'intégration » $C$ – arbitraire *a priori* – s'annule dans le cas présent : la situation $\alpha = 0$ – absence de charge – ne nécessite aucun travail. Et c'est la situation $\alpha = 1$ que nous cherchions à caractériser. L'énergie potentielle $E_p$ de la distribution envisagée initialement, égale à $W^{ext}$ $(\alpha = 1)$, s'écrit donc

$$E_p = \frac{1}{2}\int d^3r\, \rho(\vec{r})V(\vec{r}).$$

CINQUIÈME PARTIE

# INVARIANCE ET COVARIANCES

« Borné dans sa nature, infini dans ses vœux,
L'homme est un dieu tombé qui se souvient des cieux ».
Alphonse DE LAMARTINE

CHAPITRE 16

# INVARIANCE DES LOIS PHYSIQUES PAR TRANSLATION ET PAR ROTATION

« Comme nous voyons que le monde, formé par le mouvement de sa matière, subsiste toujours, il faut que ses mouvements aient des lois invariables. »

MONTESQUIEU

Les notions de vecteur et de scalaire apparaissent tant en mathématiques qu'en physique. « Tout naturellement », le mathématicien s'est senti investi de la lourde servitude – mais salutaire – d'avoir à présenter le sujet de façon générale en même temps que rigoureuse. Quelle cécité pédagogique, quelle aberration scientifique – « Un vecteur s'identifie avec un couple de scalaires[1] » – l'ont-elles inspiré ? Il initie nos adolescents aux seuls « bipoints » – excluant d'emblée, par là, vitesse, accélération, force, champ électrique,... – empanachés d'une relation d'équivalence pompeusement inutile, et radicalement néfaste pour les développements futurs : « La classe d'équivalence d'un bipoint $(A, B)$ est appelée vecteur et est notée $\overrightarrow{AB}$ [...] Cette formalisation est utilisée pour présenter les vecteurs dans l'enseignement secondaire en France[2] ».

1. Citation tirée de l'article « Vecteur » de Wikipédia.
2. Citation tirée de l'article « Vecteur » de Wikipédia.

Les qualificatifs de « scalaires », « vectorielles » ou « tensorielles », appliqués à des *grandeurs physiques,* se réfèrent aux *propriétés de transformation* de ces grandeurs dans des changements d'axes de référence. Et l'importance des propriétés de transformation provient elle-même d'un caractère fondamental que doit posséder toute loi physique : l'*invariance* dans de tels changements d'axes.

## *L'espace de la physique « classique »*

L'invariance des lois physiques est – comme toute affirmation ou hypothèse en physique – constamment (ou plutôt de temps à autre, lorsqu'un phénomène nouveau est découvert) confrontée à l'expérience à travers ses conséquences. Il est commode de la faire découler de *la structure même de l'espace.*

La physique « classique » (ce qui signifie ici « non relativiste ») se déroule dans un espace euclidien à trois dimensions facilement accessible à notre intuition, puisque notre vie courante est, au moins superficiellement, régie par les lois physiques « classiques ».

La théorie de la relativité enseigne que la physique classique est seulement une approximation (valable dans les domaines où la vitesse de la lumière dans le vide, $c \approx 3 \times 10^8$ m/s, peut être considérée comme infinie) d'une « physique relativiste » plus générale et plus exacte. Cette dernière introduit un « espace-temps » à quatre dimensions, non euclidien, dont nous dirons quelques mots au chapitre 19.

La physique quantique, qui supplante la physique classique dans les domaines atomique et subatomique (où la constante de Planck $h \approx 10^{-34}$ joule.seconde n'est plus négligeable), peut être non relativiste (physique atomique, moléculaire, des solides...) ou relativiste (physique des particules, cosmologie). La physique quantique non relativiste utilise comme la physique classique l'espace ordinaire à trois dimensions.

L'espace classique est supposé *homogène et isotrope.* Qu'il soit homogène signifie que les propriétés et l'évolution d'un système physique quelconque seront les mêmes quelle que soit la localisation de ce système dans l'espace. Qu'il soit isotrope implique que propriétés et évolution seront indépendantes de l'orientation du système. Bien entendu, l'espace dans lequel nous vivons effectivement n'est ni homogène ni isotrope : nous nous tenons debout selon la verticale, non à 45° ; un appareil fonctionnera sans doute mieux si nous l'avons introduit dans le laboratoire par la porte que si nous avons voulu à toute force lui faire traverser l'un des murs. Mais ces « défauts » peuvent être attribués à des contingences : le défaut d'isotropie est explicable par la proximité de la Terre, et l'on connaît même la loi qui régit le champ de pesanteur ; quant à l'existence de murs...

On imagine donc l'espace comme une sorte de scène de théâtre, au départ vide et inerte, dans laquelle vont exister et évoluer les systèmes physiques qui nous intéressent. Mais cette « scène » possède sa structure propre, qui va s'imposer aux systèmes physiques et à l'expression des lois qui les régissent.

La structure de cette « scène » où se déroulent les phénomènes physiques est sans doute plus restrictive que celle de l'espace classique et même que celle de l'espace-temps relativiste. Cela signifie que certaines lois physiques, peut-être même toutes, sont probablement, en réalité, des conséquences de la géométrie de l'espace. La théorie relativiste de la gravitation (dite « théorie de la relativité générale », proposée dès 1916 par Einstein) en est un exemple particulièrement convaincant. Des tentatives pour « géométriser » l'ensemble des lois physiques fondamentales ont vu le jour ces dernières années ; elles ont suscité chez certains beaucoup d'espoirs, mais il est trop tôt pour juger de leur éventuelle pertinence.

L'espace classique, euclidien et à trois dimensions, sera rapporté à un *repère cartésien* constitué d'un trièdre trirectangle $Ox$, $Oy$, $Oz$. On convient que ce trièdre sera toujours « direct », ou « droit » : un « bonhomme » se tenant le long de $Oz$, les pieds en $O$ et la tête sur le demi-axe positif, et regardant le premier quadrant ($Ox$, $Oy$), voit $Ox$ à sa droite et $Oy$ à sa gauche. Dans un tel repère, la position d'un point $M$ appartenant à un système physique S est caractérisée par la donnée de ses coordonnées cartésiennes $x$, $y$, $z$.

## *Transformations actives et transformations passives sur un système physique*

Considérons un système physique S, dans l'espace rapporté au repère cartésien ($Ox$, $Oy$, $Oz$). Il peut être nécessaire ou commode de *changer de repère, sans toucher au système* S : on dit alors qu'on effectue une « transformation passive ». Au contraire, on peut être amené à *déplacer le système* S *sans changer de repère* ; dans ce cas, on fait subir au système une « transformation active ».

Pour concrétiser les arguments qui vont suivre, prenons deux exemples très simples de transformations : une translation et une rotation autour de Oz. Bien entendu, il faut de façon générale considérer une transformation quelconque du groupe englobant l'ensemble des translations et des rotations dans l'espace à trois dimensions (groupe des isométries positives).

Dans une *translation active* du système S (figure 1a), le point $M$ est déplacé en $M'$, dont les coordonnées $x'$, $y'$, $z'$ sont données, à partir de $x$, $y$, $z$, par les relations

$$x' = x + X_a,$$
$$y' = y + Y_a,$$
$$z' = z + Z_a,$$

$X_a$, $Y_a$ et $Z_a$ désignant les trois paramètres qui caractérisent la translation. Dans une *translation passive* (figure 1-b) caractérisée par $X_p$, $Y_p$, $Z_p$ (coordonnées de la « nouvelle » origine $O''$

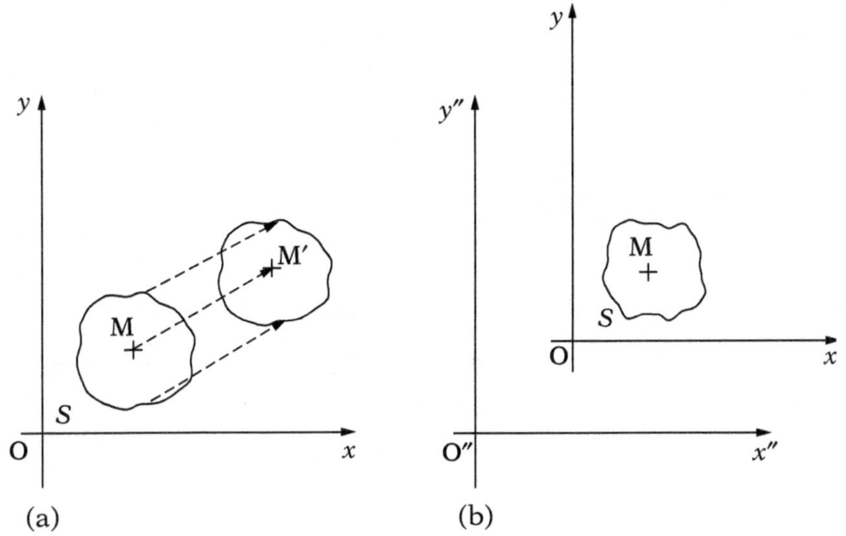


Figure 1

dans « l'ancien » repère *Ox, Oy, Oz*), les coordonnées du point *M* (inchangé) deviennent $x''$, $y''$, $z''$ telles que

$$x'' = x - X_p,$$
$$y'' = y - Y_p,$$
$$z'' = z - Z_p.$$

De façon analogue, une *rotation active* d'angle $\alpha_a$ autour de $Oz$ (figure 2b) transforme $M$ en $M'$, de coordonnées

$$x' = x \cos \alpha_a - y \sin \alpha_a, y' = x \sin \alpha_a + y \cos \alpha_a, z' = z,$$

et une *rotation passive* d'angle $\alpha_p$ autour de $Oz$ (figure 2a) change les coordonnées du point $M$ en

$$x'' = x \cos \alpha_p + y \sin \alpha_p, y'' = -x \sin \alpha_p + y \cos \alpha_p, z'' = z.$$

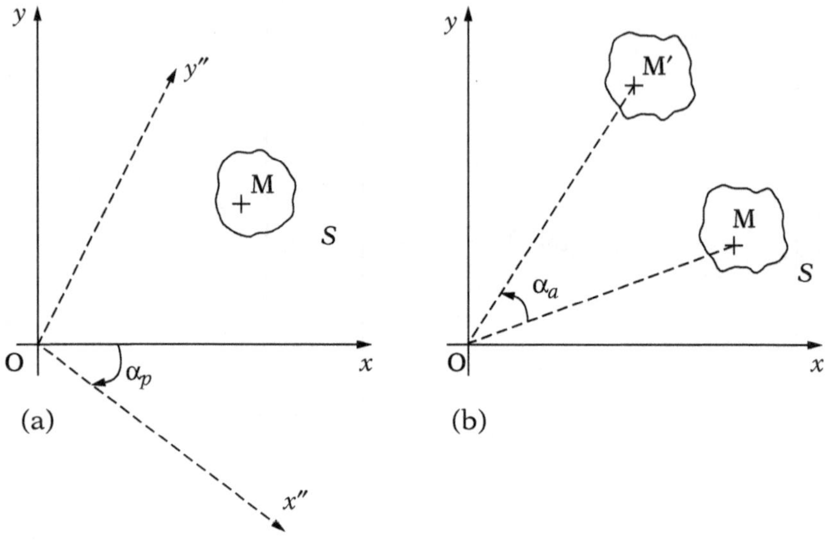


Figure 2

## *Conditions générales d'invariance*

Considérons une transformation particulière. Appliquons-la par exemple de façon *active* au système physique S. Il n'est pas évident *a priori* que les propriétés et l'évolution de S vont, dans sa nouvelle position et sa nouvelle orientation, rester physiquement les mêmes que celles qu'elles étaient, ou auraient été, dans son ancienne situation. L'hypothèse d'homogénéité et d'isotropie de l'espace amène pourtant à affirmer qu'il doit en être ainsi, à condition évidemment que la transformation active ait été appliquée à un système *isolé,* c'est-à-dire qu'on n'ait pas « laissé en arrière » une partie du système qui puisse interagir avec les portions que l'on a déplacées.

Appliquons au contraire la transformation choisie de façon *passive.* Le système S n'étant pas touché, ses propriétés et son évolution ne peuvent que rester inchangées. Mais ce qui, maintenant, n'est plus évident, c'est que les lois physiques régissant ces propriétés et cette évolution gardent, dans le nouveau repère, la même forme qu'elles avaient dans l'ancien. Ce doit pourtant être le cas, toujours à cause de l'homogénéité et de l'isotropie de l'espace. En effet, la comparaison des formules données successivement ci-dessus montre qu'une translation passive de paramètres $X_p$, $Y_p$, $Z_p$ est équivalente à la translation active de paramètres $X_a = -X_p$, $Y_a = -Y_p$, $Z_a = -Z_p$ ; on constate de même qu'une rotation passive d'angle $\alpha_p$ est équivalente à la rotation active d'angle $\alpha_a = -\alpha_p$ autour du même axe. Or, si l'espace est homogène et isotrope, *seules la position et l'orientation relatives du système et du repère sont significatives.* C'est pourquoi nous parlons d'« équivalence » pour les couples de transformations (l'une passive, l'autre active) que nous avons évoquées ; les figures 1 et 2 illustrent cette équivalence, qui se généralise sans difficulté à l'ensemble des translations et rotations.

L'une ou l'autre des deux propositions qualifiées dans ce qui précède de « non évidentes » expriment *l'invariance des lois physiques dans les transformations considérées*.

## *Implications de l'invariance sur la forme des lois physiques*

Pour préciser, et voir plus clairement comment l'exigence d'invariance dicte des impératifs non triviaux sur les formes analytiques permises aux lois physiques, choisissons l'un des points de vue, par exemple le passif. Prenons une loi physique quelconque, sous la forme

$$f(G,H,\ldots)=0:$$

*G, H,...* sont des grandeurs physiques (pression, température, composante d'une force ou du champ électrique, gradient de température, divergence du champ électrique...), et *f* représente une relation, souvent assez simple, entre elles (la formulation reste très schématique, mais elle devrait suffire à mettre en évidence le point essentiel). Lorsque cette loi physique est appliquée au système S avant transformation, les grandeurs *G*, *H*,... doivent être évaluées en divers points $M_1(x_1,y_1,z_1)$, $M_2(x_2,y_2,z_2)$,... de S, ce que nous écrivons de façon symbolique

$$f\left(G(x_1,y_1,z_1),H(x_2,y_2,z_2),...\right)=0,$$

en nous rappelant que certaines des grandeurs font intervenir des dérivées par rapport à *x*, *y* ou *z*.

Effectuons maintenant la transformation (passive, avons-nous dit). Les propriétés du système S demeurent inchangées, mais chacun de ses points *M* est maintenant repéré par des coordonnées différentes $x''$, $y''$, $z''$ ; les diverses grandeurs physiques changent elles aussi, *a priori* : la composante du champ électrique suivant *Ox* n'est pas égale à sa composante suivant $Ox''$ (si la transformation est une rotation). À partir des formules qui transforment les coordonnées (ou plutôt de leurs inverses), on peut remplacer, dans le libellé symbolique de la loi, les divers triplets $(x,y,z)$, et les dérivées correspondantes, en fonction des $x''$, $y''$ et $z''$ ; il faut également connaître l'expression des grandeurs *G*, *H*,... en fonction des $G''$, $H''$,... , leurs analogues dans le nouveau repère, et effectuer aussi ce remplacement. On imaginera sans peine que ces manipulations conduisent, entre $G''(x''_1,y''_1,z''_1),H''(x''_2,y''_2,z''_2),...$ à une relation *a priori* très différente de *f*. Pourtant, si *f* caractérise une loi physique invariante dans la transformation envisagée, on doit observer des réarrangements qui aboutissent, dans le nouveau repère, à une *expression de la loi exactement semblable* à celle qui prévalait dans l'ancien repère, c'est-à-dire, dans notre notation symbolique, à

$$f\left(G''(x''_1,y''_1,z''_1),H''(x''_2,y''_2,z''_2),...\right)=0.$$

On conçoit qu'une telle exigence, étendue à l'ensemble des transformations d'un groupe, impose des *contraintes extrêmement sévères sur les formes analytiques possibles pour les lois physiques,* c'est-à-dire sur les relations *f* permises. Dans la pratique, l'utilisation de grandeurs physiques ayant des propriétés de transformation simples dans les translations et les rotations (grandeurs dites « tensorielles ») permet, nous allons le voir, d'écrire assez facilement des lois physiques possédant de façon manifeste les propriétés d'invariance requises. Un exemple concret simple est présenté p. 222.

## CHAPITRE 17

# SCALAIRES, VECTEURS, TENSEURS

« Car j'installe, par la science,
L'hymne des cœurs spirituels
En l'œuvre de ma patience,
Atlas, herbiers et rituels. »
Stéphane MALLARMÉ

## *Grandeurs scalaires*

### DÉFINITION ET EXEMPLES

Certaines grandeurs sont caractérisées (dans un système d'unités choisi à l'avance) par un nombre, que l'on appelle leur *valeur*. Une telle grandeur est dite *scalaire* si sa valeur au point $M$ reste inchangée, quelle que soit la situation physique envisagée *a priori*, dans une translation ou une rotation passive. Dans une translation ou une rotation active, la valeur d'une grandeur scalaire « se transporte » sans changement au point $M'$ transformé de $M$. Indiquons que certaines grandeurs scalaires ont des valeurs algébriques.

La masse et la charge électrique d'une particule (qui se manifestent évidemment à la position de cette particule), la pression et la température aux divers points d'un échantillon de gaz... sont des grandeurs scalaires. En anticipant un peu, disons que la divergence du champ électrique (ou d'un champ de vecteurs quelconque) est aussi un scalaire. Soulignons en revanche que la coordonnée du point $M$ selon l'axe $Ox$ (ou la composante d'un vecteur sur cet axe) *n'est pas un scalaire* : sa valeur change en effet dans une rotation passive (puisque l'axe $Ox$ change alors) comme dans une rotation active (la coordonnée de $M'$ selon $Ox$ est différente de celle de $M$).

### ÉGALITÉS ENTRE SCALAIRES. HOMOGÉNÉITÉ

Certaines lois physiques prennent la forme d'une égalité entre deux grandeurs scalaires ; c'est le cas pour l'équation d'état des gaz parfaits $pV = RT$ qui relie le produit de la pression $p$ et du volume $V$ d'un gaz – quantités scalaires – à sa température (absolue) $T$, scalaire elle aussi, par l'intermédiaire de la « constante des gaz parfaits » $R \simeq 8{,}31\, J / K$ ; ou bien pour la loi de Joule en électricité $W = RI^2 t$, qui donne l'énergie $W$ (scalaire) dissipée dans une résistance $R$ par un courant d'intensité $I$ (scalaire) durant le temps $t$ ; ou bien encore pour l'équation de conservation locale de la charge électrique $\partial\rho / \partial t + \operatorname{div} \vec{j} = 0$ ($\rho$ désigne la densité volumique de charge et $\vec{j}$, le vecteur densité de courant). Chacun des deux membres, étant scalaire, reste inchangé dans une transformation active ou passive, de sorte que l'égalité persiste elle aussi.

Il existe également des égalités, que l'on peut hésiter à ranger parmi les « lois physiques » car elles n'en ont pas la généralité, mais qui obéissent aux mêmes règles ; ces égalités expriment simplement que, dans telle situation particulière, la valeur de telle grandeur physique est égale à celle de telle autre. Par exemple, la pression au point $M_1$ est égale à la pression au point $M_2$ : $p(M_1) = p(M_2)$ ; ou bien la pression au point $M_1$ est égale à la somme des pressions aux points $M_2$ et $M_3$ : $p(M_1) = p(M_2) + p(M_3)$ ; ou bien la masse de tel « point matériel » est double de celle de tel autre... Bien entendu, ces égalités sont des conséquences, dans un problème concret, des lois physiques générales, ou bien elles sont au moins compatibles avec celles-ci.

Nous venons d'indiquer que l'égalité entre deux grandeurs scalaires (ou, ce qui revient au même, la nullité de la somme de grandeurs scalaires) vérifie la condition d'invariance discutée au chapitre 16. Cette condition impose en retour la règle suivante : si le premier membre d'une égalité (ou le premier terme d'une somme) est un scalaire, alors le second membre (ou les autres termes) doit lui aussi être un scalaire. Une égalité qui ne satisferait pas à cette règle ne pourrait (dans le point de vue passif, par exemple) être valable que dans un repère particulier ; elle cesserait de l'être dans d'autres repères, puisque, au cours d'une transformation, le premier membre garderait même valeur et pas le second.

Rappelons à cette occasion une autre règle que doivent vérifier les égalités en physique. Chaque grandeur (quelles que soient par ailleurs ses propriétés de transformation, nous y reviendrons) possède des « dimensions physiques » : c'est une longueur, ou une masse, ou bien une longueur divisée par un temps (vitesse)... La *condition d'homogénéité,* que doivent vérifier toutes les égalités physiques, exige que les deux membres (ou les divers termes d'une somme) aient mêmes dimensions. Il est licite d'écrire $v^2 = 2gh$, où $v$ est une vitesse, $g$ une accélération et $h$ une longueur, mais sûrement pas $v = \sqrt{g}$ .

Il va sans dire que, à l'inverse, toute égalité entre deux scalaires de mêmes dimensions n'est pas obligatoirement compatible avec les lois physiques !

## *Grandeurs vectorielles*

Après les scalaires, les grandeurs physiques qui présentent les propriétés de transformation les plus simples dans les translations et rotations (actives ou passives) sont les vecteurs.

DÉFINITION ET EXEMPLES

## Définition « géométrique »

Dans les cours élémentaires (de physique, en tout cas), on définit une grandeur vectorielle par les caractéristiques suivantes :

(i) une *valeur positive,* souvent appelée son « module », quelquefois son « intensité » ou sa « norme » ;

(ii) une *direction* de l'espace (on dit parfois « une direction et un sens », selon ce que l'on entend par « direction »).

On note les grandeurs vectorielles en surmontant d'une flèche le symbole correspondant : $\vec{A}$ (dans certains livres, on préfère écrire le symbole en caractère gras) ; leur module est noté $\|\vec{A}\|$, ou plus simplement $|\vec{A}|$. Comme toute grandeur physique, une grandeur vectorielle est en règle générale attachée à un point $M$ de l'espace : la vitesse $\vec{v}$ d'une particule, ou son accélération $\vec{a}$, ou la force $\vec{F}$ qui s'exerce sur elle sont tout naturellement liées à sa position ; ou bien, lors de l'écoulement d'un fluide dans un tuyau, on s'intéresse à la vitesse de cet écoulement aux divers points du tuyau (« champ de vitesses »). On représente très souvent les grandeurs vectorielles directement sur la figure montrant l'espace physique lui-même : on trace un segment de droite dont l'origine est le point $M$, dont la direction est celle de la grandeur considérée, dont la longueur est proportionnelle à la valeur de cette grandeur, et qui se termine par une pointe de flèche.

On notera que la définition « géométrique » qui vient d'être esquissée ne fait *aucune mention du repère* auquel est rapporté l'espace. Nous verrons qu'elle sous-entend pourtant un comportement particulier dans les transformations d'espace, actives ou passives.

## Exemples

Choisissons, outre le point $M$ auquel va être attachée la grandeur vectorielle, un autre point $N$ de l'espace. Cela permet de définir un vecteur, noté $\overrightarrow{MN}$ (que nous appellerons « vecteur géométrique »), dont la valeur (module) est la distance entre $M$ et $N$, et la direction celle de la droite $MN$, de $M$ vers $N$. Mais il existe bien d'autres grandeurs vectorielles : outre les vitesses, accélérations et forces déjà évoquées, citons le champ électrique $\vec{E}$ et le champ magnétique $\vec{B}$, la densité de courant électrique $\vec{j}$ dans un conducteur, le gradient d'une fonction de point scalaire quelconque, etc.

Trois remarques s'imposent. En premier lieu, une grandeur vectorielle possède elle aussi des *dimensions physiques*, « portées » par son module : longueur pour les vecteurs géométriques, longueur divisée par un temps pour les vitesses et par le carré d'un temps pour les accélérations, etc. Deuxièmement, certaines des grandeurs vectorielles citées sont *des champs vectoriels*, c'est-à-dire des fonctions de point à valeurs vectorielles $\vec{A}(M)=\vec{A}(x,y,z)$ ; mais le fait d'associer une grandeur vectorielle à un point de l'espace n'en fait pas obligatoirement un champ, comme le montre l'exemple de la vitesse ou de l'accélération d'une particule ponctuelle. La situation est la même pour les grandeurs scalaires : la pression dans l'atmosphère est un champ scalaire (fonction de point scalaire), dont la valeur diffère d'un point à l'autre, non la masse ou la charge d'une particule. Enfin, s'il est loisible de représenter une grandeur vectorielle directement dans l'espace, c'est que sa direction emprunte celle d'un axe de l'espace ; lorsqu'on utilise une telle représentation, la flèche part d'un point de l'espace (celui auquel est associée la grandeur), elle pointe dans une direction de l'espace, mais son extrémité ne coïncide avec un point de l'espace que dans le cas très particulier où sa dimension physique se réduit à une longueur (c'est-à-dire s'il s'agit d'un vecteur géométrique) ; ainsi, la taille relative des flèches représentatives de deux grandeurs vectorielles n'a de signification que si ces deux grandeurs présentent les mêmes dimensions physiques (auquel cas le rapport entre les tailles des flèches reproduira le rapport entre les valeurs des grandeurs représentées).

Rappelons qu'il s'avère utile d'introduire des *vecteurs unitaires* : ce sont des grandeurs vectorielles *sans dimension,* dont le module vaut 1 par définition ; ainsi, un vecteur unitaire est caractérisé par, ou caractérise, une direction de l'espace. Les Anglo-Saxons utilisent une notation très commode qui consiste à remplacer, pour les vecteurs unitaires, la flèche par un « chapeau » (accent circonflexe) : ainsi $\hat{A}$ désigne le vecteur unitaire associé à la direction du vecteur $\vec{A}$.

## Composantes cartésiennes

Lorsqu'on introduit les vecteurs par la définition « géométrique » du paragraphe ci-dessus, leurs propriétés se déduisent de leur représentation par un segment orienté, même s'il ne s'agit pas de vecteurs géométriques. Autrement dit, ces derniers servent de « modèle » pour toutes les grandeurs vectorielles, à condition toutefois de tenir compte des dimensions physiques de ces diverses grandeurs.

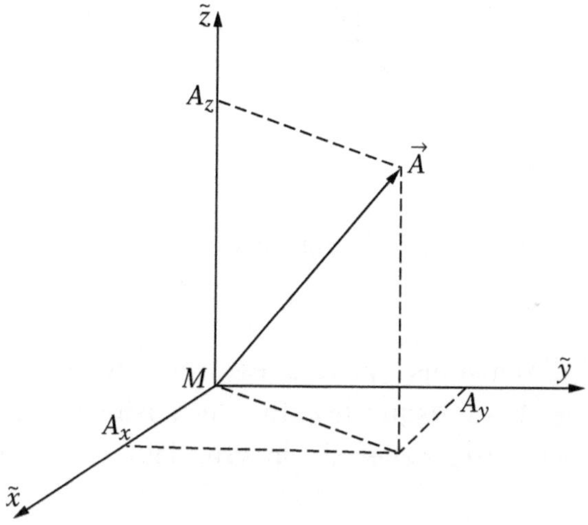


Figure 1

Prenons donc le segment orienté d'origine $M$, représentant une grandeur vectorielle $\vec{A}$. Traçons, avec $M$ pour origine, un trièdre trirectangle $M\tilde{x}$, $M\tilde{y}$, $M\tilde{z}$ dont les axes sont choisis parallèles, et de même sens, à $Ox$, $Oy$, $Oz$, respectivement. Les composantes cartésiennes $A_x, A_y, A_z$ de $\vec{A}$ se définissent comme les mesures algébriques des projections orthogonales, sur les « axes locaux » $M\tilde{x}$, $M\tilde{y}$, $M\tilde{z}$, du segment orienté représentant $\vec{A}$ (figure 1). Si $\theta_A$ et $\varphi_A$ sont les angles ($0 \leq \theta_A \leq \pi$ ; $0 \leq \varphi_A < 2\pi$) permettant de repérer la direction de $\vec{A}$ (figure 2), les composantes cartésiennes de $\vec{A}$ s'écrivent $A_x = |\vec{A}| \sin\theta_A \cos\varphi_A$, $A_y = |\vec{A}| \sin\theta_A \sin\varphi_A$, $A_z = |\vec{A}| \cos\theta_A$.

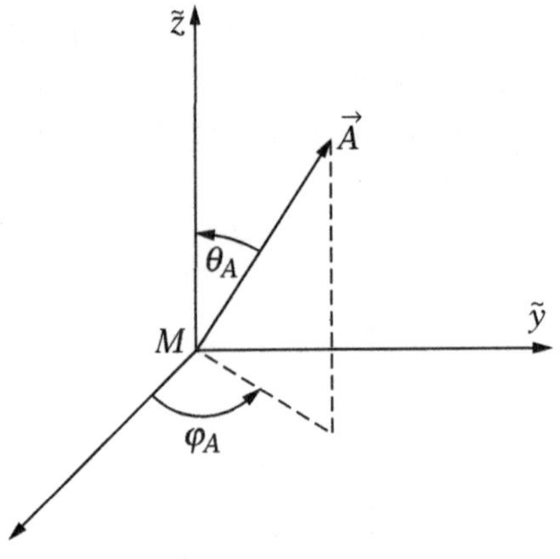


Figure 2

Leurs dimensions physiques reproduisent celles du module $|\vec{A}|$ de $\vec{A}$ – puisque les sinus et cosinus n'en apportent aucune – c'est-à-dire celles de la grandeur vectorielle $\vec{A}$ elle-même.

### COMPORTEMENT D'UN VECTEUR DANS UNE TRANSFORMATION D'ESPACE

## Analyse à partir de la définition « géométrique »

Effectuons une transformation d'espace, par exemple passive (voir chapitre précédent). Les coordonnées du point $M$ auquel est attachée la grandeur vectorielle $\vec{A}$ que nous considérons changent, selon des formules dont nous avons écrit des exemples simples. Pour déterminer le comportement de la grandeur $\vec{A}$, nous faisons appel ici aussi au segment orienté qui la représente. Sur les figures 1 et 2, les axes locaux $M\tilde{x}, M\tilde{y}, M\tilde{z}$ restent inchangés dans le cas d'une translation du repère (*cf.* figure 1b du chapitre 16) mais tournent avec ce dernier dans le cas d'une rotation (*cf.* figure 2a).

On constate aussitôt que la longueur du segment représentant $\vec{A}$ n'est jamais modifiée. Par conséquent le *module* $|\vec{A}|$ de la grandeur vectorielle, sa « valeur », se révèle invariante dans tout changement d'axes de référence ; il s'agit donc d'un *scalaire.*

Par ailleurs, aucune des caractéristiques de la grandeur vectorielle n'est affectée par une translation (active ou passive). Il n'en est évidemment pas de même dans une rotation : ni les angles $\theta_A$, $\varphi_A$ qui repèrent la direction de $\vec{A}$ (figure 2), ni ses composantes cartésiennes $A_x, A_y, A_z$ (figure 1), ne se comportent en scalaires. Mais leurs propriétés de transformation se montrent simples : par exemple, dans une rotation passive d'angle $\alpha_p$ autour de $Oz$, les composantes cartésiennes de $\vec{A}$ se modifient selon les formules

$$A_{x''} = A_x \cos\alpha_p + A_y \sin\alpha_p,\ A_{y''} = -A_x \sin\alpha_p + A_y \cos\alpha_p,\ A_{z''} = A_z.$$

De façon générale, *les composantes cartésiennes d'une grandeur vectorielle restent inchangées dans une translation et se transforment dans une rotation comme les coordonnées d'un point.*

### Définition « analytique » des vecteurs

On peut caractériser une grandeur vectorielle en mentionnant *ses composantes dans un repère spécifié.* Mais cela ne définit véritablement un vecteur que si *ces composantes possèdent les propriétés de transformation* explicitées au paragraphe précédent. En particulier, l'ensemble de trois grandeurs scalaires ne peut pas constituer un vecteur : par exemple, les grandeurs $pV$, $RT$ et $E$ (où $p$, $V$, $T$ et $E$ symbolisent la pression, le volume, la température et l'énergie d'un échantillon de gaz, $R$ désignant la « constante des gaz parfaits ») ont mêmes dimensions physiques, mais il n'est pas possible de les considérer comme les trois composantes cartésiennes d'un vecteur, car elles n'en possèdent pas les propriétés de transformation caractéristiques (elles restent toutes trois inchangées dans une rotation des axes de référence).

La définition d'un vecteur à partir de ses composantes et de leurs propriétés de transformation peut paraître moins synthétique que la définition « géométrique » habituelle (p. 213), car elle suppose le choix préalable d'un repère et fait appel aux transformations (actives ou passives) dans l'espace. Elle est pourtant très utile à connaître, non seulement parce qu'elle met en lumière l'importance du comportement des grandeurs dans les transformations de l'espace (voir « grandeurs tensorielles », ci-dessous), mais aussi parce qu'elle peut être généralisée à des espaces de structure différente (voir chapitre 19).

## ÉGALITÉS ENTRE VECTEURS, SOMMES ET PRODUITS

### Égalité, somme et multiplication par un scalaire

On ne peut envisager, en physique, l'égalité de deux grandeurs vectorielles que si elles ont *mêmes dimensions physiques.* Mais si c'est le cas, point n'est besoin d'inventer des notions nouvelles comme celle d'« équipollence » ou celle de « vecteurs glissants », « libres » ou « liés » : de même que la pression au point $M_1$ peut être égale à la pression au point $M_2$, de même la vitesse (vectorielle) de la particule (1) peut être égale à celle de la particule (2), ou le champ électrique au point $M_1$ être double du champ électrique en $M_2$. Évidemment, deux grandeurs vectorielles seront égales si elles ont même valeur (c'est-à-dire même module) et même direction, ou, ce qui revient au même, si leurs composantes cartésiennes sont égales chacune à chacune.

Le produit d'une grandeur vectorielle par une grandeur scalaire aboutit à une grandeur vectorielle, car l'invariance des scalaires dans les transformations d'espace préserve le comportement caractéristique des vecteurs. Le facteur scalaire peut être dépourvu de dimensions (définition du double ou de l'opposé d'un vecteur, ou de sa multiplication par un nombre réel quelconque, positif, négatif ou nul) ; s'il possède des dimensions physiques, la grandeur vectorielle obtenue par produit présente pour dimensions le produit de celles du vecteur initial par celles du scalaire : ainsi $m\vec{a}$, où $m$ est une masse et $\vec{a}$ une accélération, manifeste les mêmes dimensions qu'une force $\vec{F}$.

Comme le module $|\vec{A}|$ d'une grandeur vectorielle quelconque $\vec{A}$ se comporte en scalaire, on peut multiplier $\vec{A}$ par $1/|\vec{A}|$. On obtient ainsi une grandeur vectorielle, sans dimension et de module unité, qui n'est autre que le vecteur unitaire $\vec{A}$ associé à la direction de $\vec{A}$ :

$$\hat{A} = \frac{1}{|\vec{A}|}\vec{A}, \text{ ou } \vec{A} = |\vec{A}|\hat{A}.$$

La somme $\vec{A}+\vec{B}$ de deux grandeurs vectorielles de mêmes dimensions physiques se définit comme le vecteur dont les composantes cartésiennes égalent les sommes $A_x + B_x, A_y + B_y$ et $A_z + B_z$ des composantes de $\vec{A}$ et $\vec{B}$. Traduite en termes de modules et de directions, cette définition aboutit à la fameuse « règle du parallélogramme » (figure 3). Ici non plus, il n'y a pas de précautions particulières à prendre pour additionner deux vecteurs associés à deux points différents de l'espace : $\vec{A}(M) = \vec{A}(M_1) + \vec{A}(M_2)$ apparaît tout à fait analogue à $p(M) = p(M_1) + p(M_2)$, où $p$ désigne la pression (grandeur scalaire).

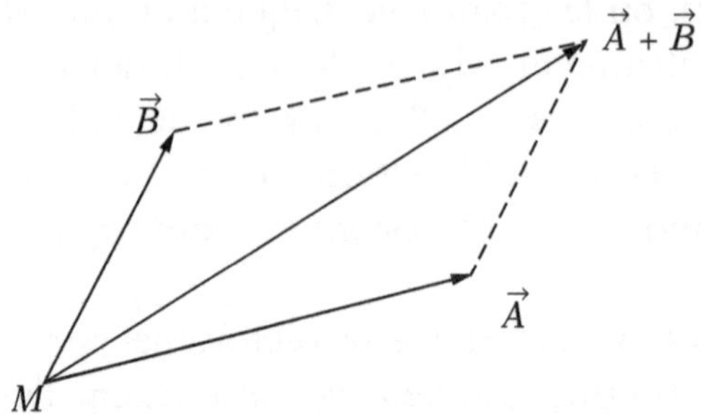


Figure 3

Si $\hat{e}_x, \hat{e}_y, \hat{e}_z$ dénotent les vecteurs unitaires des axes de référence *Ox, Oy* et *Oz*, on peut écrire une grandeur vectorielle quelconque $\vec{A}$ sous la forme

$$\vec{A} = A_x \hat{e}_x + A_y \hat{e}_y + A_z \hat{e}_z :$$

en mettant bout à bout, conformément à la règle du parallélogramme, le vecteur porté par $M\tilde{x}$ et de mesure algébrique $A_x$, puis le vecteur porté par $M\tilde{y}$ et de mesure algébrique $A_y$ et enfin le vecteur porté par $M\tilde{z}$ et de mesure algébrique $A_z$ (*cf.* figure 4), on obtient effectivement le vecteur $\vec{A}$. Mais la formule précédente appelle deux remarques. En premier lieu, ce n'est pas parce que toutes les grandeurs vectorielles peuvent être ainsi décomposées selon le même triplet $\left(\hat{e}_x, \hat{e}_y, \hat{e}_z\right)$ de vecteurs unitaires qu'elles appartiennent à un espace vectoriel unique : il n'est pas question de sommer un champ électrique et une accélération, parce que ces deux grandeurs vectorielles révèlent des dimensions physiques différentes ; dans la décomposition de la grandeur $\vec{A}$ sur les axes cartésiens, ses dimensions sont, rappelons-le, « portées » par ses composantes $A_x, A_y, A_z$. Deuxièmement, dans le produit $A_x \hat{e}_x$ par exemple, $\hat{e}_x$ apparaît comme un vecteur (sans dimension), mais $A_x$ n'est pas un scalaire ; si la formule de décomposition s'avère néanmoins correcte, c'est que $\hat{e}_x$, $\hat{e}_y$ et $\hat{e}_z$ se montrent des vecteurs très particuliers, qui font exception aux règles de transformation énoncées ci-dessus : dans une rotation active, par exemple, toutes les grandeurs vectorielles attachées au système physique étudié voient leurs composantes changer, alors que $\hat{e}_x$, $\hat{e}_y$ et $\hat{e}_z$, liés au repère et non au système, restent inchangés. On notera, dans le même ordre d'idées, que le « produit scalaire » (voir ci-après « Produits ») $\hat{e}_x \cdot \vec{A}$ n'est pas véritablement un scalaire, puisqu'il donne $A_x$.

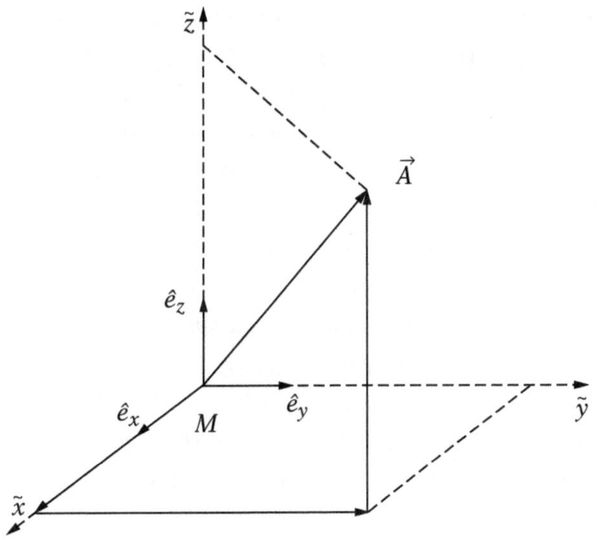


Figure 4

On peut évidemment reprendre pour les vecteurs, *mutatis mutandis,* les remarques formulées pour les égalités entre scalaires : l'égalité entre deux grandeurs vectorielles, à condition de vérifier l'homogénéité du point de vue des dimensions physiques, est compatible avec l'exigence d'invariance explicitée dans le chapitre 16 ; inversement, si l'un des membres d'une égalité se transforme en vecteur, les conditions d'invariance imposent que l'autre soit lui aussi un vecteur (en particulier, l'égalité entre un scalaire et une composante cartésienne d'un vecteur est interdite par ce critère).

## Contraintes imposées par l'invariance : un exemple simple

L'invariance des lois physiques (chapitre 16) impose des contraintes très sévères sur les formes analytiques permises à ces lois. Voici un double exemple élémentaire qui pourra concrétiser ces restrictions.

Analysons d'abord, de ce point de vue, le principe fondamental de la dynamique de Newton, appliqué à un problème simple : une particule de masse $m$ est située – dans un repère déterminé – au point de coordonnées $x, y, z$ ; elle est soumise à une force – constante, pour simplifier – de composantes $X, Y, Z$ sur le même repère. La loi de Newton s'exprime par les égalités $X = m\ddot{x}$, $Y = m\ddot{y}$, $Z = m\ddot{z}$ (le double point indique une double dérivation par rapport au temps). Changeons de repère – transformation passive. La loi, invariante comme il se doit, se traduira, dans le nouveau repère, par $X'' = m\ddot{x}''$, $Y'' = m\ddot{y}''$, $Z'' = m\ddot{z}''$ : *même forme* que précédemment, à l'aide des *nouvelles coordonnées* $x'', y'', z''$ et *composantes* de la force $X'', Y'', Z''$. Cette similitude n'a pas été imposée *a priori* : elle résulte d'un calcul appliquant strictement et sans complaisance les formules de changement de repère – à validité universelle – aux anciennes expressions.

En revanche, imaginons que – dans un but pédagogique peut-être – nous simplifiions la loi de Newton sous la forme $\left|\vec{F}\right| = m\ddot{x}$ (le symbole $\left|\vec{F}\right|$ désigne le module de la force, égal à $\sqrt{X^2 + Y^2 + Z^2}$). La modification paraît minime. Pourtant, *la loi y a perdu son invariance* : la moindre rotation (passive) des axes du repère la défigure.

Pour faire apparaître de façon concrète la différence entre cette « loi simplifiée » et la loi véritable, adressons-nous à une rotation – passive – d'un angle $\alpha$ autour de l'axe $Oz$ (figure 2-a du chapitre 16) : un point $M$ est repéré, avant rotation, par ses coordonnées $x, y, z$ sur le trièdre $\{Ox, Oy, Oz\}$, et après rotation par $x'', y'', z''$ sur le trièdre $\{Ox'', Oy'', Oz''\}$ ; de même la force

$\vec{F}$, un vecteur, voit ses composantes *X, Y, Z* avant rotation devenir *X″, Y″, Z″* après rotation. Les coordonnées du point *M* et les composantes de la force se comportent de manière analogue : d'une part

$$x = x''\cos\alpha - y''\sin\alpha \ ; \ y = x''\sin\alpha + y''\cos\alpha \ ; \ z = z'' \ ;$$

d'autre part

$$X = X''\cos\alpha - Y''\sin\alpha \ ; \ Y = X''\sin\alpha + Y''\cos\alpha \ ; \ Z = Z''.$$

Les relations « vraies » $X = m\ddot{x}$, $Y = m\ddot{y}$, $Z = m\ddot{z}$, traitées selon les égalités précédentes, se transforment effectivement en $X'' = m\ddot{x}''$, $Y'' = m\ddot{y}''$, $Z'' = m\ddot{z}''$ (on le montre en utilisant l'identité trigonométrique $\cos^2\alpha + \sin^2\alpha = 1$). Quant à $\left|\vec{F}\right| = m\ddot{x}$ – c'est-à-dire $\sqrt{X^2 + Y^2 + Z^2} = m\ddot{x}$ –, elle devient $\sqrt{X''^2 + Y''^2 + Z''^2}$ $= m\left(\ddot{x}''\cos\alpha - \ddot{y}''\sin\alpha\right)$ ; elle n'a pas conservé sa forme initiale, et on y voit en outre apparaître un paramètre $\alpha$, que rien ne permet de fixer.

### Produits de vecteurs

Le *produit scalaire* $\vec{A}\cdot\vec{B}$ de deux grandeurs vectorielles peut être défini dans le cadre « géométrique » :

$$\vec{A}\cdot\vec{B} = \left|\vec{A}\right| \times \left|\vec{B}\right| \times \cos\left(\vec{A},\vec{B}\right).$$

On voit alors aussitôt qu'il s'agit effectivement d'un scalaire, au sens du premier paragraphe de ce chapitre. On peut ensuite exprimer le produit scalaire à l'aide des composantes des deux vecteurs, ce qui donne

$$\vec{A}\cdot\vec{B} = A_x B_x + A_y B_y + A_z B_z.$$

On vérifie d'ailleurs facilement que le comportement de $(A_x, A_y, A_z)$ et $(B_x, B_y, B_z)$ dans une rotation a bien pour conséquence l'invariance de l'expression que voilà.

Pour le *produit vectoriel* $\vec{A}\wedge\vec{B}$, il peut se révéler plus simple de poser sa définition dans le cadre « analytique » : $\vec{C} = \vec{A}\wedge\vec{B}$ est le vecteur de composantes

$$C_x = A_y B_z - A_z B_y, \quad C_y = A_z B_x - A_x B_z, \quad C_z = A_x B_y - A_y B_x.$$

Il faut évidemment démontrer que $C_x$, $C_y$ et $C_z$ présentent bien les propriétés de transformation caractéristiques d'un vecteur. On constate effectivement sans difficulté que les formules écrites plus haut pour les composantes de $\vec{A}$, et leurs analogues pour $\vec{B}$, impliquent

$$C_{x''} = A_{y''} B_{z''} - A_{z''} B_{y''} = C_x \cos\alpha_p + C_y \sin\alpha_p,$$
$$C_{y''} = A_{z''} B_{x''} - A_{x''} B_{z''} = -C_x \sin\alpha_p + C_y \cos\alpha_p,$$
$$C_{z''} = A_{x''} B_{y''} - A_{y''} B_{x''} = C_z$$

(bien entendu, la démonstration, pour être convaincante, devrait porter sur la rotation la plus générale). Il est ensuite facile, par exemple en choisissant un système d'axes $Ox, Oy, Oz$ particulier, de préciser les caractéristiques « géométriques » du produit vectoriel $\vec{C}$ : son module est donné par

$$\left|\vec{C}\right| = \left|\vec{A}\right| \times \left|\vec{B}\right| \times \left|\sin\left(\vec{A},\vec{B}\right)\right|,$$

et sa direction est perpendiculaire au plan défini par $\vec{A}$ et $\vec{B}$ (c'est-à-dire par leurs directions), dans le sens tel que $\vec{C}$ forme avec $\vec{A}$ et $\vec{B}$, dans cet ordre, un trièdre direct (figure 5).

On dit généralement, à propos du produit vectoriel $\vec{C} = \vec{A} \wedge \vec{B}$, que son module égale l'aire du parallélogramme construit sur $\vec{A}$ et $\vec{B}$. Cette affirmation, qui se fixe pour but, *a priori* louable, de « concrétiser » la notion de produit vectoriel, s'avère en pratique catastrophique sur le plan pédagogique (pour la physique, tout au moins) : pour un élève à qui l'on a inculqué que tous les vecteurs se ramènent à des vecteurs géométriques, homogènes à une longueur (ou des classes d'équivalence de bipoints), se trouver tout à coup confronté à un vecteur dont le module est mesuré par une aire ne peut que le brouiller définitivement avec la notion (fondamentale en physique) d'homogénéité. De ce point de vue, les dimensions physiques de $\vec{C}$ s'obtiennent par produit de celles de $\vec{A}$ et celles de $\vec{B}$ (comme d'ailleurs les dimensions du produit scalaire $\vec{A} \cdot \vec{B}$) ; ce n'est que dans le cas très particulier où $\vec{A}$ et $\vec{B}$ se trouvent tous

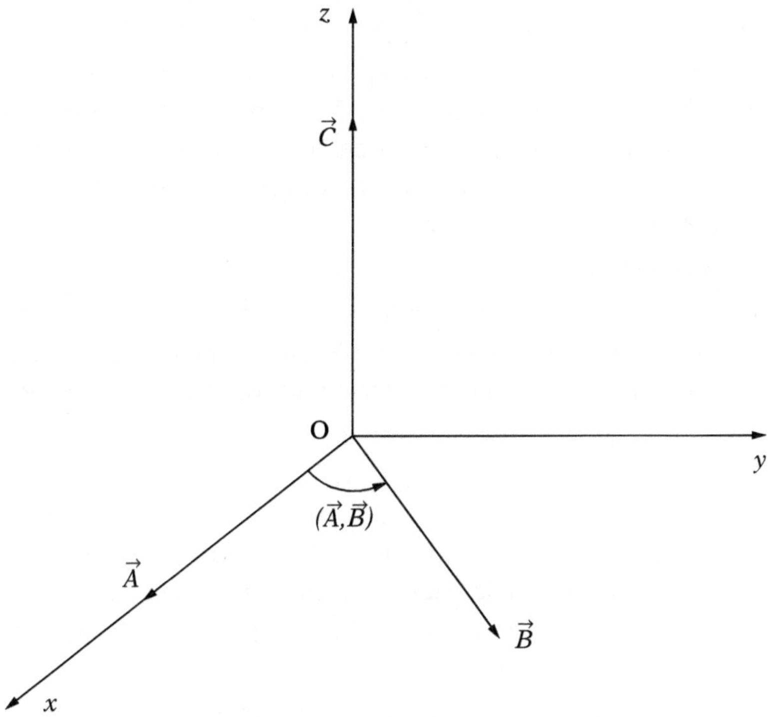


Figure 5

deux homogènes à une longueur que l'affirmation précédente fait sens (ce qui exclut évidemment que $\vec{C}$ apparaisse lui aussi comme un vecteur géométrique).

## *Grandeurs tensorielles*

Scalaires et vecteurs sont les exemples les plus simples de « tenseurs ». Scalaires, vecteurs et tenseurs réalisent des *représentations* du groupe des rotations. On utilise également, en mécanique quantique, une représentation (à un facteur près) de ce groupe par des « spineurs » à deux composantes.

Pour préciser ce qu'on entend par tenseur, modifions légèrement nos notations : nous appellerons $Ox_1$, $Ox_2$, $Ox_3$ les axes du trièdre de référence, $x_1$, $x_2$, $x_3$ les coordonnées cartésiennes d'un point $M$ de l'espace, etc. Lors d'une transformation d'espace (active, disons) composée d'une translation de paramètres $X_i (i = 1, 2, 3)$ et d'une rotation représentée par la matrice 3×3 $[R_{ij}]$, les coordonnées du point $M'$ transformé de $M$ sont spécifiées par

$$x'_i = R_{ij} x_j + X_i \ ; \quad i=1,2,3 \ ;$$

nous avons utilisé la *convention d'Einstein* selon laquelle (sauf indication contraire explicite) il y a sommation sur tout indice répété :

$$\mathrm{R}_{ij} x_j \equiv \sum_{j=1}^{3} R_{ij} x_j .$$

Par exemple, une rotation (active) d'angle $\alpha_a$ autour de l'axe $Oz$ est décrite par la matrice d'éléments (voir p. 205) :

$$R_{11} = R_{22} = \cos\alpha_a, \ R_{21} = -R_{12} = \sin\alpha_a, \ R_{13} = R_{23} = 0, \ \mathrm{R}_{3\mathrm{j}} = 0$$
$$\text{pour } j = 1,2,3.$$

Dans ces nouvelles notations, les trois composantes $A_i$ d'un vecteur $\vec{A}$ se transforment selon

$$A'_i = R_{ij} A_j .$$

Une grandeur tensorielle du second ordre est alors caractérisée par un ensemble de composantes $T_{ij} (i, j = 1,2,3)$ se transformant de la manière suivante :

$$T'_{ij} = R_{ik} R_{jl} T_{kl}$$

(sommation sur les deux indices répétés, $k$ et $l$). Cette définition se généralise sans peine à des tenseurs d'ordre supérieur à deux.

Les grandeurs tensorielles sont moins courantes, en physique élémentaire, que les scalaires et les vecteurs, et leur existence est souvent passée sous silence ou ignorée.

Explicitons pourtant une de leurs interventions.

Un atome – prenons celui d'hydrogène H comme exemple simple – se présente à l'extérieur rigoureusement neutre, en ce qui concerne sa charge électrique globale. Il n'en comporte pas moins des composants chargés : un noyau positif très compact, le proton – rayon de l'ordre du fermi ($10^{-15}$ m) –, entouré d'une sorte de nuage négatif sphérique d'environ 1 angström de diamètre dans lequel les effets quantiques « délocalisent » l'unique électron de l'atome H. Les charges du proton et de l'électron – pour une raison encore ignorée – s'équilibrent exactement, assurant la stricte neutralité des atomes, de celui-là entre autres.

Cependant, soumettons l'atome H à un *champ électrique* $\vec{E}$ produit par un appareillage extérieur. La force électrique pousse le proton dans un sens – celui de $\vec{E}$ – et tire l'électron en sens inverse. La neutralité de l'atome n'est pas remise en cause – sauf si l'électron en était arraché –, mais cette fois le centre du nuage électronique s'est décalé par rapport au proton : l'atome porte de ce fait un *dipôle électrique*, que l'on schématise par un couple de charges opposées, $-q$ et $+q$, que sépare une courte distance $a$. Un dipôle est caractérisé par son moment dipolaire, un vecteur $\vec{\mu}$, de valeur $qa$, dirigé suivant le segment orienté joignant $-q$ à $+q$.

Dans sa situation initiale, l'atome H présente la symétrie sphérique. C'est dire que le vecteur moment dipolaire $\vec{\mu}$ se montre nécessairement colinéaire au champ $\vec{E}$ qui l'induit, lui étant pratiquement proportionnel :

$$\vec{\mu} = \alpha \vec{E}$$

($\alpha$ : « polarisabilité » de l'atome).

Cela compris, adressons-nous maintenant à une distribution de charge de symétrie moindre – axiale, disons – : la molécule de $CO_2$, exemple simple, aligne ses trois atomes, les O de part et d'autre du C. « Au repos », pourrait-on dire, la molécule apparaît parfaitement neutre. Qui plus est, la symétrie de réflexion (*cf.* chapitre 18) autour du centre de C interdit également tout moment dipolaire permanent : celui-ci (vrai vecteur) devrait égaler son symétrique, c'est-à-dire son opposé ; il ne peut que s'annuler. Sauf évidemment si un champ électrique extérieur $\vec{E}$, pointant selon l'alignement O = C = O, détruit par son sens privilégié la symétrie de parité ; on constatera alors la présence d'un moment dipolaire induit, parallèle à $\vec{E}$. Mais un champ électrique appliqué dans une direction perpendiculaire à l'axe O = C = O produira lui aussi un moment dipolaire, suivant cette nouvelle direction.

Point n'est besoin de connaissances approfondies pour comprendre que les deux coefficients de proportionnalité $\alpha$ différeront, le long de l'axe moléculaire ou selon l'une de ses perpendiculaires. Et si l'on a affaire à un champ électrique $\vec{E}$ quelconque, on le décomposera suivant les deux lignes évoquées, donnant naissance ainsi à un vecteur moment dipolaire $\vec{\mu}$ qui s'écartera significativement de la direction du champ inducteur $\vec{E}$, puisque les deux composantes amènent des coefficients-polarisabilités différents.

Généralisons à une molécule quelconque et à des axes $Ox$, $Oy$, $Oz$ quelconques. Les composantes $\mu_x$, $\mu_y$, $\mu_z$ du moment dipolaire $\vec{\mu}$ induit par un champ électrique $\vec{E}$, de composantes $E_x$, $E_y$, $E_z$, revêtiront la forme générale :

$$\mu_x = \alpha_{xx}E_x + \alpha_{xy}E_y + \alpha_{xz}E_z,$$
$$\mu_y = \alpha_{yx}E_x + \alpha_{yy}E_y + \alpha_{yz}E_z,$$
$$\mu_z = \alpha_{zx}E_x + \alpha_{zy}E_y + \alpha_{zz}E_z.$$

Interviennent dans ces égalités les neuf composantes $\alpha_{ij}$ d'un « *tenseur* du deuxième ordre[1] », qui rend compte de la polarisabilité de la molécule en question. Une translation des axes du repère cartésien n'affecte pas les composantes du tenseur. Une rotation du repère les transforme par application réitérée, sur l'un puis l'autre indice, des formules qui relient $x$, $y$, $z$ – coordonnées d'un point arbitraire de l'espace – à $x'$, $y'$, $z'$ – coordonnées du même point dans le nouveau repère.

1. Bien entendu se rencontrent également des tenseurs d'ordre supérieur à deux.

On utilise volontiers en physique, pour leur commodité, deux tenseurs très particuliers : ce sont des tenseurs *numériques* (c'est-à-dire sans dimension) *invariants* (c'est-à-dire que leurs composantes restent inchangées dans toute rotation[2]). Le premier, dit « symbole de Kronecker », est noté $\delta_{ij}$, et ses composantes valent par définition[3]

$$\delta_{ij} = 0 \quad \text{si } i \neq j,$$
$$= 1 \quad \text{si } i = j.$$

Le second est le *tenseur totalement antisymétrique d'ordre 3,* noté $\varepsilon_{ijk}$, et défini par[4]

$$\varepsilon_{ijk} = 0 \quad \text{si 2 des 3 indices prennent même valeur ;}$$
$$= +1 \quad \text{si } (i,j,k) \text{ forme une permutation paire de } (1,2,3) \text{ ;}$$
$$= -1 \quad \text{si } (i,j,k) \text{ forme une permutation impaire de } (1,2,3).$$

Ce dernier tenseur permet par exemple d'écrire de façon compacte et commode l'expression des composantes du produit vectoriel $\vec{C} = \vec{A} \wedge \vec{B}$ :

$$C_i = \varepsilon_{ijk} A_j B_k.$$

Quant au symbole de Kronecker, il est couramment utilisé pour caractériser l'« orthonormalité » d'une base : $\hat{e}_1$, $\hat{e}_2$, $\hat{e}_3$, vecteurs unitaires des axes de référence $Ox_1$, $Ox_2$, $Ox_3$, vérifient les égalités

$$\hat{e}_i \cdot \hat{e}_j = \delta_{ij}.$$

---

2. On peut montrer que ce sont les deux seuls tenseurs invariants.

3. Les matrices 3×3 de rotation $R$ satisfont à la condition : $R^T R = RR^T = 1$ (où $R^T$ désigne la transposée de la matrice $R$). Voilà pourquoi les valeurs indiquées se retrouvent invariantes par rotation, bien que $\delta_{ij}$ se transforme comme un tenseur d'ordre 2 : $\delta'_{ij} = R_{ik}R_{jl}\delta_{kl} = R_{ik}R_{jk} = [RR^T]_{ij} = \delta_{ij}$. En réalité, le symbole de Kronecker est le « tenseur métrique » de l'espace euclidien.

4. Si ces valeurs restent invariantes dans toute rotation, c'est que les matrices de rotation $R$ vérifient dét $R = 1$. En effet, $\varepsilon'_{ijk} = R_{ii'}R_{jj'}R_{kk'}\,\varepsilon_{i'j'k'}$ s'annule si deux des indices $i$, $j$, $k$ sont égaux (utiliser l'antisymétrie de $\varepsilon_{i'j'k'}$ pour montrer que le second membre égale alors son opposé) ; en outre, on voit facilement que $\varepsilon'_{123} = -\varepsilon'_{213} =$ dét $R = +1$.

CHAPITRE 18

# OPÉRATIONS DE SYMÉTRIE. PSEUDO-SCALAIRES ET PSEUDO-VECTEURS

« La terre jeune encore et vierge de désastres. »
Stéphane MALLARMÉ

## *Vrais vecteurs et pseudo-vecteurs*

Considérons d'abord un vecteur géométrique $\overrightarrow{MN}$, et construisons son symétrique par rapport à un point $\Omega$ (figure 1) ou par rapport à un plan $\Pi$ (figure 2). Nous n'envisageons ici que des symétries actives, car les symétries passives correspondantes transforment le trièdre de référence direct en un trièdre inverse, et nous sommes convenus au chapitre 16 de nous en tenir aux repères directs. On voit aussitôt que, dans une symétrie par rapport à un point $\Omega$,

$$\overrightarrow{M'N'} = -\overrightarrow{MN} \;;$$

dans une symétrie par rapport à un plan $\Pi$, la composante $\overrightarrow{MP}$ parallèle à $\Pi$ reste inchangée, alors que la composante $\overrightarrow{PN}$ perpendiculaire à $\Pi$ est changée en son opposée :

$$\overrightarrow{M'P'} = \overrightarrow{MP}, \quad \overrightarrow{P'N'} = -\overrightarrow{PN}.$$

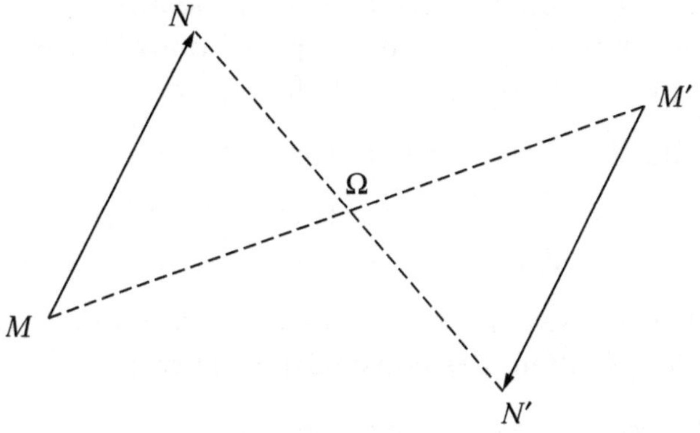


Figure 1

Les grandeurs vectorielles $\vec{V}$ qui se comportent, dans de telles symétries, comme les vecteurs géométriques sont appelées « vrais vecteurs », ou « vecteurs polaires » :

$\overrightarrow{V'} = -\vec{V}$ dans une symétrie par rapport à un point ;

$\overrightarrow{V'}_{\parallel} = \vec{V}_{\parallel}$, $\overrightarrow{V'}_{\perp} = -\vec{V}_{\perp}$ dans une symétrie par rapport à un plan ($\vec{V}_{\parallel}$ et $\vec{V}_{\perp}$ désignent les composantes de $\vec{V}$ respectivement parallèle et perpendiculaire au plan de symétrie).

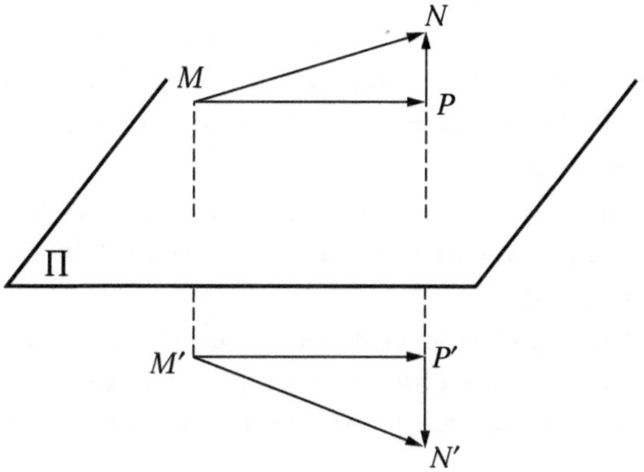


Figure 2

Mais, si l'on choisit deux vecteurs polaires $\vec{V}$ et $\vec{W}$, leur produit vectoriel $\vec{A} = \vec{V} \wedge \vec{W}$ se comporte, dans les symétries par rapport à un point ou un plan, de façon exactement opposée :

$\overrightarrow{A'} = +\vec{A}$ dans une symétrie par rapport à un point ;

$\overrightarrow{A'_{\parallel}} = -\overrightarrow{A_{\parallel}}$, $\overrightarrow{A'_{\perp}} = +\overrightarrow{A_{\perp}}$ dans une symétrie par rapport à un plan.

La première égalité coule de source : les changements de signe de $\vec{V}$ et $\vec{W}$ se compensent. Quant aux relations venant en second, elles résultent des constatations suivantes. Les vecteurs $\overrightarrow{V_{\perp}}$ et $\overrightarrow{W_{\perp}}$, colinéaires puisque tous deux perpendiculaires au plan de symétrie, ne contribuent pas au produit vectoriel : $\overrightarrow{V_{\perp}} \wedge \overrightarrow{W_{\perp}} = \vec{0}$. La composante perpendiculaire $\overrightarrow{A_{\perp}}$ de $\vec{V} \wedge \vec{W}$ est engendrée par les composantes de $\vec{V}$ et $\vec{W}$ parallèles au plan : $\overrightarrow{A_{\perp}} = \overrightarrow{V_{\parallel}} \wedge \overrightarrow{W_{\parallel}}$. Quant à la composante $\overrightarrow{A_{\parallel}}$, elle résulte des produits en quelque sorte « croisés » : $\overrightarrow{A_{\parallel}} = \overrightarrow{V_{\parallel}} \wedge \overrightarrow{W_{\perp}} + \overrightarrow{V_{\perp}} \wedge \overrightarrow{W_{\parallel}}$.

On appelle « *pseudo-vecteurs* », ou « vecteurs axiaux », les grandeurs vectorielles se transformant selon ces formules.

Une vitesse, une force, un champ électrique… vecteurs polaires ; un moment cinétique, un vecteur vitesse angulaire, un champ magnétique… vecteurs axiaux. On comprend que le comportement, dans les symétries, d'un produit est caractérisé par le produit des changements de signes des deux grandeurs qui le construisent.

Examinons le comportement des champs électrique et magnétique par « parité » – ainsi nomme-t-on la réflexion par rapport à un point.

L'électromagnétisme classique – c'est-à-dire sans les photons – se fonde sur les champs électrique $\vec{E}$ et magnétique $\vec{B}$, qui vérifient par postulat les quatre *équations de Maxwell* (1873) :

$$\operatorname{div} \vec{E} = \frac{\rho}{\varepsilon_0}, \qquad \operatorname{div} \vec{B} = 0,$$

$$\overrightarrow{\operatorname{rot}}\, \vec{E} = -\frac{\partial \vec{B}}{\partial t}, \quad \overrightarrow{\operatorname{rot}}\, \vec{B} = \mu_0 \vec{j} + \varepsilon_0 \mu_0 \frac{\partial \vec{E}}{\partial t}$$

($\varepsilon_0$ et $\mu_0$, constantes universelles, harmonisent les dimensions et unités). Les « sources » $\rho$ – densité volumique de charge – et $\vec{j}$ – densité de courant électrique – sont connues comme un vrai scalaire $(\rho)$ et un vrai vecteur $(\vec{j})$.

On peut regrouper les opérateurs « divergence » et « rotationnel » en un opérateur de dérivation unique, appelé « nabla » et noté $\vec{\nabla}$ : c'est un opérateur vectoriel de composantes cartésiennes $\partial / \partial x$, $\partial / \partial y$, $\partial / \partial z$ – un « vrai » vecteur, par conséquent. Les équations de Maxwell s'écrivent alors

$$\vec{\nabla} \cdot \vec{E} = \frac{\rho}{\varepsilon_0}, \;\; \vec{\nabla} \cdot \vec{B} = 0, \;\; \vec{\nabla} \wedge \vec{E} = -\frac{\partial \vec{B}}{\partial t}, \;\; \vec{\nabla} \wedge \vec{B} = \mu_0 \vec{j} + \varepsilon_0 \mu_0 \frac{\partial \vec{E}}{\partial t}.$$

Le champ électrique $\vec{E}$, un vrai vecteur, change de signe par parité, comme fait $\vec{\nabla}$. Ainsi $\vec{\nabla} \cdot \vec{E}$, obtenu par le produit scalaire de deux vrais vecteurs, reste inchangé quant à lui, à l'instar de $\rho$ au second membre. Mais $\vec{\nabla} \wedge \vec{E}$, produit vectoriel de deux vrais vecteurs, se comporte en pseudo-vecteur – pas de changement de signe – ce qui doit donc être le cas pour $\partial \vec{B} / \partial t$ et par suite pour $\vec{B}$ (le temps $t$ n'est pas affecté par la présente symétrie). Dans $\vec{\nabla} \wedge \vec{B}$, le vecteur $\vec{\nabla}$ se transforme par parité en son opposé – vrai vecteur – mais $\vec{B}$ ne change pas ; $\vec{\nabla} \wedge \vec{B}$ se comporte donc en vrai vecteur – changement de signe –, comme $\vec{j}$ et $\partial \vec{E} / \partial t$.

La « force de Lorentz », qui agit sur une particule de charge $q$ plongée dans un champ électromagnétique $\{\vec{E}, \vec{B}\}$, s'écrit de son côté

$$\vec{F} = q\left[\vec{E} + \vec{v} \wedge \vec{B}\right]$$

($\vec{v}$ désigne la vitesse de la particule). Cette formule voit ses termes être tous remplacés par leur opposé dans la symétrie de parité : $q$ vrai scalaire ; $\vec{F}$, $\vec{E}$, $\vec{v}$ vrais vecteurs ; $\vec{B}$ vecteur axial.

## *Vrais scalaires et pseudo-scalaires*

Les scalaires, invariants par rotation, se divisent eux aussi en deux catégories lorsqu'on envisage les opérations de symétrie par rapport à un point ou à un plan : les « vrais scalaires » gardent leur valeur, les « pseudo-scalaires » sont changés en leur opposé.

On montre sans difficulté que le produit scalaire de deux vecteurs polaires ou de deux vecteurs axiaux se comporte en vrai scalaire ; le produit scalaire d'un vecteur polaire et d'un vecteur axial, en pseudo-scalaire.

CHAPITRE 19

# SCALAIRES, VECTEURS ET TENSEURS EN RELATIVITÉ (RESTREINTE)

*« Difícil delgadez :*
*¿ Busca el mundo una blanca,*
*total, perenne ausencia*[1] *? »*
Jorge GUILLÉN

## *Introduction succincte aux idées fondamentales de la théorie de la relativité*

Pour décrire le mouvement d'un corps on doit, en mécanique, choisir un *référentiel* : le mouvement d'un objet situé dans un train, par exemple, s'analyse différemment dans le « référentiel lié au train » et dans le « référentiel lié au sol ». La mécanique classique postule l'existence d'au moins un référentiel dans lequel sont valables les trois lois de Newton. Mais leur structure implique que, s'il existe un tel référentiel, alors il en existe une infinité, animés l'un par rapport à l'autre d'un mouvement de translation uniforme. Comme la première loi de

1. « Difficile minceur : / Le monde cherche-t-il une absence / blanche, totale, permanente ? »

Newton se contente de reprendre le « principe d'inertie » de Galilée, de tels référentiels sont dits « galiléens », ou d'« inertie ». La mécanique classique obéit donc déjà à un *principe de relativité,* auquel est encore associé le nom de Galilée, car c'est lui qui l'a énoncé, de façon étonnamment claire, dès 1632 : les lois de la mécanique sont les mêmes dans deux référentiels en mouvement de translation uniforme l'un par rapport à l'autre ; il ne faut donc pas rechercher un référentiel privilégié unique, par rapport auquel pourraient être définies de façon absolue les notions de repos et de mouvement, mais admettre une infinité de référentiels équivalents. Le passage de l'un à l'autre se fait par les formules de la « transformation de Galilée » (toujours lui !) : soit $\mathfrak{R}$ un premier référentiel, dans lequel on a choisi un repère ($Ox$, $Oy$, $Oz$), et soit $\mathfrak{R}'$ un second référentiel, caractérisé par un repère ($O'x'$, $O'y'$, $O'z'$), en mouvement par rapport à $\mathfrak{R}$ à la vitesse constante $\vec{V}$, de composantes $V_x$, $V_y$, $V_z$ ; si, à l'instant $t$, un mobile ponctuel se trouve au point de coordonnées $x$, $y$, $z$ dans $\mathfrak{R}$, ses coordonnées $x'$, $y'$, $z'$ dans $\mathfrak{R}'$ sont déterminées par les formules

$$x' = x - V_x t, \quad y' = y - V_y t, \quad z' = z - V_z t.$$

Il paraissait alors évident que le temps, quant à lui, demeurait absolu, c'est-à-dire le même dans tous les référentiels.

Nous avons dit il y a un instant que « les lois de la mécanique sont les mêmes... » ; on aimerait évidemment que le principe de relativité englobât l'ensemble des lois physiques. Cependant, les lois de l'électromagnétisme, formalisées en 1873 par Maxwell, semblent incompatibles avec ce principe. Par exemple, elles impliquent l'existence d'ondes électromagnétiques (qui comprennent la lumière comme cas particulier) et prédisent pour ces ondes une vitesse de propagation $c$ bien déterminée et unique. Or la transformation de Galilée – formules précédentes – a pour conséquence la loi bien connue de composition des vitesses

$$\vec{v'} = \vec{v} - \vec{V},$$

si $\vec{v}$ désigne la vitesse du mobile dans $\mathfrak{R}$ et $\vec{v'}$, sa vitesse dans $\mathfrak{R}'$. Selon cette loi, la vitesse de propagation des ondes électromagnétiques devrait dépendre du référentiel choisi pour les analyser.

Or les tentatives pour mettre en évidence expérimentalement l'influence sur la vitesse de la lumière du mouvement de la Terre autour du Soleil échouèrent systématiquement (Michelson, 1881 ; Michelson et Morley, 1887). Einstein eut alors (1905) l'audace extraordinaire de poser le postulat suivant, qui reprend le principe de relativité comme fondement premier de la théorie : *la vitesse de la lumière dans le vide se maintient inchangée, c, dans tous les référentiels galiléens.* Ce postulat remet évidemment en cause la mécanique newtonienne, ne serait-ce qu'à travers la loi de composition des vitesses. Il faut donc d'emblée modifier la définition des référentiels galiléens pour ne plus la fonder sur les trois lois de Newton, mais seulement sur la première, c'est-à-dire sur le « principe d'inertie » de Galilée : dans un référentiel galiléen (ou d'« inertie »), tout corps qui n'est soumis à aucune influence ni action de la part d'autres corps est animé d'un mouvement rectiligne uniforme, ou reste au repos. En outre, le passage d'un référentiel d'inertie à un autre n'obéit plus à la transformation de Galilée ; il est en particulier facile de montrer que *la notion de temps absolu s'avère incompatible avec le postulat d'Einstein*.

On raisonnera donc en termes d'*événements* : dans le référentiel $\mathfrak{R}$, le mobile passe au point de coordonnées $x, y, z$ à l'instant $t$ ; ce même événement se produit, dans le référentiel $\mathfrak{R}'$, au point de coordonnées $x', y', z'$ et à l'instant $t'$. Les relations donnant $x', y', z', t'$ à partir de $x, y, z, t$ et de la vitesse $\vec{V}$ de $\mathfrak{R}'$ par rapport à $\mathfrak{R}$ constituent la *transformation de Lorentz* : si nous prenons pour simplifier $O'x'$, $O'y'$, $O'z'$ respectivement parallèles à $Ox$, $Oy$, $Oz$ et $\vec{V}$ dirigée suivant $Ox$, les formules de Lorentz s'écrivent

$$x' = \frac{x - Vt}{\sqrt{1 - V^2/c^2}}, \quad y' = y, \ z' = z, \quad t' = \frac{t - Vx/c^2}{\sqrt{1 - V^2/c^2}}.$$

C'est en 1892 que Lorentz imagina, pour « expliquer » le résultat négatif des expériences de Michelson et Morley, une « contraction des longueurs » dans la direction du mouvement. Les formules qu'il proposa, avec réticence car il restait farouchement partisan du temps absolu, furent prises au sérieux par Henri Poincaré, qui montra en 1904 qu'elles préservent la forme des équations de Maxwell. Einstein entra en scène l'année suivante, mais avec sa propre logique, profondément originale.

Notons que, malgré des différences évidemment fondamentales, la transformation de Lorentz se réduit à celle de Galilée dans la limite où $c$ peut être considérée comme infinie.

## *L'invariance relativiste et l'espace-temps de Minkowski*

Les lois de la physique doivent maintenant se montrer invariantes, non seulement dans les transformations d'espace comme au chapitre 16, mais en outre dans les changements de référentiels galiléens. L'ensemble des rotations et des transformations de Lorentz de vitesse $\vec{V}$ quelconque constitue un groupe, dit « groupe de Lorentz » ; lorsqu'on y inclut les translations dans l'espace et dans le temps, il s'élargit en « groupe de Poincaré ».

Un événement objectif possède, dans un référentiel galiléen déterminé, quatre *coordonnées d'espace-temps,* que l'on note $x^\mu$, avec $\mu = 0,1,2$ ou 3 :

$$x^1 = x, \quad x^2 = y, \quad x^3 = z, \quad x^0 = ct.$$

Il faut distinguer ici entre indices contravariants, que l'on note en position supérieure, et indices covariants, inférieurs. Nous n'expliciterons pas cette distinction (voir cependant note p. 242) mais placerons correctement les divers indices dans les quelques formules qui suivent. Grâce au facteur $c$, homogène à une vitesse, la quatrième coordonnée $x^0$ présente comme les autres la dimension d'une longueur. D'après le postulat d'Einstein, ce facteur $c$ prend même valeur dans tous les référentiels galiléens.

Les coordonnées $x'^{\mu}$ de ce même événement dans un autre référentiel galiléen $\mathfrak{R}'$ sont de la forme

$$x'^{\mu} = \Lambda^{\mu}{}_{\nu} x^{\nu} + X^{\mu}$$

(avec la convention de sommation sur les indices répétés) ; $X^{\mu}\left(\mu = 0,1,2,3\right)$ désigne quatre paramètres de translation dans l'espace et dans le temps, et la matrice 4×4 $\Lambda$ représente une transformation du groupe de Lorentz. Nous adopterons ici implicitement un point de vue passif pour les changements de référentiel (*cf.* chapitre 16) (le point de vue actif correspondant pourrait aussi être développé). Ces transformations conservent la forme quadratique

$$c^2t^2 - x^2 - y^2 - z^2 = c^2t'^2 - x'^2 - y'^2 - z'^2.$$

Les rotations conservent $x^2 + y^2 + z^2$ et ne touchent pas à $t$ ; l'égalité complète se vérifie aisément pour la transformation de Lorentz « pure » que nous avons écrite ci-dessus. Dans l'espace ordinaire à trois dimensions, euclidien, les translations et rotations préservent $x^2 + y^2 + z^2$, forme quadratique « définie positive » – c'est-à-dire qui ne devient jamais négative. En revanche, dans l'*espace-temps de Minkowski*, qui a pour « points » les événements, l'expression $c^2t^2 - x^2 - y^2 - z^2$ s'avère parfois négative – à cause de ses signes moins – ; marque irrémédiable d'un *espace non euclidien*. La forme quadratique conservée s'écrit de façon compacte, en notation quadridimensionnelle,

$$c^2t^2 - x^2 - y^2 - z^2 = x^{\mu} g_{\mu\nu} x^{\nu},$$

si l'on introduit le *tenseur métrique* $g_{\mu\nu}$, de composantes

$$g_{00} = +1,\ g_{11} = g_{22} = g_{33} = -1\ ;\ g_{\mu\nu} = 0 \text{ pour } \mu \neq \nu.$$

Les matrices 4×4 $\Lambda$ associées aux transformations du groupe de Lorentz doivent donc satisfaire à la relation[2]

$$\Lambda^T G \Lambda = G$$

($G$ désigne la matrice 4×4 d'éléments $g_{\mu\nu}$ et $\Lambda^T$ la transposée de $\Lambda$).

2. L'invariance de la forme quadratique implique en effet que, pour tout événement $x^{\mu}$, $x'^{\mu} g_{\mu\nu} x'^{\nu} = \Lambda^{\mu}{}_{\rho} x^{\rho} g_{\mu\nu} \Lambda^{\nu}{}_{\sigma} x^{\sigma} = x^{\rho} g_{\rho\sigma} x^{\sigma}$, ce qui donne $\Lambda^{\mu}{}_{\rho} g_{\mu\nu} \Lambda^{\nu}{}_{\sigma} = g_{\rho\sigma}$.

## *Transformation des grandeurs physiques*

Comme on faisait dans l'espace à trois dimensions de la mécanique classique, on va classer ici les grandeurs physiques selon la manière dont elles se transforment dans les changements de référentiel galiléen.

Certaines grandeurs gardent dans $\mathfrak{R}'$, au point $(x', y', z')$ et à l'instant $t'$ transformés de $(x, y, z, t)$, la valeur qu'elles avaient dans $\mathfrak{R}$ en $(x, y, z, t)$ ; de telles grandeurs sont qualifiées de *scalaires* (on dit souvent « scalaires de Lorentz » pour les distinguer des scalaires de l'espace à trois dimensions, invariants dans les seuls changements d'axes spatiaux). D'autres grandeurs sont nommées « *quadrivecteurs* ». Elles présentent alors quatre composantes, notées $a^\mu$, avec $\mu = 0,1,2$ ou 3, les trois dernières $a^i$ $(i = 1,2,3)$ s'identifiant aux composantes cartésiennes d'un vecteur $\vec{a}$ de l'espace à trois dimensions (appelé évidemment « trivecteur »). Les composantes $a^\mu$ d'un quadrivecteur *ne changent pas dans une translation d'espace ou de temps* ; dans les rotations d'espace et les transformations de Lorentz, elles *se transforment comme les coordonnées d'un événement* :

$$a'^\mu = \Lambda^\mu{}_\nu a^\nu .$$

Il existe également des *grandeurs tensorielles,* dont les formules de transformation font intervenir plusieurs fois la matrice $\Lambda$ : un tenseur du second ordre $T^{\mu\nu}$, par exemple, se transforme selon

$$T'^{\mu\nu} = \Lambda^\mu{}_\rho \Lambda^\nu{}_\sigma T^{\rho\sigma}.$$

Donnons quelques exemples. L'impulsion $\vec{p}$ et l'énergie $E$ totales d'un système constituent un *quadrivecteur impulsion-énergie* $p^\mu$, de composantes $\left(E, \vec{p}c\right)$ ; la *charge électrique* $q$ d'une particule se reconnaît comme une grandeur *scalaire,* mais la densité volumique de charge $\rho$ d'une distribution continue fait partie, avec la densité de courant $\vec{j}$, d'un *quadrivecteur courant* $j^\mu = \left(\rho c, \vec{j}\right)$. De même, les potentiels scalaire $U$ et vecteur $\vec{A}$

décrivant un champ électromagnétique forment un *quadrivecteur potentiel* $A^\mu = (U/c, \vec{A})$. En revanche, le champ électrique $\vec{E}$ et le champ magnétique $\vec{B}$ que l'on déduit des potentiels $U$ et $\vec{A}$ par les formules (bien connues en électromagnétisme)

$$\vec{B} = \overrightarrow{\text{rot}}\, \vec{A}, \quad \vec{E} = -\, \overrightarrow{\text{grad}}\, U - \partial \vec{A} / \partial t,$$

s'identifient en relativité comme les six composantes d'un *tenseur antisymétrique du second ordre* $F^{\mu\nu}$. En effet, les formules que voilà s'écrivent, en notation quadridimensionnelle,

$$F^{\mu\nu} = \frac{\partial}{\partial x_\mu} A^\nu - \frac{\partial}{\partial x_\nu} A^\mu,$$

de sorte que les composantes de $F^{\mu\nu}$ s'explicitent comme suit[3] :

$$\left\{F^{\mu\nu}\right\} = \begin{pmatrix} 0 & -E_x/c & -E_y/c & -E_z/c \\ E_x/c & 0 & -B_z & B_y \\ E_y/c & B_z & 0 & -B_x \\ E_z/c & -B_y & B_x & 0 \end{pmatrix}.$$

Le *produit scalaire* de deux quadrivecteurs $a^\mu$ et $b^\mu$, défini à l'aide du tenseur métrique

$$a^\mu g_{\mu\nu} b^\nu,$$

se comporte effectivement comme un scalaire, c'est-à-dire une grandeur invariante dans toutes les transformations du groupe de Lorentz. Par exemple, le « carré scalaire » du quadrivecteur impulsion-énergie d'une particule libre permet de *définir sa masse m*, elle aussi un *scalaire* :

$$p^\mu g_{\mu\nu} p^\nu = E^2 - \vec{p}^2 c^2 = m^2 c^4.$$

Cette masse, qui peut s'avérer nulle (c'est le cas pour le photon), compte parmi les propriétés intrinsèques de la particule. Il est préférable de ne pas introduire, comme faisaient certains ouvrages un peu anciens, une « masse » qui varierait avec la vitesse de la particule, et qui coïnciderait en fait (au

3. En comparant les deux ensembles de formules qui précèdent, on trouve facilement que $F^{i0} = -F^{0i} = E^i (i = 1,2,3)$, $F^{ij} = -\varepsilon^{ijk} B^k (i,j,k = 1,2 \text{ ou } 3)$.

facteur $c^2$ près) avec son énergie $E$ (*cf.* chapitre 20, § « Conservation de l'impulsion en mécanique relativiste »).

On rencontre ici aussi deux tenseurs invariants (et deux seulement) : le tenseur métrique $g_{\mu\nu}$, déjà introduit, et le tenseur totalement antisymétrique d'ordre quatre $\varepsilon^{\mu\nu\rho\sigma}$ :

$\varepsilon^{\mu\nu\rho\sigma} = 0$ si deux indices prennent même valeur ;
$= +1$ si $(\mu\nu\rho\sigma)$ forme une permutation paire de (0, 1, 2, 3) ;
$= -1$ si $(\mu\nu\rho\sigma)$ forme une permutation impaire de (0, 1, 2, 3).

Signalons que les scalaires de Lorentz et les quadrivecteurs se divisent en deux catégories, selon leur comportement dans *l'opération de « parité »*, définie par

$$x' = -x,\ \ y' = -y,\ \ z' = -z,\ \ t' = +t.$$

Les *vrais scalaires* restent invariants dans cette opération, les *pseudo-scalaires* changent de signe ; un *vrai quadrivecteur* $v^\mu$ se comporte comme les coordonnées d'un événement, c'est-à-dire

$$v'^i = -v^i \ \left(i = 1,2,3\right),$$
$$v'^0 = +v^0,$$

un *quadrivecteur axial* $a^\mu$, de façon exactement opposée :

$$a'^i = +a^i \ \left(i = 1,2,3\right);$$
$$a'^0 = -a^0$$

(*cf.* chapitre 18). On montre facilement que, à partir de vrais quadrivecteurs $v^\mu$, $w^\mu$, $y^\mu$, la combinaision $\varepsilon^{\mu\nu\rho\sigma} v_\nu w_\rho y_\sigma$ forme un quadrivecteur axial[4], et $\varepsilon^{\mu\nu\rho\sigma} v_\mu w_\nu y_\rho z_\sigma$ un pseudo-scalaire si l'on adjoint un autre vrai quadrivecteur $z^\mu$.

Le calcul tensoriel prend une importance primordiale en relativité générale, dont il constitue véritablement le langage. La relativité générale envisage les changements de référentiels généraux, sans se restreindre aux mouvements de translation uniforme. En mécanique classique déjà, l'égalité, pour un corps donné, entre sa « masse inerte » (celle qui apparaît dans

4. Les composantes covariantes $V_\mu$ d'un quadrivecteur sont obtenues à l'aide du tenseur métrique : $V_\mu = g_{\mu\nu} V^\nu$, de sorte que $V_0 = +V^0$, $V_i = -V^i$.

la loi générale $\vec{F} = m\vec{a}$) et sa « masse gravitationnelle », ou « pesante » (celle qu'introduit la force d'attraction gravitationnelle $\left|\vec{F}_G\right| = Gmm'/r^2$), permet que les effets d'un champ gravitationnel puissent être exactement compensés par les « pseudoforces », ou « forces d'inertie », qui apparaissent dans un référentiel accéléré : c'est le cas dans un satellite artificiel, où règne ce que l'on appelle improprement « l'état d'apesanteur ». En proposant d'identifier physiquement forces gravitationnelles et forces d'inertie liées à l'accélération du référentiel (« principe d'équivalence »), Einstein fit de sa « théorie de la relativité générale » une théorie de la gravitation compatible avec le principe de relativité, dans laquelle l'égalité entre masse inerte et masse pesante devient une évidence.

CHAPITRE 20[1]

# INVARIANCE RELATIVISTE ET LOIS DE CONSERVATION

« J'ai longtemps habité sous de vastes portiques
Que les soleils marins teignaient de mille feux,
Et que leurs grands piliers, droits et majestueux,
Rendaient pareils, le soir, aux grottes basaltiques. »
Charles BAUDELAIRE

## *Un exemple simple*

Les lois physiques, avons-nous déclaré en énonçant le *principe de relativité,* doivent garder même forme dans deux *référentiels* en mouvement de *translation uniforme* l'un par rapport à l'autre. Cette affirmation, qui se situe, résolument, au niveau *théorique*, conduit à un faisceau multiple de conséquences et d'applications importantes. Nous allons nous concentrer ici sur *un exemple particulier* de loi : la *conservation de l'impulsion* (en mécanique classique, l'impulsion d'une particule de masse $m$ animée de la vitesse $\vec{v}$ s'identifie avec sa « quantité de mouvement » $m\vec{v}$). Après l'avoir explicitée dans une situation simple, nous l'envisagerons dans le cadre de la relativité gali-

1. Ce chapitre est repris, moyennant quelques modifications mineures, de quatre entrées de B. Diu et B. Leclercq, *La Physique mot à mot*, Odile Jacob, 2005.

léenne *(conservation de l'impulsion en mécanique classique),* où son invariance conduit à une *prédiction* désarmante et attendue à la fois. Passant ensuite à la relativité einsteinienne *(conservation de l'impulsion en mécanique relativiste),* nous aboutirons à la légendaire relation $E = mc^2$.

Nous supposons établie la loi de conservation de l'impulsion. On pourrait dire bien des choses intéressantes sur son origine théorique profonde, sur sa démonstration, sur sa signification. Restons-en là.

Nous partons donc de la loi qui stipule la *conservation de l'impulsion.* Nous l'appliquons à une *situation simple et claire* : une collision entre particules, entre *objets ponctuels.* Dans l'état initial – avant la collision –, une particule (1) et une particule (2) se dirigent l'une vers l'autre ; nous n'aurons pas besoin d'analyser en détail le choc lui-même ; nous constatons seulement qu'en sortent deux particules, que nous notons (3) et (4). Ces particules finales reproduisent-elles identiquement les particules initiales ? Pas nécessairement. Nous supposons en tout cas, pour la clarté de notre argument, que tel n'est pas le cas. Il s'avérerait aisé, en tout état de cause, de donner de multiples exemples en ce sens : dans une pile atomique (centrale nucléaire), un neutron lent est capturé par un noyau fissile (uranium) qui se sépare en deux noyaux plus légers (technétium et baryum, peut-être) ; ou bien, dans un autre contexte, un électron et un atome se transforment en un ion (négatif) et un photon... Nous schématisons la collision que nous étudions par l'écriture symbolique (1) + (2) → (3) + (4).

Pour aller plus loin, c'est-à-dire pour analyser théoriquement ce processus, il faut, comme toujours dans semblables cas, choisir un référentiel ; pour des raisons évidentes, nous nous arrêterons à un référentiel d'inertie. Nous avons décidé dès le départ que, *dans ce référentiel, la collision conserve l'impulsion.* À chacune des quatre particules est associée une grandeur (vectorielle), nommée son impulsion : $\vec{p}_1, \vec{p}_2, \vec{p}_3, \vec{p}_4$ respectivement. La loi de conservation de l'impulsion au cours de la collision, exprimée dans le référentiel choisi, se traduit par l'égalité simple $\vec{p}_1 + \vec{p}_2 = \vec{p}_3 + \vec{p}_4$.

Il s'agit là, à l'évidence, d'une *loi physique* qui transcende le choix de référentiel. En termes moins pompeux et plus concrets, voici ce que l'on entend par là. Si nous avions choisi un autre référentiel, les impulsions des *mêmes particules* dans les *mêmes conditions physiques* auraient pris des *valeurs différentes* des précédentes ; notons-les $\vec{p}_1', \vec{p}_2', \vec{p}_3', \vec{p}_4'$. La conservation de l'impulsion, exprimée cette fois dans le second référentiel, implique $\vec{p}_1' + \vec{p}_2' = \vec{p}_3' + \vec{p}_4'$.

Précisons peut-être et insistons, pour éviter confusions et malentendus : nous observons *une collision* particulière, une seule et unique collision ; un observateur regarde son évolution à partir du référentiel où il se trouve, un autre observateur regarde cette *même collision* à partir d'un *autre référentiel.* Probablement n'y aura-t-il pas de difficulté à comprendre que l'impulsion d'une *même* particule, au cours de la *même* collision, prend des valeurs *différentes* dans deux référentiels *différents* : pour la particule (1), par exemple, on a $\vec{p}_1$ dans le premier référentiel et $\vec{p}_1'$ dans le second.

Voici maintenant un point véritablement *capital* dans ces problèmes d'*invariance* de lois physiques. La conservation de l'impulsion au cours de la collision doit *nécessairement prendre même forme dans tous les référentiels* d'inertie – se déplaçant les uns par rapport aux autres d'un mouvement de translation uniforme. Il est donc *indispensable* qu'à l'égalité $\vec{p}_1 + \vec{p}_2 = \vec{p}_3 + \vec{p}_4$, écrite dans le premier référentiel, réponde dans le second $\vec{p}_1' + \vec{p}_2' = \vec{p}_3' + \vec{p}_4'$.

Une égalité de ce type, si elle n'était valable que dans un référentiel particulier, ne saurait exprimer une loi physique : d'après le *principe de relativité,* les lois physiques véritables se traduisent de même façon dans tous les référentiels d'inertie.

C'est ici que le jeu se corse : on referme l'étau en y faisant intervenir la *loi de transformation de l'impulsion.* C'est la formule qui donne – compte tenu de la nature de cette grandeur – l'impulsion $\vec{p}_1'$ de la première particule dans le second référentiel à partir de son impulsion $\vec{p}_1$ dans le premier, et de même pour les particules (2), (3) et (4). Cette formule, la même pour toutes les impulsions, évidemment, fait intervenir comme il se doit la *vitesse relative* $\vec{v}_e$ des deux référentiels – qui caractérise leur relation.

Mais la loi de transformation de l'impulsion prend une forme différente suivant qu'on la situe dans le cadre relativiste – au sens de la relativité d'Einstein – ou classique – en relativité de Galilée. C'est dans les deux prochains paragraphes qu'on trouvera la suite du raisonnement, suivant que l'on se place dans l'un ou l'autre cas.

## *Conservation de l'impulsion en mécanique non relativiste*

Menons l'analyse de la conservation de l'impulsion en mécanique newtonienne.

Dans un référentiel d'inertie $\mathfrak{R}$ particulier, une particule de masse $m$ se meut avec la vitesse $\vec{v}$. La mécanique classique lui assigne l'impulsion $\vec{p} \triangleq m\vec{v}$ par rapport au référentiel en question. Elle deviendra évidemment – invariance des formules physiques par changement de référentiel – $\vec{p}' \triangleq m\vec{v}'$ dans un second référentiel d'inertie $\mathfrak{R}'$ où la vitesse de la particule sera $\vec{v}'$. Mais nous connaissons la *loi de composition des vitesses*, directement issue de la transformation de Galilée : $\vec{v} = \vec{v}' + \vec{v}_e$ ($\vec{v}_e$ note la vitesse – uniforme – du référentiel $\mathfrak{R}'$ par rapport au référentiel $\mathfrak{R}$).

Partons donc de l'égalité $\vec{p}_1 + \vec{p}_2 = \vec{p}_3 + \vec{p}_4$, qui exprime la loi physique (fondamentale) de *conservation de l'impulsion* dans les conditions que voici : collision de deux particules initiales, de masses $m_1$ et $m_2$, donnant deux particules finales, de masses $m_3$ et $m_4$ ; analyse de ce processus dans le référentiel $\mathfrak{R}$. Remplaçons chacune des impulsions par son expression en termes de masse et de vitesse. La loi de conservation (dans $\mathfrak{R}$)

prend alors la forme $m_1\vec{v}_1 + m_2\vec{v}_2 = m_3\vec{v}_3 + m_4\vec{v}_4$. Nous reportons maintenant dans cette égalité, pour chacune des quatre particules, l'expression de sa vitesse $\vec{v}$ en fonction de sa vitesse $\vec{v}'$ dans un autre référentiel d'inertie $\mathfrak{R}'$, qui se déplace par rapport à $\mathfrak{R}$ à la vitesse $\vec{v}_e$.

Ce faisant, nous *démontrons* que la conservation de l'impulsion *vue depuis* $\mathfrak{R}$ s'exprime, compte tenu de la *transformation de Galilée,* par la formule $m_1(\vec{v}'_1+\vec{v}_e)+m_2(\vec{v}'_2+\vec{v}_e) = m_3(\vec{v}'_3+\vec{v}_e)+m_4(\vec{v}'_4+\vec{v}_e)$.

La tête vous tourne un peu, entre la loi de conservation et la transformation de Galilée ? Ce genre de trouble est fréquent lorsqu'on aborde pour la première fois un problème d'invariance... Il faut pourtant poursuivre. Voici une question facile, après ce que nous avons vu : comment se traduit, *dans* $\mathfrak{R}'$ cette fois, la loi de conservation de l'impulsion ? Réponse : d'après le principe de relativité, elle se traduit *comme dans* $\mathfrak{R}$, *mutatis mutandis*, et donc par $\vec{p}_1{}'+\vec{p}_2{}'=\vec{p}_3{}'+\vec{p}_4{}'$.

Bien entendu, $\vec{p}_1{}'$ diffère de $\vec{p}_1$, $\vec{p}_2{}'$ de $\vec{p}_2$, etc. ; mais l'égalité qui vient d'être écrite doit tenir. Comme les vitesses sont ici $\vec{v}'_1, \vec{v}'_2, \vec{v}'_3, \vec{v}'_4$, on transforme la formule ci-dessus en $m_1\vec{v}'_1+m_2\vec{v}'_2=m_3\vec{v}'_3+m_4\vec{v}'_4$.

Branle-bas de combat ! Que personne ne sorte ! Cette dernière relation ne se montre *pas identique* à celle que nous avons explicitée plus haut – où figure la vitesse relative $\vec{v}_e$ – : partant de $\vec{p}_1+\vec{p}_2=\vec{p}_3+\vec{p}_4$, nous n'avons *pas* abouti à $\vec{p}_1{}'+\vec{p}_2{}'=\vec{p}_3{}'+\vec{p}_4{}'$.

S'il en est ainsi, alors *la conservation de l'impulsion n'est pas une loi physique.* Aussi radical et tranchant que cela ! Le principe de relativité cache, sous son air amène et conciliant, une main de fer : il restreint de façon draconienne les formes permises aux lois physiques. On pourrait par exemple envisager que la vitesse d'un bateau – exprimée dans des unités convenables – soit égale à l'âge du capitaine, ou qu'un champ électrique le soit à la masse d'un objet. Si de telles égalités se trouvent, par hasard, être vérifiées, à un moment donné, dans un référentiel d'inertie, elles ne le seront dans aucun autre. Il ne peut donc pas s'agir de lois physiques, ni de conséquences de telles lois.

Nous avons donc perdu notre temps avec l'impulsion : la conséquence que nous avons déduite de $\vec{p}_1 + \vec{p}_2 = \vec{p}_3 + \vec{p}_4$, à savoir $m_1(\vec{v}'_1 + \vec{v}_e) + m_2(\vec{v}'_2 + \vec{v}_e) = m_3(\vec{v}'_3 + \vec{v}_e) + m_4(\vec{v}'_4 + \vec{v}_e)$, ne s'identifie pas à $\vec{p}_1' + \vec{p}_2' = \vec{p}_3' + \vec{p}_4'$, égalité qui se traduit quant à elle par $m_1\vec{v}'_1 + m_2\vec{v}'_2 = m_3\vec{v}'_3 + m_4\vec{v}'_4$.

À moins que... Est-il possible – la physique nous réserve de ces surprises ! – que les termes supplémentaires de la première formule s'annulent ? C'est effectivement le cas *si et seulement si* $m_1 + m_2 = m_3 + m_4$, les quatre masses multipliant, dans ces termes successifs, le même facteur $\vec{v}_e$, qui se simplifie donc. Ainsi, la somme des masses initiales doit se retrouver dans la somme des masses finales. Ce faisant, on a *déduit* la *loi de conservation de la masse* de celle de l'impulsion ; l'une ne va pas sans l'autre – en mécanique non relativiste. Et qu'on n'aille pas professant que la masse se conserve « nécessairement » !

## *Conservation de l'impulsion en mécanique relativiste*

Lors de notre analyse précédente de la conservation de l'impulsion en mécanique non relativiste, les arguments que nous avons présentés se révèlent particuliers sur un point crucial : lorsqu'il s'est agi de changer de référentiel, nous avons appliqué la loi de composition des vitesses qui découle de la transformation de Galilée ; c'est dans le cadre de la mécanique newtonienne que nous nous sommes ainsi délibérément situés.

Il est particulièrement instructif de reprendre le raisonnement en *mécanique relativiste.* Les formules de transformation y seront différentes. Revenons donc à $\vec{p}_1 + \vec{p}_2 = \vec{p}_3 + \vec{p}_4$, qui exprime la *conservation de l'impulsion* dans le référentiel $\mathfrak{R}$. Passons ensuite de $\mathfrak{R}$ à $\mathfrak{R}'$. Nous le faisons cette fois à l'aide des *transformations de Lorentz* – celles qu'impose la théorie de la relativité (*cf.* chapitre 5 et chapitre 19), celles qui laissent invariantes les équations de Maxwell.

Le premier résultat est à vous couper le souffle ! Il est *impossible* – si les vitesse $\vec{v}'$ sont données à partir des vitesses $\vec{v}$ par la transformation de Lorentz – que soient vérifiées simultanément l'égalité $m_1\vec{v}_1 + m_2\vec{v}_2 = m_3\vec{v}_3 + m_4\vec{v}_4$ (écrite dans le référentiel $\mathfrak{R}$) et l'égalité semblable $m_1\vec{v}'_1 + m_2\vec{v}'_2 = m_3\vec{v}'_3 + m_4\vec{v}'_4$ (écrite de façon analogue dans le référentiel $\mathfrak{R}'$) ! On en déduit – nous avions déjà envisagé cette éventualité – que *l'impulsion classique $m\vec{v}$ ne saurait être conservée en relativité.*

La manière dont nous formulons cette impossibilité suggère la solution : l'impulsion est aussi conservée en mécanique relativiste – à cela, il y a d'excellentes raisons – ; si $m\vec{v}$ ne l'est pas, c'est que *l'impulsion répond à une expression autre.* Plusieurs méthodes, plus efficaces que celle que nous suggérons ici, peuvent conduire à la découverte de la formule relativiste donnant l'impulsion d'une particule de masse $m$ et de vitesse $\vec{v}$ ; nous nous contenterons de l'admettre : $\vec{p} = m\vec{v} / \sqrt{1 - \vec{v}^2 / c^2}$.

L'impulsion – sous sa nouvelle forme – est aussi conservée dans un autre référentiel $\mathfrak{R}'$ : $\vec{p}_1' + \vec{p}_2' = \vec{p}_3' + \vec{p}_4'$, où les quatre impulsions $\vec{p}'$ ont même expression que dans $\mathfrak{R}$, *mutatis mutandis* : $\vec{p}' = m\vec{v}' / \sqrt{1 - \vec{v}'^2 / c^2}$, à la *condition* que l'égalité que voici soit elle aussi satisfaite : $m_1 / \sqrt{1 - \vec{v}_1^{\,2} / c^2} + m_2 / \sqrt{1 - \vec{v}_2^{\,2} / c^2}$ $= m_3 / \sqrt{1 - \vec{v}_3^{\,2} / c^2} + m_4 / \sqrt{1 - \vec{v}_4^{\,2} / c^2}$.

Mis à part l'expression de l'impulsion relativiste, les arguments se déroulent comme dans le cas newtonien : écriture de la loi de conservation dans l'un puis dans l'autre référentiel ; intervention de la loi de transformation de l'un à l'autre ; constat que les deux formules de conservation ne sont compatibles que si une nouvelle relation est vérifiée. Le calcul exige toutefois plus d'attention et de rigueur, étant donné les expressions, plus compliquées, de l'impulsion d'une part, de la loi de composition des vitesses de l'autre ; il existe cependant des techniques – formalisme quadridimensionnel – qui allègent considérablement la tâche : « *Il retient dans son cœur une craintive haleine, / Et de sa dame ainsi pense alléger la peine* » (A. de Vigny).

D'aucuns – ils sont toutefois de moins en moins nombreux – présentent ce résultat en introduisant la « masse relativiste » $M$ : $M \triangleq m / \sqrt{1 - v^2 / c^2}$. Ils y ont quelque raison, puisque cette grandeur apparaît dans le raisonnement là où faisait la masse elle-même en mécanique newtonienne. Si l'on adopte ce point de vue, la masse (relativiste) ne représente plus une propriété intrinsèque de la particule : elle varie avec la vitesse. Plus exactement, elle se confond avec la masse non relativiste $m$ – appelée pour cette raison « masse au repos » – lorsque $v$ est négligeable devant $c$ ; elle s'accroît avec $v$, sans borne : la « masse relativiste » $M$ augmente indéfiniment lorsque $v$ se rapproche de la vitesse limite $c$.

Mais il est un autre point de vue pour interpréter ce même résultat obtenu ci-dessus, et il s'avère beaucoup plus satisfaisant quant à l'économie de la théorie relativiste, notamment pour ce qui concerne les propriétés d'invariance. Il consiste à multiplier par $c^2$ l'égalité qui est apparue (opération loisible, puisque $c^2$ demeure une constante, indépendante des masses et des vitesses – et des référentiels) :

$$m_1 c^2 / \sqrt{1 - v_1^2 / c^2} + m_2 c^2 / \sqrt{1 - v_2^2 / c^2} =$$
$$m_3 c^2 / \sqrt{1 - v_3^2 / c^2} + m_4 c^2 / \sqrt{1 - v_4^2 / c^2}.$$

Quel intérêt, demandera-t-on, puisque $c^2$ reste invariable ? L'intérêt réside dans les dimensions physiques de l'expression $mc^2 / \sqrt{1 - v^2 / c^2}$, celles d'une *énergie*. On sait en effet, en mécanique newtonienne, que $mv^2 / 2$ désigne l'énergie cinétique d'un corpuscule de masse $m$ animé de la vitesse $v$. *Ergo*, le produit d'une masse par le carré d'une vitesse représente une énergie ; c'est donc le cas pour l'expression que nous venons d'écrire, puisque le dénominateur n'en porte aucune dimension (nombre pur).

La question se pose alors : *masse relativiste* $M \triangleq m / \sqrt{1 - v^2 / c^2}$ ou bien *énergie relativiste* $E \triangleq mc^2 / \sqrt{1 - v^2 / c^2}$ ? Les facteurs $c$ ou $c^2$, nous le savons, s'ajusteront d'eux-mêmes. Mais précisément ! Contemplant ce dilemme, nous comprenons tout à coup que $M$ et $E$ se réfèrent à *une seule et même grandeur* ! Ses deux avatars sont simplement reliés par un facteur $c^2$ : $E = Mc^2$.

La voilà donc, la si célèbre « équation d'Einstein » ! Elle ne s'entoure plus ici de mystère ou de sous-entendus, d'arrogance ou de malfaçons. Elle exprime une constatation simple et partant profonde : « Outre l'impulsion, il est en mécanique relativiste une autre grandeur à se conserver ; chacun garde la liberté de l'appeler “masse relativiste” ou “énergie relativiste” ; la différence tient seulement en un facteur $c^2$ ; il s'agit dans l'un ou l'autre cas de la même grandeur physique. »

Ajoutons à ce résumé que l'usage s'est établi, de nos jours, de choisir l'option « énergie », essentiellement à cause de la parenté entre impulsion et énergie, toutes deux conservées pour des raisons théoriques analogues et se regroupant en un « quadrivecteur » dans le formalisme quadridimensionnel où la relativité einsteinienne se sent chez elle. Dans ces conditions, le terme « masse » s'applique seulement au coefficient $m$, qui avait déjà ce nom en mécanique newtonienne. La *masse* redevient une *propriété intrinsèque* du mobile, quelle qu'en soit la vitesse.

## *Invariance et conservation*

Les paragraphes précédents s'efforcent dans un sens bien défini : on y admet la validité d'une *loi de conservation* – celle de l'impulsion en l'occurrence – et on lui impose les contraintes de *l'invariance relativiste.* C'est en sens contraire, pour ainsi dire, que vont ici se dérouler les raisonnements : de certaines propriétés d'invariance découleront des lois de conservation.

Il faut prendre garde pourtant de ne pas se laisser leurrer par ce faux-semblant de réciprocité. Voici les relations qu'entretiennent *in fine* invariance relativiste et lois de conservation. *Toutes les lois physiques,* et parmi elles les lois de conservation, doivent satisfaire à *l'invariance relativiste* : les lois de la physique prennent même forme dans deux référentiels se déplaçant l'un par rapport à l'autre selon une translation uniforme (principe de relativité). Mais, en outre, certaines invariances de la théorie, parmi les plus simples et les plus fondamentales, engendrent des lois de conservation particulières mais essentielles : l'invariance par translation dans l'espace apporte ainsi pour conséquence la conservation de l'impulsion, l'invariance par translation dans le temps la conservation de l'énergie. Ce sont ces deux dernières affirmations qui vont être ici commentées – à défaut d'être démontrées.

En *mécanique newtonienne,* l'énergie d'une particule *libre* – une particule qui n'est soumise à aucune action ni influence de la part d'autres corps – se confond avec son *énergie cinétique* $E_c = m\vec{v}^2 / 2$ ($m$ désigne la masse de la particule, $\vec{v}$ sa vitesse). Le « théorème des forces vives » – comme on le dénommait autrefois – stipule un décret important : la différence entre la valeur de l'énergie cinétique à un instant spécifié et celle qu'elle a prise à un instant antérieur égale le travail, entre ces deux instants, des forces qui agissent sur le mobile. Pour simplifier l'argument – sans le défigurer –, nous supposons ici qu'aucune force n'influence le mouvement (particule *libre),* et continuons avec la seule énergie cinétique, qui est dans ce cas *conservée.*

Que signifie ce terme ? L'acception du verbe « conserver » que nous choisissons ici, quoique analogue, diffère quelque peu de celle qu'adoptent les paragraphes précédents. Voici. On calcule, ou mesure, l'énergie cinétique de la particule à un certain moment – disons, lorsque la particule fait irruption, tel un navire ayant rompu ses amarres, dans notre champ de vision : « *La tempête a béni mes éveils maritimes, / Plus léger qu'un bouchon j'ai dansé sur les flots.* » Puis on se désintéresse de ce mobile et de son devenir, et l'on fixe son attention sur un tout autre problème. Lorsqu'on y revient par quelque nécessité obscure – ne sachant plus rien de lui que cette valeur de l'énergie cinétique notée sur un coin de feuille oubliée – et qu'on mesure à nouveau, ou calcule, l'énergie cinétique en ce moment-ci dont on ignore même quel est l'intervalle le séparant du premier, on trouve le *même résultat* qu'au début : l'énergie cinétique de la particule – si elle est vraiment libre – n'a pas fléchi ; *elle se conserve au cours du temps.*

La *loi de conservation de l'énergie* – plus générale, en fait, que nous ne l'avons laissé entendre – peut se déduire, en mécanique classique, des lois de Newton qui la fondent. Elle s'avère utile dans nombre d'applications, et satisfaisante aussi du point de vue théorique. Mais, issue des lois de Newton, elle n'apporte rien de plus.

On montre pourtant, de façon générale, que la conservation de l'énergie est fondamentalement reliée à *l'invariance de la physique par translation dans le temps.* Cette connivence inattendue entre énergie et temps représente seulement l'une des conséquences d'un *théorème* remarquable que démontre la théorie des champs à l'aide d'outils relativement élaborés. Ce théorème porte le nom de la mathématicienne allemande qui le découvrit, Emmy Noether (1882-1935) ; elle enseigna pendant onze ans à l'Université de Göttingen (1922-1933), sans jamais obtenir de poste véritable, étant donné son sexe ; elle n'en fut pas moins chassée, comme juive, en 1933.

Qu'est-ce donc que cette notion théorique d'*invariance par translation dans le temps* ? Imaginons, pour la comprendre, que l'on ait accès à un appareillage – voilà « on » expérimentateur ! –, *a priori* quelconque, dans lequel se déroule un processus physique, non spécifié ici mais parfaitement déterminé. Supposons, pour les besoins de l'argument qui suit, qu'il suffise d'appuyer sur un bouton pour faire revenir l'appareillage à son état initial, c'est-à-dire au tout début du processus physique – facile, l'expérimentation ! « On » a prévu dans son plan de travail d'arriver au laboratoire certain jour à huit heures du matin – les expérimentateurs se comportent souvent en lève-tôt – pour appuyer sur le bouton (un autre !) qui met en route le processus ; les résultats peuvent dans ce cas être attendus, disons vers midi. Mais malchance ! « On » n'a pas entendu son réveille-matin – les théoriciens s'ensommeillent parfois – et n'arrive au laboratoire, essoufflé, qu'à dix heures. « On » va enclencher le mécanisme en pressant le bouton (le second), et attendre deux heures de l'après-midi pour que sortent les conclusions. Le plus souvent, les appareillages ne fonctionnent pas ainsi tout seuls, on s'en doute. Mais le problème, fondamental, réside en ceci : le résultat de la manipulation différera-t-il à quatorze heures de celui qu'« on » aurait obtenu à midi si elle avait été engagée à huit heures ? Pour le savoir, « on » peut actionner le premier bouton (le premier, cette fois !), celui qui fait revenir l'ensemble à son état initial. Appuyons ensuite – il est quinze heures – sur le bouton (le second, évidemment) qui remet en marche l'expérience. Quelle en sera l'issue, vers dix-neuf heures ? Le lecteur aura deviné, et la réponse ne fera pour lui guère de doute. Voilà, dans ce cas concret mais imaginaire, ce qu'est l'*invariance de la physique par translation dans le temps* : même résultat à dix-neuf heures qu'à quatorze heures, celui qui serait sorti à midi.

Évident ! entend-on dire de toutes parts. Pourtant... Voici une autre scène où intervient une translation dans le temps, qui ne laisse pas le résultat invariant. « On » reçoit un avis d'imposition, à acquitter avant certaine date. « On » oublie de regarder son agenda. Le « résultat » – la somme à débourser – augmente de façon appréciable...

L'invariance par translation dans le temps n'est *pas une évidence* : la sagesse populaire ne professe-t-elle pas que « *tel qui rit vendredi dimanche pleurera* » ? En physique pourtant, où il ne s'agit ni de recouvrement d'impôts ni de rire ou de pleurer, mais tout bonnement de découvrir et d'énoncer les lois qui régissent le monde, on peut envisager que, *fondamentalement,* ces lois sont invariantes par translation dans le temps. Bien entendu, ce n'est pas là hypothèse anodine. En l'examinant, en l'analysant et en la scrutant, on en tire des conséquences que l'on confronte ensuite avec la réalité.

L'une de ces conséquences, la plus éminente, la plus insigne, concerne la *loi de conservation de l'énergie.* Et cette loi est vérifiée en toutes circonstances, à travers les multiples formes que peut prendre la grandeur physique « énergie » dans les multiples circonstances où elle apparaît.

On sera un peu moins surpris d'apprendre que, à travers le théorème de Noether, la *conservation de l'impulsion* découle de l'*invariance* de la physique – tant relativiste que classique – *par translation dans l'espace.* Expliquons-nous.

Un physicien réalise une expérience en certain endroit : disons, pour fixer les idées, au deuxième étage de la tour 23, sur le campus Jussieu, dans la pièce 201 (toute ressemblance avec des événements réels serait pure coïncidence). Transportons maintenant son appareillage, pris dans son état initial (premier bouton), quelque part ailleurs : que choisir ? une autre tour de Jussieu, ou l'université d'Orsay, voire celle de Marseille ou de San Francisco ?... Le résultat de la manipulation apparaîtra *le même* dans ces divers endroits – à supposer que les expérimentateurs soient partout aussi habiles, bien entendu. L'hypothèse de base que voilà, sans laquelle la physique ne pourrait probablement pas exister, se nomme « invariance par translation dans l'espace ».

Pourquoi parler d'hypothèse, et non pas d'évidence ? Certes, cette propriété est *vérifiée par l'expérience,* quotidiennement, depuis des lustres. Il n'en reste pas moins qu'elle ne va pas de soi. Dans une grande université coexistent des laboratoires de recherche fort divers. Ainsi, dans un local voisin de celui où se déroule « notre » manipulation, peut-être est-on en train d'établir, dans une enceinte, un vide poussé, ou peut-être de créer un fort champ magnétique, ou bien encore de produire des températures élevées. Quoique, en principe, l'invariance par translation autorise le transport de « notre » appareillage dans l'une ou l'autre de ces pièces, on comprendra qu'il peut être affecté par ces conditions souvent extrêmes et qu'il n'y fonctionnera pas nécessairement de la même façon que dans son fief. Ainsi va l'invariance par translation dans l'espace...

SIXIÈME PARTIE

# PROBABILITÉS

> « *Un admirable azar se determina*
> *De suerte en suertes hacia su destino*
> *— Y su final profundidad marina.*
> *¿ Hubo caos ? Feliz. A un dios convino*[1] ».
>
> Jorge GUILLÉN

1. « Un hasard admirable se détermine / De sort en sorts vers son destin / — Et sa profondeur marine finale. / Y eut-il chaos ? Heureux. À quelque dieu cela convenait. »

CHAPITRE 21

# NOTIONS PROBABILISTES ÉLÉMENTAIRES

« Inquiète, au milieu de leurs jeux ingénus,
De sentir s'agiter leurs chiffres inconnus
Dans l'urne de la destinée. »

Victor HUGO

Les techniques probabilistes sont fréquemment sollicitées en physique, dans des problèmes nombreux et variés, tant théoriques qu'expérimentaux. Plutôt que tenter une énumération, signalons ce fait remarquable que les probabilités participent du cœur même – au plus profond des postulats – de deux théories insignes par leur originalité et leur puissance prédictive : la mécanique statistique (voir chapitre 22) et la mécanique quantique (voir chapitre 23) – pour les citer dans l'ordre de leur apparition historique (1872 et 1930, respectivement).

Le présent chapitre se propose de décrire les notions élémentaires et fondamentales du « calcul des probabilités » tel que le pratiquent de façon effective, quotidiennement, voire pluriquotidiennement, des milliers et des centaines de physiciens œuvrant dans ce bas monde. Il existe certes, dans les sphères éthérées et altières où souffle le vent impérieux de l'axiomatique, il existe un édifice mathématique irréprochable qui revendique l'exclusivité sur le domaine des probabilités.

Toutefois – incompréhension foncière entre les deux communautés, et plus radicalement incompatibilité entre les buts ultimes poursuivis – la gent physicienne, jusqu'à ses représentants les plus illustres, va son chemin aléatoire mais fermement fondé sans faire nullement appel à Kolmogorov ni à ses thuriféraires.

## *Notion de probabilité*

> « J'ai pris... — Lequel ? — Mais le plus simple, de beaucoup.
> J'ai décidé d'être admirable, en tout, pour tout. »
>
> Edmond ROSTAND

Notre démarche se veut ici résolument concrète et simple. Nous nous appuierons sur des situations claires et sur une argumentation élémentaire.

### PILE OU FACE, ARCHÉTYPE COMMODE

Les probabilités se sont manifestées d'abord à propos des jeux de hasard. Il semble que le pionnier sur ce terrain fut Jérôme Cardan (1501-1576), suivi – après un siècle – par Blaise Pascal (1623-1662) et Pierre de Fermat (1601-1665), qui entretinrent une longue correspondance savante sur un problème concret surgi un jour dans un tripot. Et Pascal de s'émerveiller devant la « géométrie du hasard ».

Sans doute est-il superflu de détailler le déroulement et les règles du jeu de pile ou face, simple et familier, mais qui n'en révèle pas moins l'essence même de toute situation probabiliste.

Deux adversaires ont donc lié leur sort aux deux faces distinctes d'une pièce de monnaie que l'un ou l'autre jette en l'air. Ce ne serait pas de jeu si l'on pouvait déterminer par avance lequel des deux côtés de la pièce va finalement paraître. Rien de magique, pourtant, dans ce mouvement de montée puis redescente d'un corps rigide et connu ; les lois de la mécanique

– newtonienne, cela va sans dire – devraient y suffire. Eh bien, non ! Cet espoir de rationalité s'avère illusoire : des modifications imperceptibles affectant les conditions de lancement ou l'angle de chute à la réception peuvent changer radicalement le résultat. L'information que l'on peut collecter avant ou pendant l'expérience se montre parfaitement insuffisante pour en prédire l'issue. Il s'avère dès lors plus simple et plus efficace de renoncer à obtenir cette prédiction par les lois analytiques qui régissent en principe le système, et d'invoquer le *hasard*. Pas aveuglément, cependant : les caractéristiques propres du hasard lui-même se feront jour et pourront offrir une compréhension, d'une espèce différente mais pertinente. On peut dès maintenant affirmer (voir ci-dessous pour plus de précision) que les chances de gagner des deux joueurs s'équilibrent exactement.

Par ailleurs, le lancement de la pièce peut être répété, sans limitation du nombre de fois, avec cette caractéristique remarquable que chaque nouveau lancement se déroule de façon totalement indépendante des précédents : le résultat qu'il s'apprête à donner ne saurait être influencé par ceux qui l'ont (éventuellement) précédé, tout aussi aléatoire que le premier ou l'un quelconque d'entre eux. On entend parfois, à ce sujet, le « bon sens » affirmer que si pile, par exemple, est déjà « sorti » 99 fois d'affilée, ses chances en sont amoindries lors du centième coup. Si l'on veut bien s'en tenir à une réflexion objective – sans invoquer une quelconque « fatalité » –, on se convaincra aisément que les lancements successifs ne dépendent pas les uns des autres, et l'on gardera cette conviction aussi inébranlable dans toutes les situations analogues.

Lorsque – ayant écarté tout trucage – nous proclamons l'égalité des chances des deux joueurs, nous n'entendons pas par là qu'il n'y aura ni gagnant ni perdant. Il y en aura dès le premier lancement de la pièce : il faut bien qu'il résulte en pile *ou* face – favorisant ainsi l'un *ou* l'autre. Mais un déséquilibre s'établira aussi, et persistera, dans la plupart des cas, après plusieurs essais : si l'on joue $N$ fois de suite à pile ou face, on n'obtient pas exactement $N / 2$ piles et $N / 2$ faces – même si $N$ est pair, même si $N$ est grand. Ce n'est donc pas une simple égalité des gains qui rend manifeste l'égalité des chances des deux joueurs.

Pour concrétiser l'argument, avançons quelques nombres – sortis certes de quelque imagination, mais néanmoins parfaitement plausibles. Si par exemple on lance 100 fois la pièce ($N = 100$), il en résultera peut-être 42 piles (ou faces) et 58 faces (ou piles). Maintenant, si $N$ atteint 10 000, on pourra compter 4 920 d'un côté contre 5 080 de l'autre. Les aperçus numériques que voilà sont destinés à suggérer les deux propriétés cardinales que voici. En premier lieu, l'écart à $N / 2$ croît, en règle générale, avec $N$ (dans le premier exemple, 8 pour $N = 100$ ; dans le second, 80 pour $N = 10\,000$) ; on comprendra ainsi que le désir de « se refaire », qui tenaille les perdants, s'apparente le plus souvent à un mirage fallacieux. Cependant – et cette seconde propriété se montre essentielle – l'*écart relatif* – soit l'écart divisé par $N$ – *décroît* quand $N$ croît : si 80 l'emporte nettement sur 8, en revanche 80/10 000 s'avère considérablement moindre que 8/100.

Exprimons de façon plus générale les deux tendances fondamentales qui se dégagent des nombres précédemment cités.

Désignons par $N_1$ le nombre de fois qu'apparaît pile et par $N_2$ celui où se montre face au cours de $N(= N_1 + N_2)$ coups de pile ou face. Alors les *proportions relatives* $N_1 / N$ et $N_2 / N$ de piles et de faces s'égalisent lorsque $N$ devient très grand : $N_1$ ni $N_2$ ne deviennent égaux à $N / 2$ – ni ne s'en rapprochent, en valeur absolue – mais $N_1 / N$ et $N_2 / N$ tendent tous deux vers 1/2 ; c'est dire que les écarts $|N_1 - N/2|$ et $|N_2 - N/2|$, s'ils croissent avec $N$, croissent moins vite que $N$ quand celui-ci devient grand.

Voilà un fait d'expérience marquant et significatif. Il ne concerne pas seulement le jeu de pile ou face ; on le retrouve, éventuellement formulé en termes différents mais inchangé quant à sa nature profonde et à son message, dans un vaste ensemble de situations analogues. C'est lui qui conduit à la notion de *probabilité*.

## GÉNÉRALISATION – DÉFINITION DES PROBABILITÉS

Imaginons donc un processus expérimental vérifiant les deux caractéristiques cruciales du jeu de pile ou face, à savoir :

• Le résultat n'en est pas connu à l'avance avec certitude ; on sait seulement qu'il appartient nécessairement à un ensemble de résultats possibles – souvent appelés « événements » –, que nous noterons $e_m$, en les repérant par un indice $m$ entier ; l'ensemble des résultats possibles peut donc s'écrire

$$\{e_m; m = 1, 2, ...\}.$$

• Le processus peut être répété, dans les mêmes conditions, le nombre de reprises n'étant pas limité.

Prenons alors un événement particulier $e_m$, et soit $N_m$ le nombre de fois qu'il s'est réalisé au cours de $N$ expériences. On *définit* la probabilité $P_m$ de $e_m$ comme

$$P_m \triangleq \lim_{N\to\infty} \frac{N_m}{N}.$$

Soulignons – *cf.* la fin du paragraphe précédent – que cela ne signifie *pas* que $N_m$ s'approche de $NP_m$ lorsque $N$ devient grand.

Il ressort de la définition les bornes suivantes :

$$0 \leq P_m \leq 1,$$

valables pour tout $m$. On dit « impossible » un événement de probabilité nulle, « certain » un événement de probabilité 1.

## ENSEMBLE CONTINU D'ÉVÉNEMENTS

La notion de probabilité s'étend sans difficulté majeure à des situations où les événements possibles composent un ensemble continu. Il s'agira par exemple de repérer la position d'une particule (ponctuelle) sur un axe, ou dans l'espace : les événements seront caractérisés dans ce cas par l'abscisse $x$ le long de l'axe ou le rayon-vecteur $\vec{r}$ dans l'espace. Il suffit alors de reprendre la définition des probabilités, en l'adaptant selon la technique habituelle de passage au continu (*cf.* chapitres 13 et 15).

Envisageons donc une « variable aléatoire » $u$ réelle pouvant prendre *a priori* une valeur quelconque sur un intervalle $(u_1,u_2)$ – fini ou infini. Comme aux paragraphes ci-dessus, une expérience déterminant $u$ peut donner l'une de ces valeurs, sans qu'on sache à l'avance dire laquelle.

Fixons notre attention sur un espacement « infinitésimal » $(u,u+du)$. Soit $dN(u)$ le nombre (« infinitésimal ») de résultats qui, parmi un grand nombre $N$ d'expériences, tombent entre $u$ et $u+du$. La probabilité (« infinitésimale ») $dP(u)$ associée aux événements qui se situent dans $(u,u+du)$ est définie à la manière habituelle :

$$dP(u) \triangleq \lim_{N\to\infty} \frac{dN(u)}{N}.$$

Sauf cas exceptionnels, la probabilité différentielle $dP(u)$ se présente sous la forme

$$dP(u) = w(u)du \quad (du > 0).$$

La fonction $w(u)$ est appelée « *densité de probabilité* » ; partout positive ou nulle, elle présente pour dimensions physiques l'inverse de celles de la variable $u$ – afin que la probabilité $dP(u)$, produit de $w(u)$ par $du$, reste sans dimensions.

## *Les deux lois de composition fondamentales*

Lorsque sont connues les probabilités d'un (ou plusieurs) ensemble(s) d'événements, elles permettent souvent de calculer celles qui se rapportent à d'autres événements, éventuellement plus complexes, combinaisons des précédents. De ce « calcul des probabilités » nous nous contenterons de citer les deux piliers, lois simples qui se déduisent sans difficulté de la définition.

LA LOI D'ADDITION

Envisageons deux événements $e_1$ et $e_2$, de probabilités respectives $P_1$ et $P_2$, et supposons qu'ils s'excluent l'un l'autre – c'est-à-dire que, si l'un d'eux se manifeste, il est certain que l'autre n'apparaît pas dans cette même expérience. Alors, la probabilité $P(e_1$ ou $e_2)$ des cas où se présente soit $e_1$ soit $e_2$ s'obtient comme somme de $P_1$ et $P_2$ :

$P(e_1$ ou $e_2) = P(e_1) + P(e_2)$ si $e_1$ et $e_2$ s'excluent.

Quelle est par exemple la probabilité d'obtenir un chiffre pair en jetant un dé ? La loi d'addition donne cette probabilité, $P(2$ ou $4$ ou $6)$ comme la somme $P(2) + P(4) + P(6)$. Si le dé n'est pas truqué, c'est trois termes égaux que l'on ajoute, valant chacun 1/6. D'où le résultat :

$$P(2 \text{ ou } 4 \text{ ou } 6) = 3 \times \frac{1}{6} = \frac{1}{2}.$$

Dans un grand nombre $N$ d'essais, soit $N_1$ le nombre de résultats $e_1$ et $N_2$ le nombre de $e_2$. Les événements $e_1$ et $e_2$ étant supposés incompatibles, aucune épreuve n'est comptée à la fois dans $N_1$ et dans $N_2$. Dans ces conditions, l'événement composé « $e_1$ ou $e_2$ » – c'est-à-dire « soit $e_1$, soit $e_2$ » – s'est produit dans $(N_1 + N_2)$ occasions de ce lot de $N$ tentatives. Par conséquent,

$$\begin{aligned} P(e_1 \text{ ou } e_2) &= \lim_{N \to \infty} \frac{N_1 + N_2}{N} \\ &= P(e_1) + P(e_2). \end{aligned}$$

Si les deux événements ne s'excluent pas, la formule se généralise en

$$P(e_1 \text{ ou } e_2) = P(e_1) + P(e_2) - \mathrm{P}(e_1 \text{ et } e_2).$$

En effet, une occurrence où coexistent $e_1$ et $e_2$ est recensée dans $N_1$ et dans $N_2$, et doit donc être retranchée de $N_1 + N_2$ si l'on s'en tient à « $e_1$ ou $e_2$ ».

## Normalisation des probabilités

De la loi d'addition découle une conséquence importante et générale, une relation omniprésente dans les arguments et calculs de probabilités.

Supposons connus *tous les résultats possibles* $e_m$ d'un processus, avec leurs probabilités $P_m$. Supposons que leur définition implique leur *incompatibilité* – ils s'excluent mutuellement. Dans ces conditions, tout essai donne pour résultat l'un des possibles – seulement l'un d'eux – ; aussi la probabilité d'obtenir $e_1$, ou $e_2$, ou $e_3$,..., ou $e_m$,... vaut-elle 1 d'après la définition ; et la loi d'addition l'égale à la somme $P_1 + P_2 + P_3 + \ldots + P_m + \ldots$ On écrit, de façon plus compacte et plus élégante,

$$\sum_m P_m = 1.$$

Ainsi , les probabilités associées aux six faces d'un dé se somment toujours à 1 – même pour un dé truqué. Attention : la sommation doit porter sur *tous* les événements envisageables, incompatibles entre eux.

Le *contraire* d'un événement quelconque, de probabilité $P$ – on dit aussi son « complémentaire » –, se définit comme l'événement « $e$ ne se produit pas ». La probabilité $\tilde{P}$ de cet événement $\tilde{e}$ contraire de $e$ se calcule aisément à partir de la loi d'addition : il faut sommer toutes les probabilités $P_m$, à l'exception de celle de $e$. Si $e$ occupe le rang $m_0$ dans la liste des événements possibles,

$$\tilde{P} = \sum_{m \neq m_0} P_m;$$

la relation de normalisation donne aussitôt la réponse :

$$\tilde{P} = 1 - P.$$

Dans le cas d'une pièce, l'événement contraire de pile ne peut être que face, et *vice versa*. Pour un dé, plus riche en possibilités, l'événement contraire du 6 regroupe les cinq autres faces :

$$1 - P(6) = P(1 \text{ ou } 2 \text{ ou } 3 \text{ ou } 4 \text{ ou } 5).$$

LA LOI DE MULTIPLICATION

Envisageons maintenant deux processus distincts, P et P', chacun d'eux nanti de son ensemble de résultats possibles, $\{e_m\}$ et $\{e'_{m'}\}$ respectivement. Ces deux processus sont dits « *statistiquement indépendants* » – ou plus simplement « indépendants » – si le comportement de l'un n'influe en aucune manière sur l'autre : que le premier « sorte » l'événement $e$ ne préjuge en rien du résultat $e'$ affiché par l'autre. Une pièce de monnaie et un dé constituent à l'évidence des systèmes indépendants, mais le sont aussi deux pièces séparées, et même deux lancements successifs d'une même pièce (le résultat du premier essai ne pèse en rien sur le résultat du suivant).

Dans une telle situation, la probabilité d'observer en concomitance deux événements, $e$ et $e'$ – $e$ venant du premier processus, $e'$ du second –, s'obtient comme produit des probabilités $P(e)$ et $P'(e')$ des événements $e$ et $e'$, chacun dans son cadre, P ou P' :

$$P(e \text{ et } e') = P(e) \cdot P'(e') \text{ si } e \text{ et } e' \text{ sont indépendants.}$$

Pour atteindre $P(e \text{ et } e')$, on effectue un très grand nombre $N$ d'expériences « doubles », observant simultanément un événement de P et un de P' (s'il s'agit de deux pièces, on les jette en l'air $N$ fois, toutes deux conjointement). Notons $N(e)$ le nombre d'apparitions, parmi les $N$ essais, de l'événement $e$ de P, associé à un événement quelconque de P', et $N(e \text{ et } e')$ le nombre d'apparitions simultanées des deux événements $e$ et $e'$. Il va sans dire que, d'après ces deux définitions, $N(e \text{ et } e')$ contribue à $N(e)$.

Raisonnons dans une situation où la probabilité $P(e)$ ne s'annule pas. On peut dans ce cas choisir $N$ (global) suffisamment grand pour que $N(e)$ soit grand lui aussi ($N(e)$ tend vers l'infini avec $N$). Alors $N(e \text{ et } e')$ compte, parmi les $N(e)$ expériences, celles où l'événement $e'$ accompagne $e$. L'hypothèse d'indépendance statistique permet d'affirmer que le rapport $N(e \text{ et } e')\,/\,N(e)$ donne, à la limite des grands nombres, la probabilité $P(e')$ de l'événement $e'$ – puisque la présence, par ailleurs, de l'événement $e$ ne l'influence pas – :

$$P(e') = \lim_{N(e)\to\infty} \frac{N(e \text{ et } e')}{N(e)}.$$

Insérons dans cette égalité le nombre total $N$ d'épreuves :

$$P(e') = \lim_{N\to\infty} \frac{N(e \text{ et } e')}{N} \times \frac{N}{N(e)}.$$

Apparaît ainsi le quotient de deux rapports ; $N(e \text{ et } e')/N$ tend vers $P(e \text{ et } e')$, et $N(e)/N$ vers $P(e)$. S'ensuit la « loi de multiplication ».

Le raisonnement suppose $P(e)$ non nulle. Mais si $P(e) = 0$, l'événement $e$ ne se montre jamais, de sorte que $N(e)$ et $N(e \text{ et } e')$ s'annulent tous deux. La relation de multiplication est trivialement vérifiée, sous la forme 0 = 0.

Dans les conditions générales où les processus P et P' ne sont pas nécessairement indépendants, on définit la *probabilité conditionnelle* $P(e'/e)$, probabilité que sorte $e'$ lorsque $e$ sort par ailleurs :

$$P(e'/e) = \lim_{N(e)\to\infty} \frac{N(e \text{ et } e')}{N(e)}.$$

La « loi de multiplication » se généralise alors sous la forme

$$P(e \text{ et } e') = P(e) \times P(e'/e),$$

puisque $P(e')$ cède la place à $P(e'/e)$. On revient à l'indépendance statistique si et seulement si

$P(e'/e) = P(e')$ : $e$ et $e'$ indépendants.

## *Évaluation concrète des probabilités*

### ÉVÉNEMENTS ÉLÉMENTAIRES

Les deux lois qu'énonce le paragraphe antérieur, et le « calcul des probabilités » qu'elles fondent et qui les généralise, permettent d'évaluer les probabilités d'événements composés, à partir de celles d'événements plus simples.

Mais il faut à cela un commencement : dans chaque situation concrète, il faut se donner *a priori* les probabilités d'un ensemble d'événements particulièrement simples, qui se situent au cœur ou à la base du problème étudié. Ces « événements élémentaires » construisent, en se combinant, les diverses occurrences plus complexes qui peuvent apparaître dans le problème. Ainsi les probabilités des événements élémentaires peuvent-elles conduire, en suivant les combinaisons appropriées, jusqu'aux probabilités des circonstances les plus lointaines.

### MÉTHODES D'ÉVALUATION

## Exemple de pile ou face

Revenons donc à notre modèle favori ; les événements élémentaires sont au nombre de deux seulement : pile ou face. Qu'est-ce qui nous a permis d'affirmer que les deux joueurs ont « autant de chances de gagner » – ce qui implique la probabilité 1/2 pour chacun des deux résultats possibles – ? C'est sans nul doute l'évidence qu'aucun des deux adversaires, et donc aucun des deux événements élémentaires, n'est initialement privilégié par rapport à l'autre – étant admise l'impossibilité d'une prédiction fondée sur les lois de la mécanique. Les deux événements possibles abordent l'épreuve *symétriquement* ; on est donc conduit à leur attribuer des *probabilités égales*.

Mais cela devient caduc si la pièce a été truquée de façon à favoriser l'une de ses deux faces. Plus d'équivalence entre les deux joueurs ou les deux événements élémentaires, donc plus d'équiprobabilité – « *Plus d'amour, partant plus de joie.* » L'absence de symétrie empêche toute évaluation théorique *a priori* des probabilités élémentaires.

On ne peut que les *mesurer*, en étudiant *expérimentalement* le comportement de la pièce pour appliquer la définition des probabilités. Dans le cas présent, on lance la pièce un grand nombre $N$ de fois, et on compte les résultats « pile » ($N_p$) et les résultats « face » ($N_f = N - N_p$). Les rapports $N_p / N$ et $N_f / N$ procurent une estimation – approchée, car $N$ n'est certes pas infini – des probabilités $P_p$ et $P_f$ de pile et face. Celles-ci peuvent ensuite être utilisées dans des calculs de probabilités concernant des événements plus complexes. Il faut cependant s'assurer que c'est bien cette pièce-là qui intervient effectivement dans les expériences ultérieures : la substitution peut participer au trucage.

### Généralisation

Deux procédés, essentiellement, permettent d'évaluer les probabilités élémentaires dans une situation physique donnée.

Le premier, le plus simple et le plus satisfaisant sur le plan intellectuel, s'applique seulement dans les cas de symétrie avérée entre les événements élémentaires : à ceux-ci sont alors affectées des probabilités toutes égales, que la condition de normalisation suffit à déterminer. Le postulat de la mécanique statistique d'équilibre est fondé sur un argument de ce type (voir chapitre 22).

Les probabilités jouent également un rôle de premier plan en mécanique quantique (voir chapitre 23), mais leurs valeurs pour les événements élémentaires diffèrent souvent entre elles. Elles sont néanmoins dictées par la théorie, ce qui les rattache au premier procédé.

Le second procédé, aussi universel que l'expérimentation, s'applique – seul à pouvoir le faire dans ces cas – lorsque les probabilités élémentaires ne découlent pas de considérations théoriques – on peut aussi le mettre en œuvre pour vérifier les conclusions théoriques dans les cas où il en existe. Il exige une étude statistique spécifique du système envisagé, destinée à *mesurer* les probabilités, en s'appuyant directement sur leur définition.

## OBJECTIVITÉ OU SUBJECTIVITÉ ?

La réalité et les lois de la physique existent indépendamment de l'« observateur », c'est-à-dire de nous : ce présupposé est commun sans doute à tous les physiciens, quelles que soient par ailleurs leurs opinions ou croyances sur l'origine et la signification profonde de cette réalité extérieure.

Mais ce qui est en cause ici concerne la *description* de la nature. On qualifiera d'*objective* toute notion, grandeur ou propriété qui appartient de façon intrinsèque au système étudié, sur laquelle tous les observateurs s'accorderont nécessairement dès lors qu'ils seront convenus de sa définition. Sera *subjective*, en revanche, une notion, grandeur ou propriété qui fait intervenir l'observateur de façon irrémédiable, de sorte que son expression ou sa valeur peut varier irréductiblement d'un observateur à l'autre.

Il va sans dire que les théories physiques introduisent préférentiellement – uniquement, si possible – des concepts et outils objectifs. Mais les probabilités occupent de ce point de vue une place particulière. Plutôt que de caractéristiques intrinsèques d'un système physique, il s'agit à l'abord de pis-aller destinés à *prendre en compte l'ignorance* où nous laissent l'état du système et son évolution. La définition opératoire que nous avons proposée pour les probabilités n'exclut pas leur subjectivité : pourquoi l'expérience que nous entendons répéter à satiété peut-elle aboutir à plusieurs résultats différents, si ce n'est parce que l'observateur se montre incapable de prévoir lequel d'entre eux va sortir dans telle réalisation de ladite expérience ? La question peut légitimement se poser : les observateurs sont-ils tous logés à la même enseigne – objectivité –, ou certains se révèlent-ils plus malins que d'autres à évaluer les probabilités ?

Un exemple simple, emprunté encore à un jeu de hasard : on étale sur la table un jeu de cartes, dont les dos seulement apparaissent ; « la probabilité pour que telle carte pointée du doigt soit l'as de trèfle » s'évalue aussitôt. Il n'en reste pas moins que voilà une probabilité subjective : la disposition des cartes est parfaitement déterminée et immuable – et l'emplacement de l'as de trèfle fixé – dès leur répartition sur la table ; si l'on a recours aux probabilités, c'est que cette disposition n'est pas connue. Mais certes, un « observateur » astucieux saurait imaginer quelque moyen pour acquérir dans cette situation des informations décisives.

Examinons ensuite les probabilités associées à un jeu de dés. Lorsqu'on jette un dé, son état final – le nombre qu'il affiche – peut en principe être calculé, comme dans pile ou face (*cf.* p. 261), en appliquant les lois de la mécanique à partir de son état initial – position et orientation dans le cornet ou la main qui le lance, vitesse qui lui est imprimée, hauteur de la chute... Toute tentative pourtant de mettre en pratique ce « principe » est vouée à l'échec – chacun le sait pour avoir vainement espéré sortir un 6 en agissant sur le départ du dé. Les probabilités se révèlent dans ce cas vraiment *objectives* : les observateurs seront tous aussi malins – ou aussi naïfs – les uns que les autres – pourvu que soit écartée toute possibilité de prestidigitation. Cette situation découle de l'*extrême sensibilité* du système par rapport à d'infimes modifications dans les conditions initiales ou dans les influences extérieures : les états finals procédant d'états initiaux très proches diffèrent radicalement. Une telle instabilité du mouvement fait obstacle, en pratique, à toute prévision déterministe de l'état final et impose un traitement probabiliste objectif. On aura reconnu là les arguments qui ont déjà été avancés pour le jeu de pile ou face (p. 261).

À cette question d'objectivité ou de subjectivité se rattache une remarque importante, que nous énoncerons encore dans un contexte ludique simple. Imaginons que nous ayons affaire à un dé truqué, construit de telle sorte que les probabilités d'apparition de ses six faces diffèrent entre elles. Elles n'en sont pas moins objectives, puisque inscrites dans le dé lui-même, et donc indépendantes de l'observateur. On peut les mesurer, en lançant le dé un très grand nombre de fois et en comptant, dans cette longue série d'épreuves, les fréquences selon lesquelles émergent les six faces. Mais que faire si la possibilité ou le temps manque pour mener à bien une telle série d'essais ? On doit se contenter alors de *probabilités subjectives*, différentes des précédentes – qui ne sont pas connues. Même si l'on sait pertinemment que le dé est falsifié, on ne sait pas comment, faute d'avoir pu exécuter les expériences nécessaires. Dans une telle situation, on doit choisir des probabilités subjectives égales pour les six faces ; si en effet on les choisissait différentes, on courrait le risque de s'éloigner davantage encore des probabilités objectives, inconnues mais effectives, car il se pourrait que l'on favorise subjectivement tel résultat qui est en réalité défavorisé objectivement.

Le rationnel peut-il parfois sembler irrationnel ?

« Le vrai peut quelquefois n'être pas vraisemblable. »
Nicolas Boileau

CHAPITRE 22

# MÉCANIQUE STATISTIQUE[1]

Vingt-cinq ans avaient à peine passé depuis l'invention de l'entropie, depuis l'énoncé moderne et rigoureux du second principe de la thermodynamique – Rudolf Clausius (1850). Cette discipline, ainsi complétée, avait envahi les universités et les laboratoires, considérée – à juste titre – comme la théorie des phénomènes thermiques et des moteurs, des changements d'état, des mélanges... Nombreux ceux qui y voyaient en outre – opinion moins bien fondée – un rempart imprenable dressé contre l'hérésie, qui menaçait rien de moins que l'intégrité de la physique.

> « *Acaso cada hormiga que pisamos*
> *es única ante Dios, que la precisa*
> *para la ejecución de las puntuales*
> *leyes que rigen Su curioso mundo*[2]. »
> Jorge Luis BORGES

1. Repris d'un article du *Dictionnaire d'histoire et philosophie des sciences*, PUF, 1999.

2. « Peut-être chaque fourmi que nous foulons / est-elle unique devant Dieu, qui la nécessite / pour l'exécution des lois strictes / qui régissent Son monde curieux. »

En effet, parallèlement au développement de la thermodynamique, le XIX^e siècle vit la réapparition puis l'affirmation progressive de *l'hypothèse atomique,* selon laquelle les corps que nous observons présentent en réalité une structure intime granulaire : les gaz, par exemple, sont constitués de molécules. Un conflit extrêmement violent opposa jusqu'au début du XX^e siècle les thermodynamiciens orthodoxes aux tenants de l'atomisme. Ceux-là opposaient à ceux-ci un rigide credo positiviste : trop ténus et trop labiles, les éventuels atomes ne pourraient jamais se manifester à nos sens. Ils renchérissaient, les antiatomistes, sur ces arguments en faisant valoir l'extraordinaire efficacité de la thermodynamique à rendre compte de phénomènes extraordinairement divers.

Pourtant, dès 1872, Ludwig Boltzmann avait jeté les bases d'une théorie nouvelle, fondée sur l'hypothèse atomique et englobant la thermodynamique. Le lien entre les propriétés d'un système à l'échelle atomique, que l'on qualifie de « microscopique », et ses propriétés thermodynamiques à l'échelle courante, dite « macroscopique », se manifeste dans la célèbre *formule de Boltzmann* (gravée sur sa pierre tombale, à Vienne) :

$$S = k \ln W.$$

$S$ désigne l'entropie du système lorsqu'il se trouve dans un état macroscopique déterminé, et $W$ le *nombre d'états microscopiques* pouvant réaliser cet état macroscopique, c'est-à-dire compatibles avec lui ; la « constante de Boltzmann » $k$ est universelle ; elle vaut $k = 1{,}38 \times 10^{-23}$ joule par kelvin. Notons que $W$ est faramineusement grand : son logarithme est de l'ordre du nombre d'Avogadro ! On peut le comprendre : un litre de gaz dans les conditions ordinaires comporte environ trente mille milliards de milliards de molécules ; les façons de répartir entre elles une énergie totale donnée – par exemple – sont effectivement en nombre gigantesque.

La géniale découverte de Boltzmann a donné naissance à la *mécanique statistique.* La formule de Boltzmann permet déjà de se faire une idée plus concrète de l'entropie : celle-ci mesure en quelque sorte l'arbitraire que laisse au niveau microscopique la préparation d'un système dans un état macroscopique déterminé.

## *Entrée en scène des probabilités*

On peut pourtant se poser la question : comment se peut-il qu'interviennent ainsi *tous les états microscopiques* susceptibles *a priori* d'être réalisés lorsqu'on se fixe l'état macroscopique ? On s'attendrait plutôt à trouver le système dans *l'un de ces états* microscopiques permis (même s'il est pratiquement impossible de savoir lequel), alors que c'est leur nombre total qui apparaît dans la formule de Boltzmann. Cette question fondamentale trouve sa réponse dans l'affirmation, fondamentale elle-même, que *la description microscopique d'un système macroscopique est de nature probabiliste* : chacun des états microscopiques compatibles avec l'état macroscopique du système considéré détient une certaine probabilité d'être réalisé.

Il va sans dire que l'existence des molécules et atomes, bien que farouchement niée par certains thermodynamiciens jusqu'au début du XX^e^ siècle, ne peut plus actuellement être mise en doute. La « *mécanique statistique* », théorie physique qui raccorde le comportement d'un système à l'échelle microscopique avec ses propriétés macroscopiques, utilise les *probabilités* comme outils fondamentaux.

Cela paraît soulever une difficulté rédhibitoire : si l'on sait seulement prédire la probabilité qu'une grandeur macroscopique spécifiée prenne telle ou telle valeur, la description du système au niveau macroscopique risque de rester floue, c'est-à-dire incomplète et approximative. Ce risque, dans les faits, est définitivement écarté, grâce à la « loi des grands nombres ». Si l'on accepte quelque schématisation, voici ce que dit – ou suggère – cette loi, que nous formulerons à propos du jeu de pile ou face, notre archétype inépuisable de situation probabiliste.

Nous effectuons une série de $N$ lancements successifs de la pièce fétiche, le nombre $N$ se présentant d'emblée comme « suffisamment grand » : concrètement, $N = 100$ pourrait déjà suffire... mais nous verrons ci-après ce que « grand » veut dire, en mécanique statistique. Le nombre $N_p$ de fois qu'est « sorti » pile ni le nombre $N_f = N - N_p$ de fois qu'est « sorti » face au cours de ces $N$ épreuves n'égalent point $N / 2$ – comme une naïveté de bon aloi mais ingénue aurait pu nous donner à croire. Dans la dure réalité du monde probabiliste, chacun de ces deux nombres $N_p$ et $N_f$ diffère de $N / 2$, et ce d'autant plus que $N$ a été choisi plus grand. Toutefois, en ordre de grandeur, les écarts $\left|N_p - N/2\right|$ et $\left|N_f - N/2\right|$ – l'un positif, l'autre négatif – se comportent comme $\sqrt{N}$, pour $N$ « suffisamment grand ». Certes, la racine carrée $\sqrt{N}$ se montre grande elle aussi dans le cas où $N$ l'est ; elle croît en vérité – les distances à $N / 2$ s'élargissent – si $N$ lui-même croît, mais *moins vite* que lui. Si on les estime *en valeur relative*, la portée des écarts à $N / 2$ est caractérisée par $\sqrt{N} / N$ ; égale à $1/\sqrt{N}$, elle apparaît donc comme *très faible*. En pourcentage, l'éloignement à la valeur attendue s'avère d'autant plus réduit que $N$ devient plus grand : avec $N = 100$, $1/\sqrt{N}$ vaut 1/10, c'est-à-dire 10 % ; avec $N = 10\,000$, $1/\sqrt{N}$ vaut 1/100, soit 1 %. Et Dieu sait – nous le savons aussi – combien sont énormes les nombres de particules constituant un objet à notre échelle !

Effectivement, le *nombre d'Avogadro* $N_A$, qui caractérise le passage du microscopique au macroscopique (c'est le nombre de molécules contenues dans une mole d'un corps pur quelconque, par exemple dans 18 g d'eau ou dans 32 g d'oxygène), affiche une valeur tellement élevée ($N_A = 6{,}022 \times 10^{23}$) que la description probabiliste d'un système macroscopique se montre *en pratique certaine et exacte.* Les fluctuations d'une grandeur macroscopique, c'est-à-dire les écarts par rapport à sa valeur moyenne (au sens probabiliste), restent le plus souvent trop faibles pour se manifester de façon observable. Il est pourtant des situations où les fluctuations peuvent être étudiées. Heureusement, car leur existence donne raison à la mécanique statistique contre les tenants rigides de la thermodynamique sans substrat atomique. C'est ainsi que les expériences de Jean Perrin sur le mouvement brownien, en 1908, ont clairement mis en évidence les fluctuations, et vérifié les propriétés qu'on attendait d'elles. Mais Ludwig Boltzmann s'était déjà suicidé, deux ans auparavant.

## *Le postulat fondamental de la mécanique statistique*

La mécanique statistique s'offre d'emblée comme une théorie physique au plein sens du terme, puisqu'elle se présente sous forme hypothético-déductive, tout comme fait une théorie mathématique. Avec cette différence, bien sûr, qu'une théorie physique doit obligatoirement décrire la réalité (un aspect de celle-ci, à tout le moins). Disons (en simplifiant) qu'un postulat fondamental n'a *pas de justification a priori* mais que, *a posteriori, toutes ses conséquences* doivent être conformes à la réalité ; cela signifie concrètement que celles de ces conséquences qui peuvent être mises à l'épreuve de l'expérimentation doivent en sortir confirmées.

La mécanique statistique (des situations d'équilibre) est fondée sur un postulat unique : « pour un système macroscopique *isolé* et à l'équilibre, *tous les états microscopiques* compatibles avec son état macroscopique se manifestent, *également probables* » (un système est considéré comme isolé s'il n'échange avec l'extérieur ni énergie ni particules).

## *L'entropie statistique*

Restait à débusquer, dans cette aube transparente et inattendue qu'avait dévoilée Ludwig Boltzmann, un gibier farouche d'approche malaisée et de dressage exigeant : l'*entropie*.

C'était une grandeur que les thermodynamiciens avaient découverte depuis presque un quart de siècle (Rudolf Clausius – 1850). Ils en avaient aussitôt compris l'importance et l'avaient d'emblée promue au tout premier rang pour mener, avec l'énergie interne, les raisonnements et les calculs de thermodynamique.

Boltzmann émit et poursuivit l'idée révolutionnaire qui allait permettre d'écrire l'entropie $S$ associée à un *ensemble de probabilités* $\{P_\ell\}$ des états microscopiques – notés ici simplement $(\ell)$ – où peut *a priori* se trouver le système à décrire. Le noyau central de cette idée réside – cent trente ans et plus n'ont pas altéré sa pertinence – dans l'introduction de la fonction logarithme (népérien) ; ce sera plus précisément $-\ln P_\ell$, car le logarithme d'un nombre inférieur à 1 – c'est le cas de toute probabilité – s'avère négatif, sans rémission. Il fallait, à l'évidence, sommer sur l'ensemble des états $(\ell)$ possibles ; Boltzmann pondéra chaque terme de cette somme par la probabilité $P_\ell$ correspondante. Il introduisit enfin, multipliant cette somme, une constante $k$ universelle – entendons par là que sa valeur s'impose la même, quels que soient le corps ou la substance envisagés. Il aboutit de la sorte – ses notations différaient des présentes – à la formule

$$S = -k \sum_{(\ell)} P_\ell \ln P_\ell .$$

L'argument n'a jusqu'ici point requis que soient spécifiées les valeurs des probabilités $P_\ell$ : la formule qui précède tient pour toute distribution $\{P_\ell\}$ – convenablement normalisée (*cf.* p. 266), cela va sans dire. Une « théorie de l'information[3] », qui s'est développée par ailleurs il y a une cinquantaine d'années, retrouve cette expression à partir d'hypothèses raisonnables. En énonçant ci-dessus le postulat de la mécanique statistique, nous avons considéré des états microscopiques en nombre $W$ au total, et les avons déclarés tous équiprobables. Dans ce cas, de même que les probabilités de pile et face, où les 2 états sont

3. Voir par exemple L. Brillouin, *La Science et la Théorie de l'information*, Masson, 1959.

également probables, valent chacune 1/2, de même valent $1/W$ les probabilités des $W$ états microscopiques. Le calcul de la somme correspondante coule de source : si $P_\ell = 1/W$, alors

$$S = -k \sum_{(\ell)=1}^{W} \frac{1}{W} \ln \frac{1}{W}$$

$$= +k \times W \times \frac{1}{W} \ln W,$$

et la formule de Boltzmann s'ensuit.

## *L'entropie statistique maximale*

On peut préciser de manière plus pénétrante le lien qui unit l'expression de l'entropie $S$ en termes des probabilités $P_\ell$ à la formule compacte de Boltzmann. Le postulat lui-même, avec son énoncé presque désarmant, y gagnera en profondeur et en signifiance.

Reprenons les $W$ états microscopiques accessibles, distingués par l'indice $(\ell)$, et désignons leurs probabilités par $P_\ell$, sans savoir pour l'instant leurs valeurs. Nous savons pourtant, quelles que puissent être ces valeurs, que leur somme ne saurait s'écarter de 1 :

$$\sum_{(\ell)=1}^{W} P_\ell = 1.$$

Nous entreprenons maintenant de rechercher *le maximum de l'entropie*

$$S = -k \sum_{(\ell)=1}^{W} P_\ell \ln P_\ell.$$

Cette expression – « maximum de l'entropie » – et les calculs qu'elle inspire reviennent en leitmotiv et obsession dans la thermodynamique classique (voir chapitre 26). Ce n'est pas le nombre – élevé sans doute, et même démesuré – des variables $P_\ell$ qui peut nous arrêter : la dérivation de chacun des termes est accessible, et même aisée. Non ! c'est le fait que les $W$ variables $P_\ell$ ne sont *pas indépendantes* – liées qu'elles sont par la condition de normalisation –, c'est ce fait inéluctable qui nous retient au seuil du calcul. Mais ce type de problème – recherche des extrema d'une fonction de plusieurs variables vérifiant une (ou des) relation(s) – est justiciable d'une méthode simple et élégante inventée par Joseph-Louis de Lagrange (1736-1813). La démonstration en est de surcroît facile, mais nous nous contenterons de l'appliquer au cas de l'entropie.

La *méthode du(des) multiplicateur(s) de Lagrange* consiste, après avoir écrit la relation entre les variables sous la forme

$$\sum_{(\ell)=1}^{W} P_\ell - 1 = 0,$$

à former la fonction auxiliaire

$$\tilde{S}_a\left(P_1, P_2, \ldots, P_W\right) \triangleq S\left(\{P_\ell\}\right) - a\left[\sum_{(\ell)=1}^{W} P_\ell - 1\right],$$

et à chercher ses extrema *comme si* les $W$ variables étaient *indépendantes*. Le « multiplicateur » $a$ joue le rôle d'un paramètre ; il sera déterminé *in fine* en imposant à la solution trouvée la condition de normalisation, qui reprendra pour cela sa liberté d'action.

Mise en application. Calculons la dérivée « accessible et même aisée » :

$$\frac{\partial}{\partial P_\ell}\tilde{S}_a = -k\left[\ln P_\ell + 1\right] - a \;\; ; \;\; \ell = 1, 2, \ldots, W.$$

L'extremum cherché doit annuler ces $W$ dérivées, ce qui s'écrit immédiatement

$$\ln P_\ell = -\left(1 + \frac{a}{k}\right) \;\; ; \;\; \ell = 1, 2, \ldots, W.$$

Il apparaît d'emblée que les $W$ probabilités s'égalisent à l'extremum ; la condition de normalisation fixe alors $1/W$ comme valeur commune. Afin d'établir qu'il s'agit bien du *maximum de S*, on remarque en premier lieu que le raisonnement est parvenu à une *solution unique*. En second lieu, on exhibe sans difficulté une distribution $\{P_\ell\}$ qui rend $S$ inférieure à $k \ln W : P_1 = 1$ ; $P_2 = P_3 = ... = P_W = 0$ répond à la condition, puisque ce jeu de probabilités, visiblement normalisé, aboutit à $S = 0$ – tous les termes s'annulent, les uns parce que $P_\ell = 0$, l'autre parce que $\ln P_1 = 0$.

## *Retour sur le postulat*

Ainsi, le postulat que nous avons avancé plus haut apparaît, à la lumière du raisonnement précédent, comme fondé peut-être sur un principe – entropie maximale – qui le précède et le dépasse. Mais on peut le voir découler tout aussi bien d'un argument plus simple en apparence, plus immédiat : confronté à un ensemble d'états microscopiques – en nombre pharamineux, qui plus est – dont aucun ne se détache du lot pour revendiquer un rôle singulier, le physicien n'a d'autre choix que de les traiter tous sur le même pied – équiprobabilité comme point de départ. Sans doute trouvera-t-on remarquable et profondément satisfaisant que l'un et l'autre critère de choix, chacun d'eux suffisant en soi, aboutissent à la même conclusion par des chemins si dissemblables.

Combien plus remarquable encore, incomparablement plus satisfaisant, que ce postulat concentre en fin de compte dans son énoncé unique et comme transparent, que ce postulat assemble en un bouquet de quelques mots un immense champ de phénomènes divers, englobant ceux qui relevaient de la thermodynamique classique : « *Voici des fruits, des fleurs, des feuilles et des branches* » (Paul Verlaine).

## *Ensembles statistiques et principe ergodique*

Cet énoncé soulève *deux questions de fond* : en premier lieu, s'agit-il d'une situation de probabilités objectives ? Si oui, les probabilités subjectives que propose le postulat coïncident-elles avec les précédentes ?

C'est évidemment la première de ces deux questions qui conditionne l'ensemble. La seconde, bien qu'importante, est plus banale : elle se pose en effet, sous des formes apparemment différentes mais essentiellement équivalentes, pour tout postulat physique : la théorie qu'il fonde décrit-elle correctement le réel ?

La première question est connue sous le nom de « problème ergodique ». Pour préciser, il convient d'abord de *définir les probabilités* que l'on va utiliser. Depuis Josiah Willard Gibbs (1839-1903), cette définition se fonde sur la notion *d'ensemble statistique*. On imagine que l'on dispose d'un très grand nombre N de répliques du système considéré, toutes préparées de la même façon à l'échelle macroscopique : on aura par exemple apprêté N récipients de même volume remplis du même gaz sous la même pression et à la même température. Chacun des N systèmes de l'ensemble se trouve, à un instant donné, dans un état microscopique déterminé, différant de l'un à l'autre. La probabilité $P_\ell$, à cet instant, d'un état microscopique particulier $(\ell)$ est définie par le rapport $\mathsf{N}_\ell/\mathsf{N}$, $\mathsf{N}_\ell$ comptant les systèmes de l'ensemble qui se trouvent dans l'état $(\ell)$ choisi (peut-être serait-il plus correct de définir $P_\ell$ comme la limite, quand N tend vers l'infini, du rapport $\mathsf{N}_\ell/\mathsf{N}$). Autrement dit, la probabilité $P_\ell$ d'un état microscopique $(\ell)$ peut se concevoir comme la probabilité pour que, si l'on choisit au hasard un système dans l'ensemble statistique, ce système se trouve dans l'état microscopique $(\ell)$ considéré. À l'équilibre macroscopique, les probabilités $P_\ell$ ne dépendent pas du temps.

Il est clair que les probabilités ainsi introduites se classent comme *objectives*. Toutefois, la réalité ne nous met jamais aux prises avec un ensemble statistique de systèmes, seulement avec un exemplaire particulier de cet ensemble. Comment, dès lors, la définition précédente peut-elle concerner les propriétés d'un *système unique* ? On sait que dans un système (prenons l'exemple d'un gaz), l'équilibre macroscopique recouvre en fait, au niveau microscopique, une *agitation thermique* désordonnée des molécules : celles-ci se déplacent en tout sens à des vitesses de l'ordre de 500 m/s, et chacune d'elles subit par seconde plus d'un milliard de collisions de la part de ses voisines. Une grandeur spécifiée, par exemple le nombre de molécules situées dans un petit volume fixe délimité (par la pensée) dans le récipient contenant le gaz, fluctue sans arrêt au cours du temps. Ce mouvement des molécules devrait être *déterminé,* par les lois de la mécanique, à partir de l'état microscopique qui décrivait le système à l'instant initial. Mais les équations du mouvement présentent, pour de tels systèmes, une *instabilité* par rapport à de très légères modifications des conditions initiales ou des forces agissant de l'extérieur sur le système : on montre par exemple que, dans un échantillon de gaz, l'interaction gravitationnelle avec une personne située à quelques mètres, bien que ridiculement faible du point de vue énergétique, suffit à désorienter totalement une molécule (par rapport à la trajectoire qu'elle aurait suivie en l'absence de la personne) au bout d'une dizaine de collisions seulement, c'est-à-dire en un cent millionième de seconde ! Il s'ensuit qu'un système macroscopique change constamment, très rapidement et de façon imprévisible, d'état microscopique. C'est ce phénomène, appelé depuis Boltzmann le « chaos moléculaire », qui autorise et impose l'utilisation des probabilités.

Le *principe ergodique* stipule que *les fluctuations temporelles aléatoires des propriétés d'un système macroscopique* (fluctuations qui se produisent sur des temps très courts par rapport à ceux que mettent en jeu les phénomènes macroscopiques) *sont bien décrites par les probabilités définies à l'aide d'un ensemble statistique* de systèmes identiques à celui que l'on étudie. De nombreux travaux ont été consacrés à cette question, pour tenter de justifier le principe ergodique à partir des lois de la mécanique. Voilà bien un problème embrouillé et complexe, dont les résultats s'avèrent moins probants qu'on ne pourrait le souhaiter ; c'est, pour le moment du moins, *l'instabilité des équations du mouvement microscopique,* déjà évoquée plusieurs fois, qui joue ici aussi le rôle crucial. Le principe ergodique n'est pas vraiment démontré à partir de postulats plus fondamentaux, mais il se situe aux racines mêmes de la mécanique statistique, dont les succès ne se démentent pas.

CHAPITRE 23

# LA MÉCANIQUE QUANTIQUE ET LE « PARADOXE EPR[1] »

« La description que donne la mécanique quantique de la réalité peut-elle être considérée comme complète ? »
A. EINSTEIN, B. PODOLSKY et N. ROSEN (1935)

« Tête complète et parfait diadème,
Je suis en toi le secret changement. »
Paul VALÉRY

Voilà une question qui revint hanter, pendant un demi-siècle, les esprits inquiets et souvent enfiévrés des physiciens quantiques, et inspirer, bien au-delà, les réflexions empressées des épistémologues et philosophes ; et ce, alors même que la mécanique quantique avait atteint sa pleine maturité, produisant déjà des manuels, enseignée dans les universités, suscitant ou guidant maint sujet de recherche. Mais, planté là au milieu du chemin par Einstein et ses compères, le paradoxe imposait quelque détour, quelque retenue à tout le moins, tant que l'expérimentation – par tous attendue comme critère décisif –

1. Ce chapitre 23 et le suivant reprennent pour l'essentiel des entrées de *La Physique mot à mot*, *op. cit.*

ne parviendrait pas à hisser ses techniques au niveau requis de pertinence et de subtilité.

C'était, à dire le vrai, une flèche du Parthe. Particulièrement acérée et savamment décochée – l'habileté légendaire de l'archer éclatait une fois de plus –, mais longtemps – huit années ! – après la bataille critique. En effet, le débat paroxystique qui décida du sort de la mécanique quantique naissante se déroula en champ clos, lors de la « conférence Solvay » tenue à Bruxelles en octobre 1927.

« Solvay de Bruxelles a été formidable ! Bohr surclassant tout le monde. D'abord totalement incompris puis, pas à pas, triomphant de tous.

« Naturellement, une fois de plus, l'épouvantable terminologie incantatoire bohrienne. Impossible à résumer par un autre. (Le pauvre Lorentz jouant les interprètes entre Français et Anglais totalement incapables de se comprendre. Résumant Bohr. Et Bohr répondant avec un désespoir poli.) (Tous les soirs, vers une heure, Bohr venait dans ma chambre pour me dire JUSTE UN MOT jusqu'à trois heures du matin.) C'était pour moi un délice d'assister aux conversations entre Bohr et Einstein. Comme une partie d'échecs. Einstein sortant sans cesse de nouveaux exemples. Une sorte de perpetuum mobile de la deuxième espèce pour briser la RELATION D'INCERTITUDE. Bohr cherchant constamment à tirer d'un obscur nuage de fumées philosophiques les instruments pour démolir exemple après exemple. Einstein comme un diable dans sa boîte : jaillissant à nouveau chaque matin inentamé. C'était savoureux. Mais je suis presque sans réserve pro-Bohr contra-Einstein. Il se conduit maintenant avec Bohr exactement comme les tenants de la simultanéité absolue se conduisaient avec lui » Paul EHRENFEST (3 novembre 1927).

Le sujet que nous nous proposons d'évoquer ici est entre tous célèbre : il est connu sous tous les cieux comme le « paradoxe EPR », d'après les initiales des trois auteurs de l'article où il fut présenté. Le voici donc.

On se penche sur le devenir d'un système de deux particules (identiques) lors d'une mesure portant d'abord sur l'une d'elles, ensuite sur l'autre, ou sur les deux simultanément. Pour mieux faire ressortir le problème sans le noyer sous un fatras de complications techniques, nous allons nous intéresser seulement au spin des deux particules – spin 1/2 –, laissant de côté leurs variables de position et d'impulsion : EPR l'avaient fait avant nous, focalisant leur attention sur l'œil du cyclone, sans égards pour les ouragans qu'il provoque alentour. Chacune des deux particules peut se trouver dans l'un ou l'autre de *deux états de spin* : l'espace des états de spin du système déploie alors quatre dimensions (deux fois deux). C'est bien sur des particules de spin 1/2 qu'avaient initialement raisonné EPR, et que nous raisonnerons ici également. Les expériences que nous décrirons portèrent sur des photons, dont les états de spin s'avèrent beaucoup moins difficiles à produire et à détecter. Mais l'argumentation se développe de façon exactement identique, *mutatis mutandis*.

Exhibons aussitôt les quatre kets[2] formant la base la plus commode dans cet espace d'états. Nous choisissons – c'est traditionnel – des notations simples et parlantes : $|+,+\rangle$, $|+,-\rangle, |-,+\rangle, |-,-\rangle$. Nous nommerons (1) l'une des particules, l'autre (2) ; la composante selon $Oz$ du spin (1) sera notée $S_1$, $S_2$ celle du spin (2). Dans le premier des kets que nous avons écrits, les deux particules, (1) et (2), ont $+\hbar/2$ pour composante du spin suivant l'axe $Oz$ : $|+,+\rangle$ correspond à $+\hbar/2$ pour (1) et $+\hbar/2$ pour (2). Les autres kets se comprennent dès lors de façon analogue : $|+,-\rangle$ signifie $+\hbar/2$ pour (1) et $-\hbar/2$ pour (2) ; $|-,+\rangle$ est associé à $-\hbar/2$ pour (1) et $+\hbar/2$ pour (2) ; $|-,-\rangle$ décrit $-\hbar/2$ pour (1) et $-\hbar/2$ pour (2).

2. En mécanique quantique, l'état d'un objet est décrit par un « ket », que l'on note $|\psi\rangle$ – si $\psi$ désigne cet état. Cette formulation et cette notation fondent un formalisme compact et efficace inventé par Paul Dirac (1930) : l'idée de départ, qui paraît saugrenue à l'abord, consiste à sectionner en leur milieu le mot « bracket » et le symbole correspondant $\langle\ \rangle$.

Avant de nous lancer à corps perdu dans l'énoncé du paradoxe, imprégnons-nous bien des certitudes suivantes : une mesure du spin $S_1$ de la particule (1) – sa composante selon $Oz$ – dans l'un de ces quatre états donne à coup sûr (probabilité égale à 1) $+\hbar/2$ si le premier symbole écrit à l'intérieur du ket est + (c'est le cas pour les deux premiers vecteurs cités ci-dessus), à coup sûr $-\hbar/2$ si ce premier signe est – (deux derniers vecteurs de la base). De la même façon, une mesure de $S_2$, spin de la particule (2) le long de $Oz$, donne à coup sûr (probabilité 1) $+\hbar/2$ si l'état du système est décrit par le premier ket, $-\hbar/2$ pour le deuxième, $+\hbar/2$ pour le troisième, $-\hbar/2$ pour le dernier.

Le paradoxe joue – tente de jouer, plutôt, car nous savons qu'il y échoue – sur l'entrelacs entre deux des postulats de la mécanique quantique[3], entre la palette des « combinaisons linéaires » et « la réduction du paquet d'ondes ».

Supposons – on sait le préparer ainsi – que l'état de ce système des deux particules s'exprime comme $|\psi\rangle = \left[|+,-\rangle - |-,+\rangle\right]/\sqrt{2}$. Ce ket est obtenu par *combinaison linéaire* de deux des « kets de base » que nous avons présentés ; il s'agit d'une *superposition cohérente* de $|+,-\rangle$ et $|-,+\rangle$, et non pas d'un mélange incohérent qui se bornerait à leur attribuer des pourcentages de réalisation.

On s'arrange aussi – c'est pratique courante – pour que les particules (1) et (2) se situent dans des domaines bien séparés de l'appareillage : tout simplement l'une d'elles se dirige à grande vitesse – vitesse de la lumière $c$ pour des photons – vers la droite, et l'autre à cette même vitesse vers la gauche. Dans les premières expériences significatives, la gauche et la droite étaient séparées par six mètres ; elles le sont par dix kilomètres dans une expérience récente du CERN utilisant des fibres optiques. Ces distances paraîtront à juste titre démesurées pour un système prétendument microscopique – auquel

3. De ces postulats nous ferons usage – à bon escient ! – sans prendre au préalable le temps de les amener convenablement et de les énoncer proprement.

s'applique la mécanique quantique. C'est d'ailleurs là l'origine de la question – purement rhétorique, à l'évidence – posée par EPR, dans le titre de leur article, aux tenants de la mécanique quantique : est-il raisonnable que la cohérence entre les deux kets superposés puisse survivre si longtemps et persister si loin ? Et de dessiner des occurrences où la réponse, parfaitement claire, de la mécanique quantique entrerait en contradiction avec la théorie de la relativité dans un de ses aspects cruciaux, lui aussi parfaitement identifié.

Donc (1) et (2) sont clairement définis et spatialement séparés. Pour nous échauffer un peu, comme font les athlètes avant une épreuve, analysons le cas où, le système se trouvant dans l'état $|\psi\rangle$ – précisé il y a peu –, on mesure à la fois les deux spins $S_1$ et $S_2$. Le résultat peut être soit $+\hbar/2$ pour $S_1$ et $-\hbar/2$ pour $S_2$, soit $-\hbar/2$ pour $S_1$ et $+\hbar/2$ pour $S_2$. Les deux autres résultats ($+\hbar/2$ aux deux bouts, ou $-\hbar/2$ de part et d'autre) n'apparaîtront jamais dans le cas présent, car les deux autres vecteurs de base, $|+,+\rangle$ et $|-,-\rangle$, ne figurent pas dans $|\psi\rangle$. Probabilités des deux résultats possibles : 1/2 (carré de $1/\sqrt{2}$) pour $(+\hbar/2,-\hbar/2)$ ; 1/2 (carré de $-1/\sqrt{2}$) pour $(-\hbar/2,+\hbar/2)$. Tout cela découle par voie directe des postulats sur la mesure ; en outre la somme des deux probabilités égale bien 1.

Enchaînons aussitôt sur une mesure qui ne porte plus cette fois que sur l'un des deux spins, disons $S_1$, pour fixer les idées. Le résultat peut être $+\hbar/2$ ou $-\hbar/2$ – cela, nous le savions déjà ! L'expression de $|\psi\rangle$ écrite ci-dessus constitue en elle-même le développement du vecteur d'état sur les kets propres de $S_1$. Plus explicitement, s'il est permis de l'écrire, $S_1|+,-\rangle = +\hbar/2|+,-\rangle$ et $S_1|-,+\rangle = -\hbar/2|-,+\rangle$ (c'est le symbole figurant en premier qui détermine le signe de la valeur propre de $S_1$). Par conséquent, la probabilité d'obtenir $+\hbar/2$ dans la mesure de $S_1$ (carré du coefficient qui multiplie $|+,-\rangle$) est à nouveau égale à 1/2, comme aussi celle de trouver $-\hbar/2$ (carré du coefficient de $|-,+\rangle$).

On estimera sans doute que nous ronronnons dans la routine : mis à part le questionnement concernant les probabilités, rien de bien neuf pour l'instant sous le soleil quantique. Mais s'avance maintenant, masqué et sournois, le postulat de « *réduction du paquet d'ondes* » ! Voici, étape après étape, point par point, une succession de mesures avec leurs conséquences.

La première d'entre elles porte sur $S_1$ seul ; nous venons d'en parler. Supposons que, effectivement mise à exécution, elle ait trouvé $+\hbar/2$. Après cet acte dont nous connaissons maintenant l'issue ($+\hbar/2$), l'état du système est décrit par *la composante* $|\psi'\rangle$ *du ket* $|\psi\rangle$ *qui est associée au résultat de la mesure* : en l'occurrence, $|\psi'\rangle = |+,-\rangle$. A-t-on bien compris que nous extrayons de $|\psi\rangle$ le ket – il y est unique – qui porte en sautoir « + » comme premier symbole ?

Ensuite, nouvelle mesure. Si elle portait derechef sur $S_1$, son résultat serait nécessairement le même que la première fois ($+\hbar/2$), avec certitude (probabilité 1). Mais c'est sur $S_2$ qu'elle porte cette fois, à l'autre bout de l'appareillage (à six mètres, ou peut-être vingt kilomètres, de la première mesure). Les postulats sont à nouveau formels : une mesure de $S_2$ sur un système se présentant dans l'état $|\psi'\rangle$ ne peut donner que $-\hbar/2$, avec certitude (probabilité égale à 1), puisque $|\psi'\rangle$ n'a aucune composante selon aucun des deux kets, $|+,+\rangle$ ou $|-,+\rangle$, qui correspondent à $+\hbar/2$ pour $S_2$.

Commentons. Notre première mesure, sur $S_1$, s'est déroulée au fin bout du bras gauche de l'appareil, l'autre ($S_2$) au fin bout du bras droit. Comment, je vous le demande, l'information délivrée par la première (« Ohé ! Du bateau !..., j'ai trouvé $+\hbar/2$ ! ») se transporterait-elle *instantanément* à l'autre extrémité de l'appareillage, au point de changer en (0, 1) les probabilités (1/2, 1/2) que nous pensions trouver ?... « Instantanément », avez-vous dit ? Vous voulez rire... Aucune information ne peut se transmettre à une vitesse supérieure à $c$, d'après la théorie de la relativité, découverte par le E de EPR ! Et pourtant... Cette objection a effectivement été prise en compte par les expérimentateurs : ils ont construit leur appareillage de telle sorte que l'intervalle de temps entre les deux mesures fût *inférieur* à celui que met la lumière à parcourir l'envergure des deux bras. Le terme « instantané » est donc bien adéquat, qu'on le veuille ou non !

## *Verdict de l'expérience*

Ce fut une « manip » mémorable que celle d'Alain Aspect (1982). Avec une précision, une subtilité, une intelligence... En premier lieu, elle ne mesurait pas seulement les composantes $S_1$ et $S_2$ suivant $Oz$ : les détecteurs pouvaient être orientés suivant d'autres directions, au choix. D'autre part, l'expérience portait sur des photons.

Le spin d'un photon ne vaut pas un demi, mais bien un. Toutefois, comme sa masse est nulle, il présente seulement deux états de polarisation, que l'on qualifie de « droite » et « gauche », et qui correspondent aux valeurs $+\hbar$ et $-\hbar$. On retrouve donc le formalisme simple que nous avons développé dans le cas de spins 1/2.

Peut-être cela manque-t-il de clarté ? Deux photons sont créés par une cascade de transitions atomiques connue ; on sait, de source sûre – où intervient évidemment la théorie, sans laquelle rien ne serait possible –, que le système des deux photons ainsi préparé prend son essor – son double essor, l'un vers la gauche, l'autre vers la droite – dans l'état que nous avons nommé $|\psi\rangle$ ci-dessus. Seules nous serviront évidemment les circonstances où la ligne de vol des deux photons longe les deux bras de l'appareil.

À l'extrémité droite, on va réaliser la mesure d'une composante du spin (1) selon certaine direction, et à l'extrémité gauche celle du spin (2) selon une direction *a priori* différente ; on analyse les *corrélations* entre les divers couples de composantes – une de (1), l'autre de (2). Comme le domaine quantique repose sur des probabilités, on effectue – patiemment – un grand nombre de mesures semblables. On nomme « *corrélation* » entre $S_1$ et $S_2$ la différence $\overline{S_1S_2} - \overline{S_1} \times \overline{S_2}$, entre la valeur moyenne du produit $S_1S_2$ et le produit des valeurs moyennes de $S_1$ et $S_2$. Mais on se permet l'élégance de ne pas fixer par avance la configuration des deux détecteurs : on le fait de façon aléatoire, et après que les deux photons ont commencé leur course (on veut éviter l'objection selon laquelle les deux photons « auraient connaissance » à leur départ – pour parler de manière anthropomorphique – de la mesure qu'ils vont subir).

Et dans tout ce fatras d'aléas et d'amplitudes de probabilité, de kets d'état et d'observables, tranquille, sûre d'elle, répondant aux questions qu'on lui pose mais coite sur les sujets qu'on aurait pu lui soumettre et qu'on n'a pas abordés, la *mécanique quantique* règne, souveraine et insoupçonnable – telle Vénus naissant des flots, bercée par une conque marine.

*Est-ce un paradoxe* ? Le paradoxe est là, certes, si vous en décidez ainsi. Mais il est résolu, comme il se doit, si vous en acceptez l'augure. Si vous vous en remettez aveuglément à la mécanique quantique, tous les obstacles sont balayés : elle répond précisément aux questions précises, et elle couvre le panorama entier sans laisser de fausses ombres. Mais si vous posez des « pourquoi ? » et des « comment ? », alors commencent les difficultés. Comment, effectivement, concevoir qu'une action (une détection du spin selon telle direction) portant sur une particule puisse affecter aussitôt l'état *d'une autre particule* qui n'interagit plus depuis longtemps avec la première, et qui d'ailleurs n'aurait pas le temps de le faire – selon la relativité ?

Voilà : *Dura lex, sed lex* (« la loi est dure, mais c'est la loi »). À ce problème – ce paradoxe si vous voulez le nommer ainsi – chacun réagit selon son tempérament. Tels cherchent à contourner l'obstacle, à réconcilier la mécanique quantique avec le bon sens ; leurs efforts sont voués à l'échec : certaines prédictions quantiques sont irréductiblement impossibles à « ramener dans le droit chemin » ; mais elles sont *vérifiées par l'expérience*. Les plus nombreux se contentent de savoir que la mécanique quantique est parfaitement solvable – expérimentalement – et l'utilisent intensivement pour calculer des prévisions ou analyser des processus.

On présente parfois le paradoxe EPR – ou d'autres de la même veine – comme entrant en conflit avec le *réalisme local*. Qu'est-ce à dire ? Le *réalisme* se propose de décrire le monde physique réel, dont l'existence et les propriétés sont indépendantes de la présence ou des sentiments d'un observateur éventuel. La *localité* – on parle parfois de « séparabilité » – s'entend comme suit : une action, quelle qu'elle soit, ne peut avoir d'effet immédiat que « localement », au proche voisinage de l'endroit où elle se produit ; un événement qui se manifeste ici et maintenant ne peut pas influer sur telle propriété qui serait observée maintenant mais là-bas.

Le concept de localité peut être précisé quantitativement à l'aide de l'intervalle d'espace-temps relativiste : deux événements ne peuvent pas entretenir une relation de cause à effet si leur distance dans l'espace excède celle que peut couvrir la lumière pendant l'intervalle de temps qui les disjoint. Or, nous l'avons signalé d'emblée, l'effet EPR n'est pas séparable : les corrélations entre valeurs des spins persistent si les appareils de mesure sont séparés par un intervalle du genre espace, au sens relativiste.

Du côté de la mécanique quantique, la caractéristique essentielle de la situation EPR a nom « cohérence » : bien que de plus en plus éloignées l'une de l'autre dans l'espace, les particules (1) et (2) conservent, pour décrire leurs spins, un ket unique qui les englobe tous deux. La mécanique quantique s'avère seule à offrir cette possibilité. Mais la cohérence, on le comprend intuitivement, se fragilise et s'expose à s'étirer ainsi par des chemins trop longs et trop hasardeux. La rencontre avec des facteurs de *décohérence*, présents notamment lors de l'interaction avec d'autres systèmes croisés par hasard, fait disparaître sans retour les effets singuliers que nous avons évoqués, c'est-à-dire les corrélations entre les deux spins.

CHAPITRE 24

# IRRÉVERSIBILITÉ

« N'existons-nous donc plus ? Avons-nous eu notre heure ?
Rien ne la rendra-t-il à nos cris superflus ? »

Victor HUGO

Nous allons évoquer dans ce chapitre l'un des problèmes *les plus fondamentaux et les plus fascinants* de la physique : le problème du *renversement du temps,* et de la réversibilité ou de l'irréversibilité des équations et des phénomènes dans cette opération.

Il nous faut pour cela quitter le domaine de l'équilibre macroscopique dans lequel nous nous sommes douillettement cantonnés en mécanique statistique (chapitre 22) : nous nous proposons d'étudier ici des systèmes *hors de l'équilibre,* systèmes qui, par conséquent, *évoluent au cours du temps* à l'échelle macroscopique. Le problème, vaste et complexe, nous permettra tout de même de discuter la question fondamentale de l'*irréversibilité.*

Au lieu de nous égarer dans des considérations préliminaires et générales, lançons-nous immédiatement dans le vif du sujet.

## *Réversibilité des équations microscopiques*

Tout commence par la constatation que les équations de la mécanique classique se révèlent invariantes par renversement du temps. Qu'entend-on par là ?

L'opération de *renversement du temps* consiste à remplacer partout le temps $t$ par son opposé. Un peu plus techniquement, ayant choisi une origine des temps $t = 0$, nous effectuons dans toutes les équations le changement de variables : $t' = -t$. Cela revient à inverser le sens du temps : pendant que $t$ croît de zéro à de grandes valeurs positives, $t'$ décroît de zéro vers de grandes valeurs mais négatives.

Prenons la *relation fondamentale de la dynamique* de Newton, pour une particule unique ou pour un système de $N$ particules, peu importe. Dans cette (ou ces) équation(s) apparaît l'accélération de la (ou des) particule(s), et c'est là, et là seulement, qu'intervient le *temps*. Or *l'accélération est inchangée* si l'on y remplace le temps par son opposé. L'accélération est la dérivée seconde de la position par rapport au temps. Elle subit donc un double changement de signe, ce qui équivaut à pas de changement de signe du tout. La relation fondamentale de la dynamique est donc elle-même inchangée.

Quelles conséquences physiques peut-on tirer de cette invariance ? On les saisit aisément si l'on se persuade en premier lieu que *la vitesse change en son opposée* lors d'un renversement du temps : la vitesse, dérivée première de la position par rapport au temps, est partant convertie en son opposée si le temps change de signe. Nous énoncerons donc la conclusion suivante (nous choisissons, pour simplifier l'énoncé, le cas d'une seule particule) : *à tout mouvement possible de la particule,* correspondant à une solution de l'équation du mouvement, *on peut associer un autre mouvement possible,* qui vérifie aussi l'équation du mouvement ; ce second mouvement se fait le long de la *même trajectoire* que le premier, mais avec, en chaque point, une *vitesse opposée,* de sorte que *la trajectoire est parcourue en sens inverse.* On n'aura aucune peine à généraliser cet énoncé à un système de particules.

Mais c'est en règle générale la *mécanique quantique* qu'il convient d'utiliser pour décrire le *comportement microscopique* des systèmes. La question de la réversibilité est un peu moins simple à traiter en mécanique quantique qu'en mécanique classique. Il n'en reste pas moins que l'équation de Schrödinger, analogue quantique de la relation fondamentale de la dynamique classique, se montre elle aussi invariante par renversement du temps. L'équation de Schrödinger fait intervenir le temps au premier ordre ; mais la fonction d'onde quantique est un nombre complexe, ce qui permet de rétablir les signes, avec des conséquences physiques semblables aux précédentes.

Précisons ce dernier point, quelque peu délicat. Tenons-nous-en au cas le plus simple : particule sans spin de masse $m$ plongée dans un potentiel scalaire $V(\vec{r})$. L'équation de Schrödinger s'écrit

$$i\hbar\frac{\partial}{\partial t}\psi(\vec{r},t)=H\psi(\vec{r},t),$$

l'opérateur $H$ étant *réel* :

$$H=-\frac{\hbar^2}{2m}\Delta+V(\vec{r}).$$

Le changement de variable $t'=-t$ transforme l'équation en

$$-i\hbar\frac{\partial}{\partial t'}\psi(\vec{r},-t')=H\psi(\vec{r},-t'),$$

différant d'elle par le signe du premier membre. Mais prenons le complexe conjugué des deux membres de cette dernière version :

$$+i\hbar\frac{\partial}{\partial t'}\psi^*(\vec{r},-t')=H\psi^*(\vec{r},-t'),$$

$\psi^*$ notant le complexe conjugué de $\psi$. Si l'on introduit, par la relation

$$\psi'(\vec{r},t')\triangleq\psi^*(\vec{r},-t'),$$

une nouvelle fonction d'onde, celle-ci vérifie une équation identique à l'équation de Schrödinger initiale :

$$i\hbar\frac{\partial}{\partial t'}\psi'(\vec{r},t') = H\psi'(\vec{r},t').$$

Ici, à un mouvement possible de la particule caractérisé par $\psi(\vec{r},t)$ on peut associer un autre mouvement possible caractérisé par $\psi'(\vec{r},t')$, le temps $t$ étant changé en son opposé $t' = -t$.

Voici donc notre *problème fondamental* : les équations (classiques ou quantiques) qui régissent le mouvement d'un système à l'échelle microscopique se montrent invariantes par renversement du temps ; pourtant, l'évolution du système à l'échelle macroscopique possède une propriété contradictoire, l'*irréversibilité*, puisqu'un système macroscopique, livré à lui-même, tend vers un état d'équilibre.

## *L'équation de Boltzmann*

C'est encore Ludwig Boltzmann qui accomplit un travail de pionnier sur le problème de l'irréversibilité. Il choisit pour cela d'étudier un gaz dilué, car son comportement microscopique, même traité statistiquement – bien sûr ! Boltzmann n'avait pas son pareil en fait de traitement statistique –, son comportement microscopique, donc, se révélerait plus facile à suivre : les molécules y sont bien séparées, et leurs collisions bien individualisées. Précisons par quelques ordres de grandeur. Nous prenons l'exemple de l'hélium, parce que ses molécules sont constituées d'un atome unique – les molécules d'hydrogène, d'oxygène, d'azote, sont diatomiques, c'est-à-dire qu'elles relient deux atomes (identiques l'un à l'autre dans les trois cas cités) –, à la température ambiante et sous la pression atmosphérique. Le rayon d'un atome d'hélium peut être évalué à 0,26 angström ; la portée des forces interatomiques – c'est-à-dire l'éloignement au-delà duquel deux atomes d'hélium cessent d'exercer l'un sur l'autre quelque force que ce soit – vaut environ 3 angströms ; l'espacement moyen entre molécules voisines s'établit aux environs de 30 angströms, la vitesse des atomes d'hélium vers 1 000 mètres par seconde ; l'intervalle que parcourt, en moyenne, un atome d'hélium entre deux collisions avec ses congénères – intervalle qu'on appelle le « libre parcours moyen », franchi pratiquement en ligne droite –, avoisine 1 500 angströms. Voilà ce que nous entendons par « molécules bien séparées » (30 Å à comparer avec 3 Å), et « collisions bien individualisées » (1 500 Å de libre parcours moyen pour 3 Å de portée des interactions). Il convient quand même de remarquer que la vitesse des atomes, considérable (1 000 mètres par seconde), provoque des collisions extrêmement fréquentes : on calcule sans difficulté que l'intervalle de temps moyen entre deux collisions successives d'un même atome ne dépasse guère $10^{-10}$ seconde !

À partir de quelques hypothèses dont certaines nous étonnent encore par leur pénétration et sollicitent aussi toute notre science, Boltzmann produisit une équation, qui porte son nom, décrivant l'évolution des gaz dilués. Elle propose ce qu'on nomme traditionnellement une « théorie cinétique » de cette évolution, c'est-à-dire qu'elle analyse en détail le comportement des constituants microscopiques du système (le gaz dilué) et construit à partir de là, en traitant cette information de manière statistique, le devenir macroscopique du gaz dans son ensemble. L'*équation de Boltzmann* a été abondamment et vivement critiquée à ses débuts (1872) ; elle n'a cessé depuis d'être analysée, discutée et utilisée... ; elle conserve pourtant sa forme initiale (à peine modernisée) et sa puissance explicative. Et elle rend compte de la *progression irréversible* du gaz. « *Passent les jours et passent les semaines / Ni temps passé / Ni les amours reviennent / Sous le pont Mirabeau coule la Seine* » (Guillaume Apollinaire).

## *Irréversibilité : un exemple simple*

Le dualisme réversibilité-irréversibilité apparaît clairement dans l'exemple élémentaire que voici.

Analysons tout d'abord le comportement d'une *particule unique* enfermée dans un *récipient macroscopique* ; nous supposons pour simplifier que son mouvement peut être correctement décrit par la mécanique classique. Nous nous donnons, à un certain instant $t_0$, la position $A_0$ de la particule et sa vitesse $\vec{v}_0$ : sur la figure 1a, la vitesse est représentée par une petite flèche, qui précise sa direction en même temps que sa valeur. Le mouvement de la particule la conduit, au bout d'un certain temps $\tau$ – c'est-à-dire à l'instant $t_1 = t_0 + \tau$ –, au point $A_1$ avec la vitesse $\vec{v}_1$, indiquée sur la figure. La relation fondamentale de la dynamique newtonienne s'avère invariante par renversement du temps (voir ci-dessus). Plaçons dès lors la même particule en $A_1$ et communiquons-lui, à l'instant $t_1'$, la vitesse $\vec{v}_1'$ opposée à celle que nous lui avons connue en ce point : $\vec{v}_1' = -\vec{v}_1$ (figure 1b). La particule se retrouvera en $A_0$, à l'instant $t_1' + \tau$, avec pour vitesse $\vec{v}_0'$, opposée à celle qu'elle y avait primitivement : $\vec{v}_0' = -\vec{v}_0$. Le temps $\tau$ que dure ce trajet retour de $A_1$ en $A_0$ égale celui qu'avait pris le trajet aller, de $A_0$ en $A_1$. Pour saisir ce fait de façon intuitive, imaginons que nous ayons filmé le mouve-

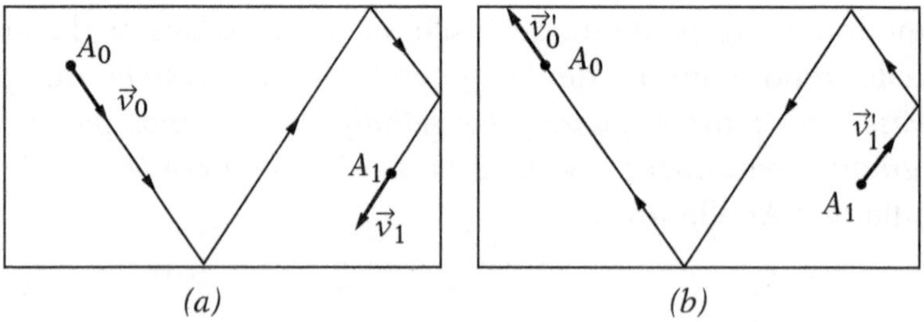


Figure 1

ment direct de la particule de $A_0$ en $A_1$ – filmer une particule ne doit pas être facile, mais nous ignorons ici ces contingences. Si l'on passe ensuite le film à l'envers, c'est le mouvement inverse, de $A_1$ en $A_0$, avec des vitesses opposées aux précédentes, qu'on verra sur l'écran. Aucun spectateur ne trouvera ce mouvement inverse anormal ; il est parfaitement compatible avec les lois physiques.

Examinons maintenant le *comportement d'un gaz* constitué d'un grand nombre de particules, en supposant là encore qu'il est décrit par la mécanique classique. À l'instant initial, le récipient qui enferme le gaz est séparé en deux compartiments par une cloison, comme l'indique la figure 2a ; toutes les particules se trouvent alors dans le compartiment gauche du récipient, celui de droite étant supposé vide.

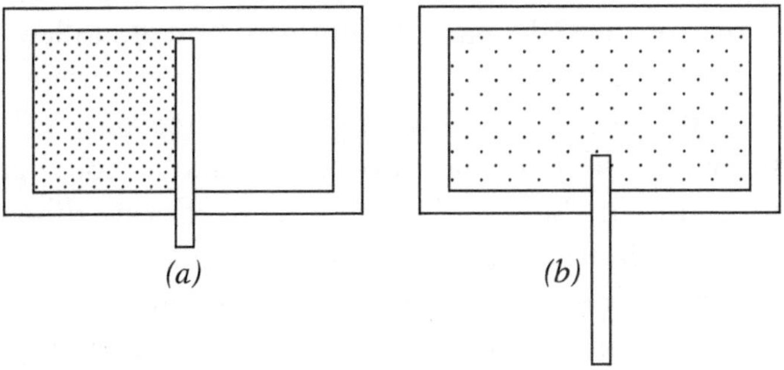


Figure 2

On retire ensuite la cloison. C'est la *détente de Joule-Gay-Lussac*. Nous savons d'expérience que le gaz va se répandre dans le compartiment initialement vide, de telle manière qu'il occupe finalement de façon homogène la totalité du volume disponible – ce qu'indique la figure 2b. L'irréversibilité prend ici un aspect clair et concret : *jamais le gaz ne reviendra spontanément se confiner* en totalité dans la moitié gauche du récipient. Imaginons qu'on ait pu filmer les molécules du gaz au cours de son évolution réelle, et que l'on passe ensuite le film à l'envers. Personne ne sera dupe : l'évolution inverse qui se déroulera sur l'écran paraîtra aussi saugrenue que le spectacle d'un plongeur qui bondit hors de l'eau à reculons vers le plongeoir, ou tout autre phénomène évidemment contraire aux lois naturelles.

Comment l'irréversibilité de l'évolution macroscopique peut-elle découler de lois microscopiques invariantes par renversement du temps ? Dans l'exemple ci-dessus, pourquoi n'est-il pas possible, en changeant de sens les vitesses de toutes les molécules du gaz, de faire parcourir à celui-ci le chemin inverse de son évolution spontanée ? La réponse à cette dernière question est relativement simple : le *nombre de molécules* est tellement énorme qu'il est impensable de chercher à *contrôler la vitesse de chacune d'elles* au même instant. Notons que, dans l'état initial où le gaz n'occupe que le compartiment de gauche, on ne possède pas une information détaillée sur la position précise de chaque molécule – et encore moins sur sa vitesse –, mais seulement une *information globale,* à l'échelle macroscopique : elles se trouvent toutes dans la moitié gauche. L'évolution du gaz dans sa détente a pour effet de diluer cette information en la transférant au niveau microscopique, où elle devient inaccessible : chaque molécule garde en principe, dans sa position et sa vitesse, le souvenir d'une parcelle de l'information initiale, mais celle-ci ne peut pas être reconstituée à partir de ces parcelles trop ténues et trop nombreuses ! L'information que portait la configuration originelle est maintenant éclatée. Cette *perte d'information* interdit le retour en arrière.

## *Irréversibilité et indéterminisme*

« *File la laine, / file les jours. / Garde ma peine / et mon amour. / Livre d'images / Des rêves lourds, / Ouvre la page/ À l'éternel retour* » (Robert Marcy).

L'analyse de l'exemple simple développé ci-dessus permet de placer le problème de l'irréversibilité sur un plan concret et intuitivement accessible. Mais il ne répond que partiellement à la question primordiale sur *l'origine de l'évolution irréversible* d'un système régi par des équations microscopiques temporellement symétriques. Cette question a fait l'objet de nombreux travaux, et elle n'est pas encore « refroidie », comme on dit en médecine d'une lésion quand elle est plus aisément opérable : tous les physiciens n'ont pas exactement la même opinion sur le sujet. Nous allons indiquer ici l'idée physique générale qui, selon la majorité des experts, sert de base à la compréhension du phénomène.

Le problème de l'*irréversibilité* est intimement lié à celui du *déterminisme* : les *équations fondamentales* sont dites *déterministes,* en ce sens qu'elles permettent de caractériser de façon univoque l'état microscopique du système à tout instant, à partir de la donnée de cet état à un instant antérieur unique ; au contraire l'*évolution macroscopique* dudit système se montre *stochastique,* c'est-à-dire que sa description est fondée sur les probabilités. Dans l'exemple du gaz que nous avons analysé, l'impossibilité du retour en arrière est due au fait que l'état final du système n'est pas connu avec suffisamment de précision, à l'échelle microscopique, pour qu'on puisse envisager de changer de signe toutes les vitesses de façon crédible ; cette méconnaissance de l'état microscopique final admet pour cause à son tour la nécessité de traiter l'évolution du système de façon probabiliste. Donc les antinomies réversible-irréversible et déterministe-stochastique doivent être envisagées comme deux aspects d'une seule et même question fondamentale.

La clef du problème est fournie par *l'extrême sensibilité des équations microscopiques à de petits changements* dans les conditions initiales ou à de faibles perturbations du système au cours de son évolution. Pour préciser ce point crucial, nous allons à nouveau faire appel aux exemples simples que nous avons introduits.

Reprenons d'abord le cas d'une particule unique, auquel correspond la figure 1. Elle s'avère fort simpliste, en fait, la description que nous avons proposée de cette situation. En effet, dans la réalité, la position et la vitesse initiales de la particule ne peuvent pas être connues avec une précision parfaite : la position $A_0$ ne peut pas être un point mathématique, ni la vitesse $\vec{v}_0$ une flèche de longueur et de direction exactement définies. La présence de telles incertitudes, qu'on s'efforce évidemment de réduire, n'en est pas moins au cœur même de la description physique du réel. Examinons alors le comportement de la particule lorsqu'on choisit successivement comme état initial les diverses possibilités qu'offrent ces incertitudes : on prend un point dans le petit domaine (entourant $A_0$) où peut se trouver la position initiale de la particule, et de même une vitesse parmi les vitesses possibles (elles sont très proches les unes des autres). À partir de chacun de ces états initiaux mathématiques, l'équation du mouvement – déterministe – fixe de façon univoque l'état de la particule aux instants ultérieurs. On pourrait penser que deux mouvements issus de conditions initiales voisines – comme ils le sont ici – vont rester continuellement voisins. Eh bien, non ! *ces deux mouvements,* et en particulier les trajectoires qu'ils empruntent, *s'écartent irrémédiablement l'un de l'autre.* On peut le comprendre facilement, pour une particule microscopique, si l'on prend en compte les inévitables irrégularités dans les parois du récipient, à l'échelle microscopique. La figure 3 que voici montre comment deux trajectoires très voisines (l'une marquée par une flèche indiquant le sens de parcours de la particule, l'autre par une double flèche pour la distinguer de la première) peuvent devenir complètement étrangères l'une à l'autre après avoir rebondi sur un obstacle irrégulier. Encore avons-nous représenté, pour fixer les idées, des rebonds spéculaires. Le choc d'une particule microscopique sur la surface d'un solide constitue un phénomène autrement complexe, dont les détails dépendent des interactions entre la particule et les atomes constituant la paroi. Assez souvent, la particule reste un certain temps accrochée à la paroi – on la dit « adsorbée » – avant de se libérer à nouveau pour se relancer dans le récipient ; auquel cas, le choc désoriente davantage encore la vitesse de la particule, et l'effet illustré par la figure en est renforcé.

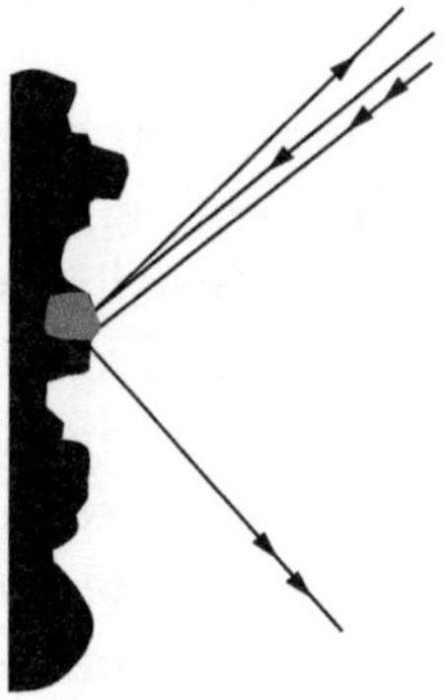

Figure 3

Ainsi, les chocs successifs de la particule sur les parois du récipient ont pour effet de diluer l'information initiale – la particule est partie d'un point voisin de $A_0$ avec une vitesse voisine de $\vec{v}_0$ – en élargissant de façon explosive le domaine d'incertitude. N'oublions pas que, en outre, le système étudié – même s'il s'agit d'une particule unique – est soumis à de très faibles mais multiples influences extérieures dont l'efficacité est considérablement accrue par la sensibilité intrinsèque des équations du mouvement. Ces deux effets conjugués font que l'on devient incapable, au bout d'un certain temps, de préciser même la position de la particule à l'intérieur du récipient. Et ce temps est court : avec des vitesses moléculaires de l'ordre de celles que nous avons indiquées, le nombre de chocs, par seconde, de la particule sur les parois est très élevé. On doit dès lors, comme en mécanique statistique, avoir recours aux probabilités : si, par exemple, on divise le récipient en deux parties d'égal volume, on accorde à la particule la probabilité 1/2 de se trouver dans l'un de ces compartiments et la probabilité 1/2 de se trouver dans l'autre. *L'évolution déterministe a fait place à une évolution stochastique.* Bien entendu, il s'avère impossible également de revenir en arrière, c'est-à-dire de retrouver, à partir de la description probabiliste finale, le domaine restreint de positions et de vitesses dont nous sommes partis : *l'évolution est devenue irréversible.*

Dans un système composé d'un *grand nombre de particules* s'ajoute aux précédents l'effet – qui agit dans le même sens – des *collisions entre particules.* L'irréversibilité se manifeste dans ce cas de façon plus évidente. Nous avons envisagé un gaz qui se répandait dans l'intégralité d'un récipient après avoir été confiné dans l'une de ses moitiés. Dans cet exemple, la probabilité pour que, après l'expansion, les $N$ molécules du gaz se retrouvent toutes dans une des moitiés du récipient, désignée à l'avance, vaut $(1/2)^N$ : pour $N$ de l'ordre du nombre d'Avogadro, cette probabilité est si fantastiquement petite que l'événement correspondant – regroupement de toutes les molécules dans une moitié du récipient – est devenue véritablement *impossible.* Mais il importe de souligner que, de ce point de vue, les systèmes comportant un grand nombre de particules ne sont pas seuls à évoluer de façon irréversible : l'instabilité des équations du mouvement lors de légères modifications des conditions initiales ou extérieures, qui substitue une évolution stochastique et irréversible au déterminisme réversible à quoi on aurait pu s'attendre, semble une *propriété universelle* des systèmes dynamiques.

## *Irréversibilité : paradoxes*

Boltzmann déduisit de son équation ce qu'on appelle après lui le « *théorème H* » : c'est qu'il notait $H$ une grandeur proportionnelle à l'entropie.

Le théorème $H$ s'énonce aisément : *l'entropie d'un système isolé se comporte en fonction non décroissante du temps.* Cela signifie en clair que l'entropie d'un système isolé ne peut que croître au cours du temps, ou peut-être rester constante, parfois. On peut aussi exprimer cet énoncé en une seule formule : $dS/dt \geq 0$ pour un système isolé ($S$ désigne l'entropie et $t$ le temps).

L'équation de Boltzmann et le théorème $H$ qui en découlait soulevèrent un tollé quasi général lorsqu'ils devinrent publics.

Avant de poursuivre, assurons-nous d'avoir bien compris que *l'équation de Boltzmann se révèle irréversible.* C'est évidemment le théorème $H$ qui exprime cette irréversibilité de la façon la plus nette. Or, si l'entropie doit croître avec le temps, il paraît clair qu'elle va décroître si l'on renverse le temps, puisque celui-ci décroît alors. Voilà donc une grandeur (et quelle grandeur !) qui se comporte différemment suivant que le temps s'écoule dans le sens normal ou en sens inverse. Nous nous trouvons confrontés à ce qu'on appelle souvent la « flèche du temps ». Lorsque nous analysions les mouvements microscopiques, nous avons constaté que les trajectoires des particules peuvent être décrites en sens inverse, car le renversement du temps – qui laisse invariantes les équations du mouvement – revient à changer toutes les vitesses en leurs opposées. En revanche, nous trouvons ici qu'il n'y a aucune possibilité de faire parcourir en sens inverse le chemin qu'un système macroscopique a suivi à l'aller. Il semble clair également que l'inégalité que nous avons écrite pour exprimer le théorème $H$ se montre *non invariante* par renversement du temps : si l'on passe de $t$ à $t' = -t$, le premier membre de cette inégalité change de signe ; elle n'est donc plus vérifiée sous sa forme originelle.

Boltzmann s'était mis à dos la plupart des thermodynamiciens avec sa mécanique statistique d'équilibre. Et voilà qu'il poussait aussi les mécaniciens au soulèvement avec son équation irréversible ! Bien entendu, les premiers arguments contre cette équation se révélèrent quasiment tautologiques : « Il est bien connu que les équations du mouvement se montrent réversibles – nous l'avons souligné d'emblée – ; or cette équation que vous nous proposez n'est pas réversible ; donc ce que vous présentez comme des approximations ou des hypothèses physiques, nécessaires à la démonstration de votre équation, vous ont mené à l'erreur. » Mais Boltzmann se battait pied à pied. Il fallut donc faire donner l'artillerie lourde...

Un grand mathématicien français, Henri Poincaré (1854-1912), démontra en 1890 un théorème extrêmement général et important sur l'évolution des systèmes en mécanique. Non pas qu'Henri Poincaré se sentît dérangé par les affirmations de Boltzmann, qu'il ne prenait pas au sérieux (il ne faut pas oublier qu'Henri Poincaré se voulait avant tout mathématicien, alors que c'est dans le cadre de la physique que Boltzmann situait résolument ses recherches). Quoi qu'il en soit, le théorème de Poincaré, que voici, se suffit à lui-même : un système mécanique (classique – il n'était évidemment pas question, à cette époque-là, de mécanique quantique) finit toujours, si l'on attend suffisamment longtemps, par revenir à un état microscopique aussi voisin que l'on veut de son état initial. Cela n'est pas vraiment l'énoncé mathématique du théorème : il aura été revu ici par quelque physicien.

Ce théorème pouvait – et allait – être opposé à Boltzmann. Mais notons qu'il semble exclure toute évolution vers l'équilibre, alors que celle-ci est effectivement observée par l'expérience. C'est un mathématicien allemand, Ernst Zermelo, qui a attaché son nom à cette question – Ernst Zermelo (1871-1953) a gagné par ailleurs le droit au respect lorsque, en 1935, il renonça à son titre de professeur à Fribourg pour protester contre les agissements du régime nazi –, en l'élevant au rang de paradoxe : comment peut-on concilier l'existence visible d'évolutions irréversibles (par exemple l'évolution vers l'équilibre) avec le théorème rigoureux de Poincaré, qui prédit une évolution cyclique : le système – même s'il comporte un grand nombre de particules – revient périodiquement à son état initial – ou plutôt aussi près que l'on veut de cet état initial.

Boltzmann comprit lui aussi que le théorème de Poincaré le forçait à ramer à contre-courant. Il prit donc le problème à bras-le-corps et entreprit d'estimer le temps qui serait nécessaire à un système macroscopique pour revenir à son état initial. Cette estimation le conduisit, pour 100 centimètres cubes de gaz ordinaire, à un ordre de grandeur très supérieur à 10 élevé à la puissance $10^{10}$, temps exprimé en années ! Inutile de préciser que la durée de notre pauvre vie de physiciens mais aussi celle de l'Univers sont ridiculement, ridiculement courtes devant des temps de Poincaré de cet ordre. Autant dire que, si le problème des cycles de Poincaré subsiste, il n'est pas d'une urgence brûlante.

SEPTIÈME PARTIE

# PRINCIPES VARIATIONNELS

« C'est la gloire des Dieux, c'est le grenier mystique,
C'est la bourse du pauvre et sa patrie antique,
C'est le portique ouvert sur les Cieux inconnus. »

Charles BAUDELAIRE

CHAPITRE 25

# LE PRINCIPE DE FERMAT

« Celui qui me suit ne marche point dans les ténèbres, mais il aura la lumière de la vie. »
Évangile de Jean

## *Optique géométrique*

Sans soulever de questions – aux réponses décidément trop alambiquées – concernant la véritable nature physique de la lumière, l'optique géométrique se préoccupe seulement des trajets qu'elle est susceptible de suivre depuis une source qui l'émet jusqu'à un récepteur qui en recueille le message, en traversant divers milieux ou instruments s'intercalant sur son chemin.

Sachons bien au demeurant que la lumière se propage dans le vide. C'est Albert Einstein qui l'affirma le premier (1905), clairement et sans ambages, mettant fin de la sorte au règne jusqu'alors incontesté et sans partage, long de deux millénaires et plus, de l'« éther luminifère[1] », et battant en brèche le célèbre aphorisme d'Aristote : « *Si le vide existait, nous ne nous verrions plus.* » Mais certains milieux matériels – ceux

1. Voir chapitre 4, « Chimères physiciennes ».

que l'on qualifie de « transparents » – se laissent eux aussi franchir par la lumière : air, eau – mais pas jusqu'aux grandes profondeurs –, verre, certaines « matières plastiques », certains cristaux tel le quartz... Sont par opposition dits « opaques » les matériaux qui refusent le passage à la lumière.

Le premier *postulat* sur quoi repose l'optique géométrique est connu comme le « principe de propagation rectiligne » : dans un milieu transparent, *homogène et isotrope*, la lumière se propage *en ligne droite* (homogène : mêmes propriétés en tout point ; isotrope : mêmes propriétés dans toutes les directions).

Vient ensuite le « principe du retour inverse » : si la lumière issue d'une source ponctuelle $S$ est captée en un point $R$ par un récepteur, alors la même piste, parcourue en sens opposé, pourrait la ramener de $R$ en $S$ – émise de $R$, elle serait reçue en $S$.

Outre ces deux principes, vastes et généraux, fondent l'optique géométrique élémentaire des postulats plus spécifiques, qui ont nom « lois de la réflexion » et « lois de la réfraction ». L'économie du présent chapitre nous amène toutefois à différer la formulation de ces « lois ». Il se trouve en effet qu'elles découlent – comme font par ailleurs les deux « principes » – d'un précepte unique, universel et limpide, proposé comme fondement de l'optique par Pierre de Fermat (1601-1665) – illustre au demeurant entre les mathématiciens les plus illustres.

## *Énoncé de Fermat*

Nous présentons ici – pour ménager nos efforts – une version du principe de Fermat que l'on pourrait qualifier de simplifiée, en tout cas de provisoire : le véritable énoncé s'ensuivra d'un faisceau d'arguments que développera un prochain paragraphe.

On particularise dans l'espace deux points ; notons-les $A$ et $B$. Soulignons-le d'emblée : aucune relation d'image à objet n'est établie – *a priori* – entre *A* et *B* ; non ! deux points choisis au hasard, à ceci près que peuvent les joindre, en écheveau, des chemins tout du long immergés dans des milieux transparents. Alors, parmi cet éventail de trajets possibles entre *A* et *B* qui lui sont proposés, *la lumière suit celui* (ou ceux) *qui requiert d'elle le moins de temps*.

Voilà bien une profession de foi fort inhabituelle dans la forme même qu'elle adopte ! On s'attendrait – les postulats primitifs de l'optique géométrique nous y ont préparés – à devoir retenir au départ de *A* un rayon lumineux générique, à le suivre de proche en proche afin de lui appliquer, lorsque cela s'avère nécessaire, telle loi appropriée aux circonstances qu'il rencontre, jusqu'à le voir en fin de compte émerger dans le dernier milieu de la chaîne, où se languit le point *B* d'une attente le plus souvent frustrée. En revanche, on impose ici *a priori le point B d'aboutissement au même titre que le point A de partance* ; le rayon lumineux qui va en résulter ne sera pas « tiré au sort » parmi tous ceux qui émanent de *A*, mais déterminé, parmi ceux qui pourraient relier *A* à *B*, par la condition du temps de parcours minimal.

À nouveau défi, en outre, nouvelle démarche : on envisage *tous les trajets* permis entre *A* et *B* – c'est-à-dire tous ceux que n'interrompt aucun obstacle opaque – ; on sait que l'immense majorité d'entre eux ne seront *pas empruntés* par la lumière ; l'on compare néanmoins entre eux ces trajets, *comme si tous pouvaient prétendre* à la véhiculer. Le « critère de sélection » – durée minimale – qui va désigner *le* (exceptionnellement les) chemin privilégié où sera effectivement guidée la lumière fait appel à ce que l'on nomme, de façon générique, un « principe variationnel » : chaque parcours est caractérisé par les valeurs qu'y prennent certain jeu de paramètres physiques ; le temps qu'y passerait la lumière – si toutefois elle s'y engageait – se présente comme fonction de ces paramètres primordiaux ; l'objectif consiste à accéder au minimum de cette fonction, les mesures des paramètres qui assurent ce minimum désignant le trajet qu'a décidé – ou que va décider – de suivre vraiment la lumière.

Il est certes remarquable que des principes du même type – à savoir, variationnels – sont invoqués et mis en œuvre dans d'autres domaines de la physique. Les chapitres 26 et 27 en proposeront deux exemples insignes.

## *Mirages*

Outre la vastitude du domaine qu'il embrasse, outre sa concision et la beauté qui émane de son énoncé, le principe de Fermat présente, sur les formulations précédentes de l'optique élémentaire, l'avantage décisif de concerner tout aussi bien les milieux transparents *inhomogènes* ou *anisotropes* – ceux par exemple dont l'indice de réfraction varie de façon continue en leur sein, sans qu'on puisse y déceler de « surface de séparation » tranchée.

Dans nos régions, le phénomène de *mirage optique* se manifeste couramment sur les routes, l'été : lorsque le soleil tape de plein fouet sur l'asphalte, on croit voir devant soi, à quelque distance – de l'ordre de la centaine de mètres –, de larges flaques d'eau ; elles s'évanouissent dès qu'on s'en approche, pour réapparaître plus loin (on imagine aisément l'intensité dramatique que peut acquérir cette illusion d'optique dans l'esprit enfiévré d'un voyageur égaré et assoiffé errant dans une étendue aride brûlée à blanc). Un véhicule s'approchant en sens inverse se mire dans ces nappes liquides chimériques – c'est de là, de telles réflexions trompeuses des alentours, que dérive leur aspect de surfaces fluides –, et à sa vision directe se juxtapose alors celle d'une image, inversée, se formant au-dessous du sol : « *S'y mire le temps, y meurt et s'y cueillent / Mes jours à l'endroit, mes nuits à l'envers* » (Gilles Vigneault).

Pour ce qui est de la physique, l'explication du phénomène se centre sur le *principe de Fermat*. Surchauffé – par suite du rayonnement solaire qu'il absorbe –, le sol transmet de la chaleur aux couches d'air qui se trouvent à son contact, élevant de la sorte leur température, en comparaison avec celle qui prédomine à hauteur d'homme. S'ensuit une situation où la température décroît de façon continue au fur et à mesure que l'on s'élève à partir du sol : on dit que règne à son voisinage un *gradient de température* dirigé de haut en bas. Celui-ci provoque dans l'air un *gradient de densité,* en sens inverse : l'air plus chaud devient moins dense. Le gradient de densité s'accompagne à son tour d'un *gradient d'indice* – de bas en haut lui aussi : plus subtil au ras du sol, le gaz se différencie moins du vide, et son indice de réfraction se rapproche de 1 (par valeurs supérieures) – c'est-à-dire d'un *gradient de vitesse* pour la lumière – de haut en bas, quant à lui.

Pour parvenir à l'œil d'un observateur à partir d'un objet de hauteur raisonnable, la lumière peut se transmettre en ligne droite dans l'air qui s'est maintenu homogène à ces altitudes. Mais l'inhomogénéité qui s'est créée dans les couches inférieures peut donner lieu à un temps de parcours minimal le long d'un *autre trajet,* qui descend vers les zones peu denses où la vitesse de propagation est augmentée, avant de remonter vers l'œil de l'observateur (figure 1). L'allongement du chemin est compensé, en ce qui concerne la durée, par l'accroissement de la vitesse. Alors l'œil, accoutumé qu'il est à voir venir à lui la lumière en ligne droite, situe la seconde image dans le prolongement du rayon qui la lui porte en fin de course, c'est-à-dire au-dessous du sol – comme s'il existait à ce niveau une surface réfléchissante.

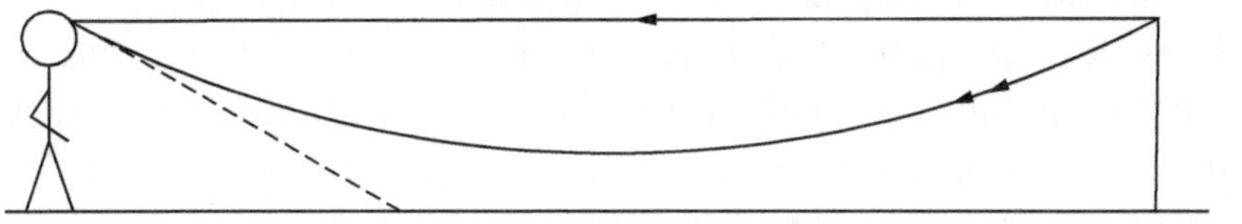

Figure 1

Un phénomène en quelque sorte inverse se produit parfois (figure 2) : un objet posé à terre – ou flottant sur l'eau – apparaît soulevé de celle-ci. Ainsi, dans des étendues désertiques et parfaitement plates – souvenir du chott el-Djerid tunisien –, il arrive fréquemment qu'un caillou de dimensions point excessives – de l'ordre de la dizaine de centimètres – puisse être vu d'assez loin (environ un kilomètre), comme en lévitation au-dessus de la vaste surface plane s'étendant jusqu'à l'horizon : « *Les sables, les déserts qu'un ciel d'airain calcine...* » (Victor Hugo). Ainsi également, dans un tout autre contexte, les marins peuvent être sujets à des « mirements » – « towerings » pour les Anglo-Saxons – qui leur montrent des navires lointains évoluant altiers au-dessus des flots : « *L'azur phosphorescent de la mer des Tropiques / Enchantait leur sommeil d'un mirage doré* » (José-Maria de Heredia).

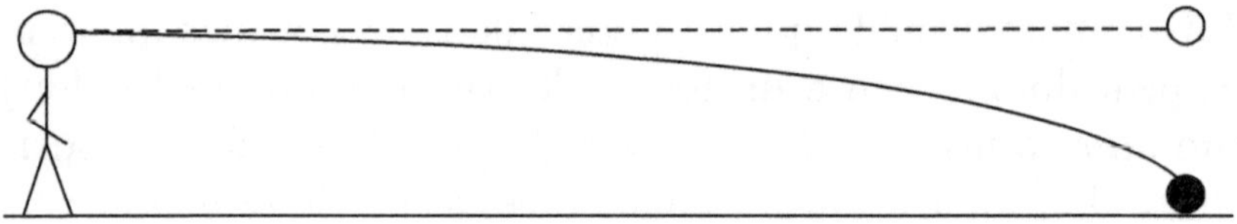

Figure 2

Multiples dans les spectacles qu'ils proposent à la vue incrédule des humains, les mirages procèdent pourtant de causes physiques connues – même si subtiles –, mais qui s'enchevêtrent dans des circonstances complexes et indécises. Sans doute est à rapprocher des mirages la réfraction – courbe – du soleil dans l'atmosphère, principalement à son coucher et à son lever, lors desquels sa dimension verticale est réduite d'environ vingt pour cent comparée à son diamètre horizontal : « *Regardez-moi, / Vous qui habitez la terre de mes ancêtres, / Regardez-moi : / C'est ma dernière route, / Mon dernier soleil...* » (Sophocle).

Les mirages, s'ils ressortissent exclusivement au principe de Fermat, c'est qu'ils tirent parti de sa capacité à prendre en compte les variations continues de vitesse de la lumière. Les « lois de Descartes » quant à elles, tant réflexives que réfractives, se rapportent à des changements brusques, se produisant sur une surface nettement tranchée qui sépare deux milieux clairement distincts. Il n'empêche : principes et lois que nous avons mis d'abord en avant comme postulats de l'optique géométrique doivent découler de source à partir du principe de Fermat, si celui-ci du moins a vocation pour les remplacer et les supplanter. L'interrogation que voilà va occuper les paragraphes qui suivent : propagation et retour inverse, réflexion puis réfraction.

## *Propagation rectiligne et retour inverse*

Supposons ici les deux points *A* et *B*, entre lesquels nous cherchons le trajet de la lumière, plongés dans un *même milieu transparent* et supposons que celui-ci se révèle *homogène et isotrope.* La lumière se déplace à la *même vitesse* le long de tous les trajets envisageables entre *A* et *B*. Ainsi le temps de parcours minimal correspond-il dans ce cas au parcours de *longueur minimale.* Or la géométrie – euclidienne – nous a depuis longtemps appris que le chemin le plus court entre *A* et *B* est *porté par la droite AB.*

Cet argument simple fait bien apparaître le *principe de propagation rectiligne* comme *conséquence du principe de Fermat.*

Envisageons maintenant deux points *A* et *B* séparés par un ou plusieurs milieux transparents quelconques, et supposons (figure 3) que nous connaissions le trajet que suit la lumière pour rallier *B* depuis *A*. C'est – d'après le principe de Fermat – celui qui demande le minimum de temps. Nous nous préoccupons maintenant de déterminer le chemin qu'emprunterait la lumière si, émise de *B*, elle était reçue en *A*.

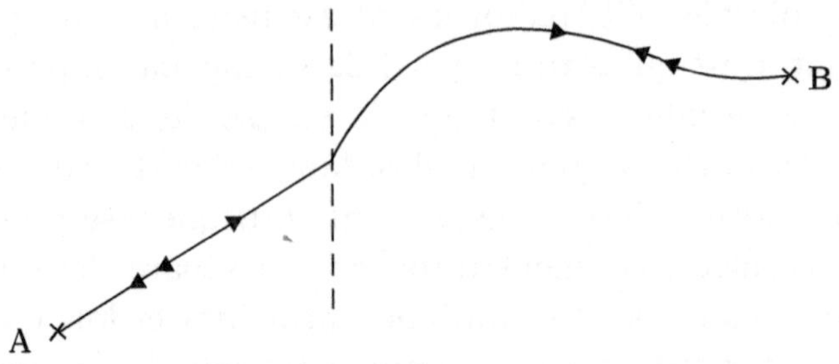


Figure 3

Supposons que, dans tous les milieux transparents interposés entre les deux points considérés, la vitesse de la lumière le long d'une direction donnée *ne dépende pas du sens* dans lequel elle se propage selon cette direction. Cela *n'implique pas l'isotropie* du milieu : la vitesse de la lumière peut différer d'une direction à l'autre, pourvu qu'elle reste la même dans les deux sens. On ne présume *pas non plus une propagation rectiligne* : le long d'un rayon courbe – dans un milieu inhomogène –, l'hypothèse s'applique, en chaque point, selon la tangente au rayon en ce point. Ne pas croire que l'hypothèse formulée va de soi : si par exemple règne dans le milieu un fort champ électrique, ou magnétique, il pourrait se faire que la vitesse de la lumière distingue le sens du champ de son sens opposé. Il n'en est rien : même dans de telles situations l'hypothèse est vérifiée.

Ainsi, le trajet qui amène la lumière, en un temps minimal, du point *A* au point B pourrait la ramener, dans le même temps – toujours minimal – de *B* en *A*. Par conséquent le « principe du retour inverse » découle lui aussi du principe de Fermat.

## *Réflexion*

Les deux points que nous considérons ici – nous les appelons selon l'habitude *A* et *B* – sont situés dans un *même milieu transparent,* homogène et isotrope, mais le trajet direct entre eux est interdit par la présence d'un écran opaque (figure 4). Il existe toutefois un miroir plan, susceptible de recevoir de la lumière provenant de *A* et de la réfléchir vers *B*. Nous allons donc appliquer le principe de Fermat à des chemins comportant une réflexion sur le miroir – sans utiliser les lois de la réflexion, que nous allons trouver en aboutissement. Tous ces chemins se déroulant dans un seul et même environnement, homogène et isotrope, la condition de temps minimal, expression du principe de Fermat, équivaut à la condition de longueur minimale. En outre – pour cette même raison – sont seuls à considérer les rayons rectilignes entre *A* et le miroir puis entre le miroir et *B*.

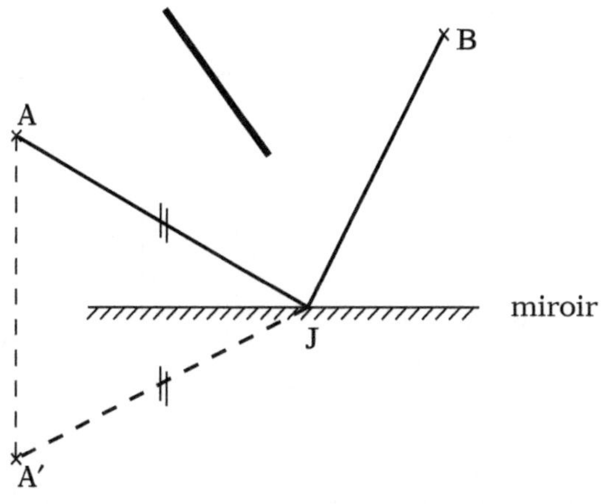


Figure 4

Construisons *le plan contenant A et B et normal à la surface du miroir* – il est déterminé par les perpendiculaires abaissées de $A$ et $B$ sur le miroir. Notre premier effort tendra à prouver que le chemin de longueur minimale entre $A$ et $B$ est tout entier compris dans ce plan. En effet, à tout trajet sortant de ce plan, pour y revenir nécessairement en $B$ (figure 5), on peut associer un autre trajet se maintenant dans le plan et de longueur inférieure au précédent. Voilà qui établit la « première loi de la réflexion » : le rayon réfléchi – que nous n'avons pas encore déterminé mais que représente provisoirement le segment $JB$, – se situera nécessairement dans le plan défini par la normale au miroir et le rayon incident $AJ$.

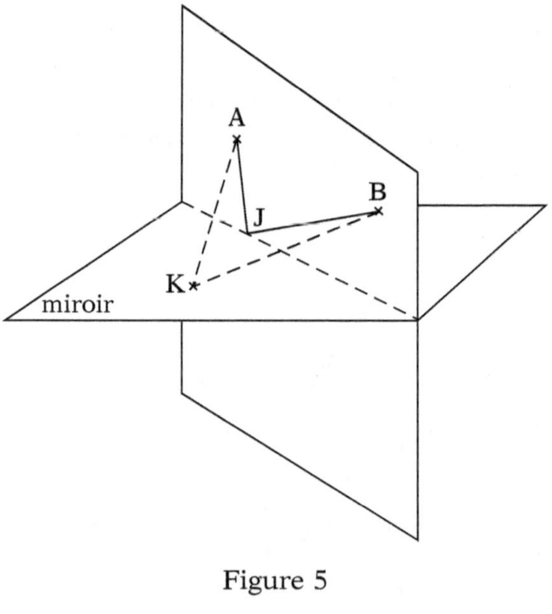


Figure 5

Nous pouvons donc raisonner exclusivement dans ce plan, en envisageant uniquement des rayons rectilignes ; ils ne seront coudés que sur la trace du miroir, tels que $AJB$ (figure 4). Reste à *déterminer la position du point J* qui rend *minimale* la somme $AJ + JB$ des longueurs ; nous appellerons $I$ cette position qui réalise le minimum.

Une construction géométrique simple fournit aussitôt la réponse. On trace le point $A'$ symétrique de $A$ par rapport au miroir ; il reste évidemment dans le plan où nous nous sommes cantonnés, et sa distance à $J$ – quelque point $J$ qu'on ait choisi sur le miroir – égale celle de $A$ : $A'J = AJ$, de sorte que $AJ + JB = A'J + JB$. Le problème est ramené de la sorte à la recherche du *trajet le plus court entre A' et B*. La solution réside dans le segment de droite $A'B$ : le point d'incidence $I$ réellement choisi par la lumière pour partir de $A$ et parvenir en $B$ se construit comme intersection de la droite $A'B$ et du miroir. On en déduit sans peine (figure 6) la *deuxième loi de la réflexion* : $i = i'$.

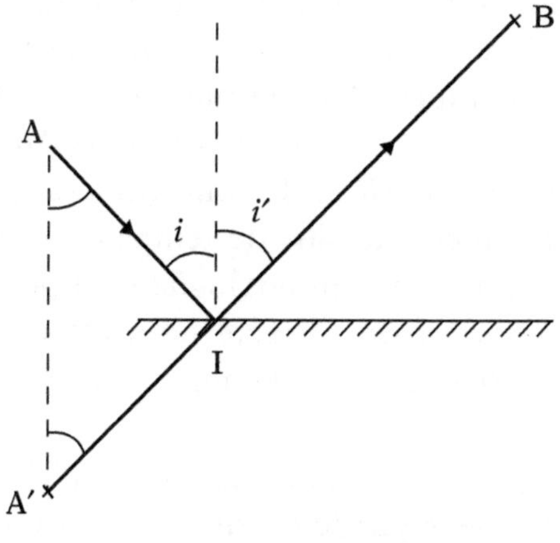


Figure 6

Ainsi, le principe de Fermat inclut comme corollaires les lois de la réflexion.

## *Réfraction*

Les points $A$ et $B$ que particularise le principe de Fermat seront ici choisis dans *deux milieux différents* – tous deux transparents, homogènes et isotropes – séparés par une surface – un « dioptre » – que nous supposerons plane. C'est par la *vitesse de la lumière* que différeront en l'occurrence les deux milieux : $v_1$ d'un côté du dioptre, $v_2$ de l'autre côté. Mais ce sont tout de même des *rayons rectilignes* qu'empruntera ici aussi la lumière de part et d'autre, pour aller du point $A$ au dioptre ainsi que pour joindre $B$ à partir du dioptre.

Introduisons le plan contenant $A$ et $B$ et normal au dioptre. Un trajet $AKB$ qui s'écarte de ce plan (figure 7) ne saurait conduire la lumière. Il existe en effet un trajet $AJB$ analogue, mais tout entier compris dans le plan, constitué de segments $AJ$ et $JB$ plus courts chacun que les segments $AK$ et $KB$ qui leur correspondent ; comme $AK$ et $AJ$ sont immergés dans le même milieu, la lumière mettrait plus de temps en suivant $AK$ qu'en optant pour $AJ$ – un argument analogue vaut pour $KB$ et $JB$. Le rayon incident et le rayon réfracté ne quitteront donc pas le plan défini ci-dessus (ce qui démontre la *première loi de la réfraction*).

Nous restreignant à ce plan, nous caractérisons un chemin éventuel de la lumière par le point $J$ où il franchit la surface de séparation. Le temps $t(J)$ que mettrait la lumière, entre $A$ et $B$, si elle empruntait le trajet $AJB$ s'écrit aussitôt : $t(J) = AJ / v_1 + JB / v_2$. Il s'agit de déterminer la position $I$ de ce point $J$ qui rend minimal ce temps de parcours (figure 8).

Il apparaît sans doute à l'évidence que *le minimum n'est pas obtenu selon la droite AB* : si, par exemple, $v_1$ surpasse $v_2$, la lumière « a tout intérêt » à allonger son parcours dans le milieu (1) où elle va plus vite et à raccourcir celui du milieu (2) où elle va moins vite, car cela lui fait « gagner du temps ». Tout

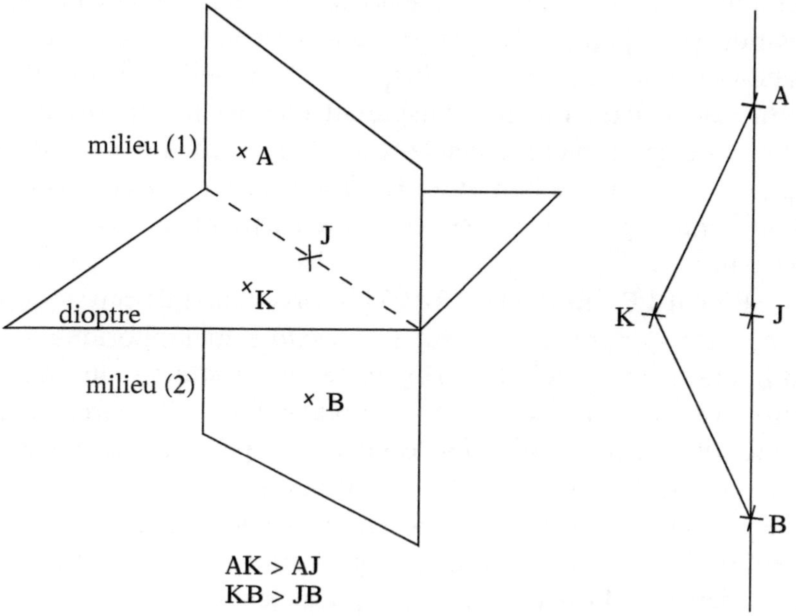


Figure 7

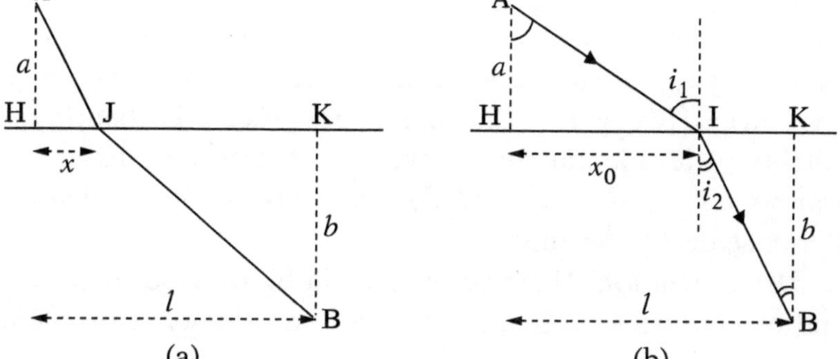


Figure 8

compte fait (voir ci-dessous), le point d'incidence *I* satisfait à la relation $(1/v_1)\sin i_1 = (1/v_2)\sin i_2$, qui n'est autre que la loi de Snell-Descartes $n_1 \sin i_1 = n_2 \sin i_2$ – si l'on définit l'indice de réfraction *n* d'un milieu transparent comme le rapport de la vitesse de la lumière dans le vide *c* à la vitesse *v* dans ce milieu : $n \triangleq c/v$. Ce lien entre l'*indice de réfraction* et la *vitesse de la lumière* procède aussi tout naturellement du principe de Fermat.

Richard Feynman (1918-1988) – prix Nobel de physique et humoriste – raconte à ce sujet l'anecdote métaphorique – et édifiante – que voici. Un fringant jeune homme – lui-même peut-être – prend le soleil sur une plage, lorsqu'il aperçoit une jeune fille – belle, à n'en pas douter – en passe de se noyer, à une ou deux encablures. N'écoutant que son attrait – fort vif – pour les femmes, le sauveur en puissance se précipite au secours de la naïade. N'importe qui aurait foncé, tête baissée, droit devant. Mais notre héros – physicien – sait d'expérience qu'il court sur le sable plus vite qu'il ne nage dans l'eau – fût-elle de mer. Il a donc intérêt – c'est aussi celui de la baigneuse – à emprunter un trajet coudé, plus long sur la plage, plus court dans l'eau. Combien plus long, combien plus court ? Pour parvenir le plus tôt possible – temps de parcours total minimal –, du point *A* de la plage où se trouve l'impatient coureur – de jupon ? – au point *B* où son aide est requise, dans la mer – « Ô *temps, suspends ton vol !...* » –, le compromis entre « plus long » et « plus court » se caractérise précisément par $(1/v_1)\sin i_1 = (1/v_2)\sin i_2$. Gageons que – grâce à la théorie qu'il maîtrise – le bienfaiteur arrivera à temps : « *Laissez-nous savourer les rapides délices / Des plus beaux de nos jours !* » (Alphonse de Lamartine).

*Démonstration.* Nous revenons à la figure 8 qui précise les notations choisies : *a*, *b*, *l*, *H* et *K*. Pour algébriser le problème, nous repérons le point *J* par son abscisse $x \triangleq \overline{HJ}$ sur l'axe *HK*, avec *H* pour origine. Ainsi, le *temps de parcours* $t(J)$ va devenir une fonction de *x*, dont nous chercherons le minimum en annulant sa dérivée.

L'immortel théorème de l'illustrissime Pythagore donne immédiatement les longueurs des rayons – virtuels – *AJ* et *BJ*, de sorte que $t(J)=(1/v_1)\sqrt{a^2+x^2}+(1/v_2)\sqrt{b^2+(l-x)^2}$. L'abscisse $x_0$ du point d'incidence *I* que va réellement choisir la lumière vérifie la condition $(dt/dx)(x_0)=0$. Connaissant l'expression de la dérivée d'une racine carrée $\left[(\mathrm{d}/\mathrm{d}x)\sqrt{u(x)}=1/\left(2\sqrt{u(x)}\right)\mathrm{d}u/\mathrm{d}x\right]$, nous explicitons la condition sous la forme $(1/v_1)\times 2x_0/2\sqrt{a^2+x_0{}^2}+(1/v_2)\left[-2(l-x_0)/2\sqrt{b^2+(l-x_0)^2}\right]=0$. Mais l'objectif poursuivi consiste non pas à calculer explicitement $x_0$, mais bien plutôt à *transformer* l'égalité en $(1/v_1)x_0/\sqrt{a^2+x_0{}^2}=(1/v_2)(l-x_0)/\sqrt{b^2+(l-x_0)^2}$, avant de revenir à la notation géométrique : $(1/v_1)(HI/AI)=(1/v_2)(IK/IB)$. Dans les triangles rectangles *AHI* et *BKI* apparaissent tout aussitôt les angles d'incidence $i_1$ et de réfraction $i_2$, et l'on reconnaît alors la relation invoquée ci-dessus : $(1/v_1)\sin i_1=(1/v_2)\sin i_2$.

## *Le principe de Fermat : véritable énoncé*

Lorsque nous avons entrepris de démontrer les lois de la réflexion à partir du principe de Fermat (pris sous sa formulation simplifiée), il s'est avéré convenable d'éviter les ambiguïtés en empêchant tout trajet direct – en ligne droite – entre les deux points *A* et *B* (figure 4). On sait pourtant d'expérience – « *Je sais les cieux crevant en éclairs et les trombes / Et les ressacs et les courants ; je sais le soir...* » (Arthur Rimbaud) – qu'un œil placé en *B* pourra – en l'absence d'écran opaque – voir le point *A* lui-même – s'il émet de la lumière – en même temps que son image $A'$ dans le miroir. Or il ne fait de doute pour personne que le chemin coudé *AIB* passe en longueur, et de loin, le chemin direct *AB*. Tel qu'énoncé et exploité jusqu'ici – trajet minimal en temps – le principe de Fermat claudique quelque peu. Et comment pourrait-on laisser claudiquer un principe ? « *Suivez l'esprit qui plane et non l'esprit qui boite* » (Victor Hugo).

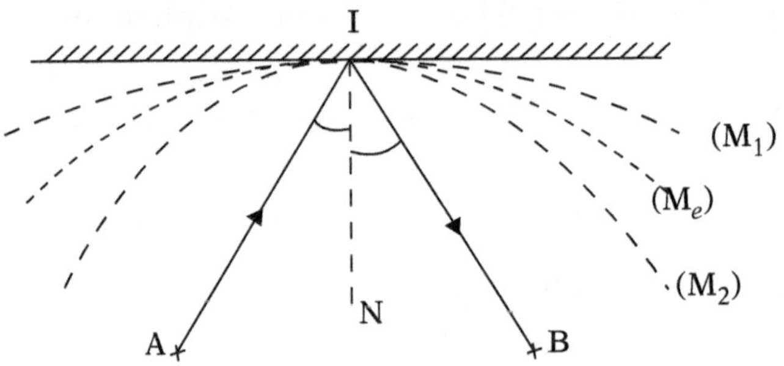


Figure 9

Pour avancer dans la compréhension de sa véritable nature, analysons la figure 9. Nous y avons placé deux points *A* et *B* auxquels nous ne renoncerons pas, ni à leur position. Nous allons envisager des miroirs de forme différente mais *tous tangents entre eux au point I,* lequel est situé en sorte que le trajet *AIB sera effectivement longé par la lumière*, dans tous les cas qui se présenteront par la suite.

Engageons l'analyse avec un *miroir plan* – passant par *I* et perpendiculaire à *IN*, médiatrice de *AB*. Le paragraphe « Réflexion » conclut que tout chemin – se réfléchissant sur le miroir – autre que *AIB* se montre plus long que lui. Poursuivons avec un miroir tel que $(M_1)$, légèrement concave – mais respectant le trajet de la lumière *AIB*. On s'attend – et cela se vérifie – à la même conclusion pour $(M_1)$ que pour le miroir plan : *AIB* se présente encore comme le chemin le plus court – en longueur comme en temps – de ceux de son espèce.

Mais *cette situation ne se maintient pas* si l'on courbe davantage les miroirs. On commence à le percevoir si l'on s'adresse à un miroir $\left(M_e\right)$ de forme *elliptique*, avec *A* et *B* pour foyers. L'ellipse est connue comme le lieu géométrique des points du plan dont la somme des distances aux foyers *A* et *B* reste constante ; dans ce cas – très particulier –, *AIB* est devenu *égal en longueur* à tous ses congénères qui pourraient joindre *A* et *B* en ricochant sur le miroir elliptique. Par manière de parenthèse – ce n'est pas ici notre propos –, tous ces « congénères » sont susceptibles, au même titre que *AIB*, de porter la lumière.

On conçoit donc que, si l'on accentue encore la courbure du miroir, on entre dans un *nouveau régime,* où le parcours *AIB* de la lumière, au lieu de minimal comme semblait le vouloir le principe de Fermat – première version –, se révèle *maximal.* Sans doute maint lecteur se contentera-t-il d'avoir vu *AIB*, inférieur initialement, s'égaler aux autres trajets sur $\left(M_e\right)$, pour se persuader qu'il deviendra ensuite supérieur. Un exemple simple est développé ci-dessous[2].

Mais la réalité s'avère plus complexe encore. Les arguments précédents se sont explicitement limités au plan contenant les points *A*, *B* et *I* ; or la longueur du trajet *AIB* doit aussi être comparée à celle des chemins frappant l'un ou l'autre miroir hors de ce plan. Entre alors en ligne de compte la courbure éventuelle des miroirs *dans la direction perpendiculaire* au plan (*AIB*).

Contentons-nous de la remarque que voici. Nous choisissons un miroir plus courbe – dans le plan (*AIB*) – que l'ellipti-

2. Si la courbure du miroir est choisie plus forte que celle de l'ellipse, le parcours *AIB* excède en longueur tous les parcours voisins. Prenons une forme simple (figure 10) – le *cercle* centré au milieu *O* de *AB*, et de rayon $R = OI$ – plus courbe que l'ellipse (*OI* coïncide avec le « petit axe » de l'ellipse ; le cercle coupe donc la droite *AB* à une distance de *O* inférieure au « grand axe »). Comparons alors *AIB*, de longueur $2\sqrt{R^2+a^2}$ au trajet le plus facile à mesurer, $AJ_0B : (R-a) + (R+a) = 2R$. On infère de là que *AIB* dépasse en longueur les chemins *AJB*, avec *J* sur le cercle.

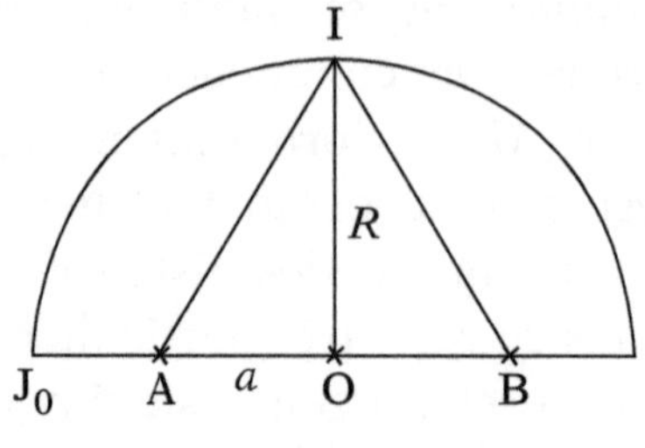


Figure 10

que $(M_e)$, en sorte que *AIB* corresponde à un *maximum* de longueur – et de temps – dans ce plan. Dans la direction perpendiculaire, nous choisissons « *le plus simple, de beaucoup* » : point du tout de courbure. Ainsi complété, notre miroir ressemble à un tunnel, relativement étroit mais horizontal.

Pourquoi ce choix ? Parce que *AIB* s'y montre *maximal transversalement* – dans le plan – et *minimal longitudinalement* – par rapport aux trajets *AKB* où *K* se trouve sur la perpendiculaire au plan passant par *I*.

Le véritable *principe de Fermat* s'énonce comme suit : *parmi tous les trajets possibles entre A et B, la lumière suit celui – ou ceux – qui correspond(ent) à un temps de parcours stationnaire.*

Le terme « *stationnaire* » peut être entendu de deux manières équivalentes. (i) Le temps de parcours $t$ entre $A$ et $B$ dépend du chemin qu'on envisage ; il va se présenter comme une fonction $t(\alpha,\beta,\gamma,\ldots)$ des paramètres $\alpha,\beta,\gamma,\ldots$ qui caractérisent le chemin choisi. Alors $t$ est rendu stationnaire par les valeurs $\alpha_0,\beta_0,\gamma_0,\ldots$ des paramètres si celles-ci *annulent toutes les dérivées* (premières) de $t$ par rapport à $\alpha,\beta,\gamma,\ldots$ (ii) La stationnarité de $t$ peut aussi s'exprimer de façon plus « géométrique ». Envisageons un trajet déterminé, et cherchons s'il est – ou sera – suivi par la lumière. Pour ce faire, nous modifions ce trajet de manière infinitésimale. Si *le temps de parcours reste inchangé, au premier ordre* dans ces modifications, quelles qu'elles puissent être, alors le trajet choisi est emprunté par la lumière.

## CHAPITRE 26

# LA CONDITION D'ENTROPIE MAXIMALE

« *Y si lo queréis oír*
*consiste esta suma ciencia*
*en un subido sentir*
*de la divinal esencia*[1]. »
Juan DE LA CRUZ

C'est un tout autre domaine qui va nous intéresser ici – « *Tout changeait de pôle et d'épaule* » – où nous allons pourtant retrouver l'empreinte indélébile d'un *principe variationnel* fonctionnant pour l'essentiel – à deux siècles d'intervalle ! – comme faisait le précédent.

Commençons par brosser à grands traits décidés le décor de la thermodynamique, qui enchâsse en l'occurrence le présent joyau variationnel aux multiples facettes : « *On a beau changer d'horizon / Le cœur garde ses désaccords /... / De toute cette déraison / Il n'est resté que les décors* » (Louis Aragon).

1. Et si vous acceptez de l'entendre, / elle consiste, cette science suprême, / en une profonde intuition / de l'essence divine (Jean DE LA CROIX).

## *Postulat de la thermodynamique*

Éminente théorie physique née au mitan du XIXe siècle, la thermodynamique a longtemps été perçue comme procédant de « principes » – deux, essentiellement. On préfère aujourd'hui l'asseoir sur un *postulat* plus synthétique, plus lisible dans sa généralité, dont les principes ci-mentionnés – qui ont conservé leur validité – apparaissent comme conséquences.

Le postulat se formule à propos d'un système quelconque – universalité – mais *isolé* : tout commerce avec l'extérieur lui est interdit par une enceinte appropriée.

L'état d'un système thermodynamique isolé est caractérisé par une collection de grandeurs physiques qui gardent – par suite de l'isolement – une valeur pérenne. Citons l'énergie, et plus spécifiquement l'« énergie interne » $U$ (on nomme ainsi l'énergie qu'il reste à un système lorsqu'il se trouve au repos à l'échelle macroscopique) ; le *nombre de moles* $n$ (nombre de particules compté en multiples du nombre d'Avogadro), ou plusieurs tels nombres si le système comprend plusieurs corps de nature différente ; le *volume* $V$, ou plusieurs si le système est cloisonné ; et puis, suivant le problème analysé, telles autres grandeurs adaptées à cette analyse (charge électrique, le cas échéant) qui se partageraient avec l'alentour si elles n'en étaient empêchées.

Voilà, sommairement esquissée, une liste des « variables d'état primitives » : « variables » car, bien que fixées dans un système isolé, différentes valeurs leur sont accessibles (on peut choisir librement le volume $V$ qui sera imposé au système, par exemple) ; d'« état », car ce sont elles qui *définissent l'état* macroscopique du système qu'elles ont vocation de décrire ; « primitives », car le postulat se fonde sur elles – on aura noté que n'y figurent ni la température ni la pression.

Désignons les variables d'état primitives indépendantes par $(U,V,n,q,...)$ : énergie interne, volume, nombre de moles, charge électrique, et d'autres encore, éventuellement, selon l'objet envisagé. Le *postulat fondamental* de la thermodynamique stipule qu'à tout système macroscopique est associée une fonction de ses variables d'état primitives, appelée « *entropie* » et notée $S$ – la physique transcrit cette relation fonctionnelle sous la forme $S = S(U,V,n,q,...)$, et lui attribue les vertus constitutives que voici :

(i) *Toutes les propriétés* macroscopiques d'un système – lorsqu'il se trouve à l'équilibre – sont contenues en puissance dans la « *relation fondamentale* » $S = S(U,V,n,q,...)$ qui exprime son entropie comme fonction de ses variables d'état primitives ;

(ii) Si, dans un système isolé, on efface une contrainte qui pesait d'abord sur lui, il évolue vers un *nouvel état d'équilibre* ; il se stabilise dans celui qui réalise le *maximum de S* compatible avec les contraintes qui demeurent, suivant en cela la « condition d'entropie maximale » – nouvel avatar des principes variationnels, cheville ouvrière de la thermodynamique.

(iii) L'entropie présente les propriétés fonctionnelles que voici : toujours positive $(S \geq 0)$, elle croît avec l'énergie $(\partial S / \partial U > 0)$.

(iv) L'entropie se comporte additivement, à l'instar de l'énergie – sauf cas particuliers qui se traiteront à part – : un système composé de plusieurs sous-systèmes a pour entropie la somme des entropies des sous-sytèmes.

## *Grandeurs thermodynamiques conjuguées*

Le postulat de la thermodynamique est centré sur l'entropie $S$, mais plus précisément sur l'entropie en tant que fonction des variables d'état primitives, de sorte que la relation $S = S(U,V,n,q,...)$ est à bon droit sacrée « fondamentale » :

« *Digne es-tu de recevoir le livre / et d'en briser les sceaux* » (Apocalypse).

Des grandeurs de première importance se *définissent* directement d'après la relation fondamentale, à partir des dérivées de l'entropie par rapport aux variables d'état primitives ; chacune de celles-ci se voit doter ainsi d'une « grandeur conjuguée ». L'intérêt primordial de ces grandeurs se manifestera dans le problème que nous évoquerons ci-dessous (en « note ») – archétype de nombreuses circonstances concrètes.

La grandeur conjuguée de l'énergie interne $U$ se nomme « *température* » $T$ ; on la *définit* par l'égalité

$$\frac{1}{T} \triangleq \frac{\partial S}{\partial U}.$$

De façon analogue, la grandeur conjuguée $\mu$ du nombre de moles $n$ – que l'on appelle « *potentiel chimique* » – répond à la définition

$$\frac{\mu}{T} \triangleq -\frac{\partial S}{\partial n}$$

(ne pas s'exaspérer devant la variété des signes : ils répondent à des conventions commodes).

Il nous faut évidemment traiter de façon semblable le volume $V$ et la charge électrique $q$ :

$$\frac{p}{T} \triangleq \frac{\partial S}{\partial V}, \quad \frac{v}{T} \triangleq -\frac{\partial S}{\partial q}.$$

Un argument dimensionnel élémentaire reconnaît en $p$ (quotient d'une énergie par un volume, ou – ce qui revient au même dimensionnellement – force par unité de surface) ce que la mécanique dénomme « pression », et en $v$ ce que l'électricité dénomme « différence de potentiel ». D'où la signification physique des « grandeurs conjuguées » $p$ et $v$.

En revanche, *température* $T$ et *potentiel chimique* $\mu$ tiennent leur légitimité – leur existence même, en réalité – de la *seule thermodynamique* ; ce n'est qu'à travers elle que ces notions peuvent se transposer aux autres domaines de la physique.

La température $T$ prend seulement des valeurs positives, selon le point (iii) du postulat. Les grandeurs $\mu$ et $\nu$ peuvent, quant à elles, se trouver de l'un ou l'autre signe, suivant les systèmes et les circonstances. Pour ce qui est de la pression $p$, la condition d'entropie maximale – dont voici la première intervention, et radicale – lui interdit les valeurs négatives. Un système en effet qui admettrait une pression négative se comporterait de façon peu orthodoxe : il pourrait augmenter son entropie $S$ en restreignant son volume $V$, puisque $S$ croîtrait lorsque $V$ diminuerait ; bien que l'espace qui lui est alloué soit fixé de l'extérieur par un récipient, le système – toujours isolé – adopterait spontanément un volume moindre, en se recroquevillant et en se tassant toujours davantage.

La *définition* de la température $T$ qui découle du postulat en fait d'emblée une grandeur mesurable – au même titre que la pression, par exemple. Mais elle est, à l'origine, associée à chaque système séparément : la température d'un échantillon d'eau se calcule à partir de l'entropie et de l'énergie interne de cette substance, qui n'ont apparemment rien en commun avec celles d'un bloc de cuivre – disons. Pourtant cette grandeur va être partagée – elle l'est expérimentalement – entre les systèmes, au point de devenir *universelle* : le *principe d'entropie maximale* égalise les températures de deux objets quelconques en contact thermique (voir note p. 339).

## *Condition d'entropie maximale (exemples d'application)*

Pivot central du postulat de la thermodynamique, la condition d'entropie maximale est sans cesse sollicitée, tant dans les raisonnements théoriques que dans les applications. Avant de traiter le problème du contact thermique – qui nécessite quelques connaissances analytiques –, exposons deux exemples techniquement plus abordables mais de portée physique considérable.

Le premier, simple et intuitif, concerne le processus dit « détente de Joule-Gay-Lussac ». Un gaz est enfermé dans un récipient de volume $V_1$ accolé à un autre récipient, de volume $V_2$ initialement vide (figure 2 du chapitre 24). L'ensemble est parfaitement isolé de l'extérieur. On libère le volume du gaz en ouvrant la cloison. Parmi tous les volumes qui lui sont *a priori* accessibles – entre zéro et $V_1 + V_2$ –, c'est le gaz lui-même qui choisit celui qu'il va adopter pour son nouvel état d'équilibre ; on dit que le volume constitue dans ce cas une « variable interne ». Or l'entropie $S$ du gaz croît continûment avec le volume $V$ ; en effet, la dérivée de $S$ par rapport à $V$ – pour un système isolé tel que le gaz considéré ici – sert à définir (voir *grandeurs thermodynamiques conjuguées*) le rapport $p/T$ de la pression $p$ à la température $T$, grandeurs positives l'une comme l'autre. Le maximum de l'entropie $S$ s'obtiendra donc pour la *valeur maximale* $V_1 + V_2$ *du volume.* Voilà interprétée théoriquement l'expansion du gaz dans la totalité du volume qui lui est alloué.

Le second exemple concerne un système maintenu – de l'extérieur – à la température $T$ et la pression $p$. Ce système ne saurait être considéré comme isolé, puisqu'il est en contact avec un thermostat et un réservoir de volume extérieurs ; aussi la condition d'entropie maximale ne lui est-elle plus applicable directement. Cependant on sait déduire du postulat que, à température $T$ et pression $p$ fixées, c'est l'« enthalpie libre » $G$ qui joue le rôle crucial : c'est une fonction des variables d'état $(T, p, n)$, et la condition d'entropie maximale devient pour le système une *condition d'enthalpie libre minimale*.

Voici quelques indications concernant cette affirmation. Le système qui nous intéresse se tient de façon permanente en contact avec un « réservoir de chaleur et de volume », dont la température $T_0$ et la pression $p_0$ restent immuables (ce peut être l'atmosphère ambiante). Le système évolue entre deux états d'équilibre, initial *(i)* et final *(f)*. Son volume, son énergie interne et son entropie s'accroissent (algébriquement), au cours de cette évolution, de $\Delta V$, $\Delta U$ et $\Delta S$, respectivement. Le réservoir lui cède le travail

$$W = -p_0 \Delta V$$

qu'effectuent les forces de pression. Il s'ensuit que la quantité de chaleur $Q$ qu'a reçue le système pendant cette même transformation de *(i)* à *(f)* vérifie l'égalité

$$Q = \Delta U - W = \Delta U + p_0 \Delta V.$$

L'*inégalité de Clausius*, qui exprime le « deuxième principe » de la thermodynamique, s'écrit dans le cas présent

$$\Delta S \geq \frac{Q}{T_0}.$$

Une algèbre toute simple transforme alors cette inégalité en

$$T_0 \Delta S \geq \Delta U + p_0 \Delta V,$$

puis en

$$\Delta U + p_0 \Delta V - T_0 \Delta S \leq 0.$$

On introduit alors la fonction

$$G_0 \triangleq U - T_0 S + p_0 V.$$

Sa variation $\Delta G_0$ entre les états *(i)* et *(f)* satisfait à la condition

$$\Delta G_0 \leq 0.$$

À température et pression fixées (de l'extérieur), le relâchement d'une contrainte fait évoluer le système vers l'état d'équilibre où $G_0$ atteint son minimum.

Ce viatique quelque peu succinct va pourtant nous permettre d'analyser la *transition de phase liquide-vapeur*.

Considérant en premier lieu un liquide homogène (nombre de moles $n$) à la température $T$ et la pression $p$ (point de charge $q$), on suppose connue son enthalpie libre : $G_l = G_l(T,p,n)$, où l'indice $l$ signale « liquide ». Mêmes considérations et même hypothèse pour le même corps, pris cette fois sous forme de vapeur : $G_v = G_v(T,p,n)$, où l'indice $v$ signale « vapeur ». Muni de ces notions et fonctions, on s'interroge : est-il possible d'observer le liquide et sa vapeur ensemble, en équilibre mutuel dans le même récipient ? Si oui, à quelle condition ?

Pour répondre à cette question, on bâtit *l'enthalpie libre qu'aurait une telle superposition* liquide-vapeur. Comme le *couplage* entre les deux phases – liquide et vapeur – reste *faible,* on ajoute simplement les deux enthalpies libres qui leur sont associées, prises toutes deux à la même température $T$ et à la même pression $p$ (puisqu'elles pourront échanger librement de la chaleur et du volume). Toutefois, elles ne vont pas renfermer toutes deux le même nombre de moles $n$. On est amené à introduire une *nouvelle variable* $x$, qui va caractériser la proportion de liquide, disons : $nx$ est le nombre de moles du liquide, $n(1-x)$ celui de la vapeur ; ainsi défini, le « titre » $x$ est compris entre 0 et 1 ; $x = 0$ signifie « pas de liquide, tout sous forme vapeur », et $x = 1$ signifie « pas de vapeur, tout sous forme liquide ». Pour $x$ quelconque – compris entre 0 et 1 –, l'enthalpie libre de l'ensemble liquide ($nx$ moles)-vapeur ($n(1-x)$ moles) s'écrit simplement[2] $G(T,p,n\,;x)=x\,G_l(T,p,n)+(1-x)G_v(T,p,n)$. La « variable interne » $x$, qui caractérise les proportions liquide-vapeur, est déterminée par la dynamique propre du système ; c'est la *condition d'enthalpie libre minimale* qui en établit la valeur, les autres variables $T,p,n$ fixées.

Ayant été choisi un couple de valeurs $(T_1,p_1)$ pour la température et la pression, on constate par exemple que $G_l(T_1,p_1,n)$ se trouve inférieure à $G_v(T_1,p_1,n)$. Pas de doute, dans ce cas, c'est $x = 1$ qui amène $G(T_1,p_1,n\,;x)$ à son minimum ; donc impossibilité de coexistence des deux phases ; *l'état stable comporte seulement du liquide.* De façon tout à fait analogue si, pour un couple $(T_2,p_2)$, $G_v(T_2,p_2,n)$ se trouve inférieure à $G_l(T_2,p_2,n)$, le minimum de $G(T_2,p_2,n\,;x)$ se produit en $x = 0$ ; pas de coexistence, *état comportant seulement de la vapeur.*

Mais il existe sans doute un – ou plusieurs – couple $(T_0,p_0)$ qui donne *même valeur à* $G_l$ et $G_v$ : $G_l(T_0,p_0,n)=$

2. Cette relation se révèle moins simple qu'il n'y paraît : elle découle de l'« extensivité » de $G$ et $n$, et de l'« intensivité » de $T$ et $p$.

$G_v(T_0,p_0,n)$. Dans ce cas, la fonction $G(T_0,p_0,n\ ;x)$ ne dépend plus de $x$ ! En effet, $G(T_0,p_0,n\ ;x) = [x+(1-x)]G_l(T_0,p_0,n) =$ $G_l(T_0,p_0,n)$ ou aussi bien $G_v(T_0,p_0,n)$. On peut alors considérer que $G(T_0,p_0,n\ ;x)$ reste *minimale pour tout* $x$. Ainsi, pour $T_0$ et $p_0$ qui rendent égales $G_l$ et $G_v$, *liquide et vapeur coexistent à l'équilibre*, et ce dans des *proportions quelconques*.

## *Note – Étude circonstanciée de l'équilibre thermique*

### MISE EN CONTACT THERMIQUE

Deux systèmes $S_1$ et $S_2$ sont contenus dans des récipients adjacents, comme ils le sont sur la figure. *Initialement,* ces deux systèmes sont *séparément isolés et à l'équilibre* : les parois qui les enferment et la cloison qui les sépare sont alors fixes, indéformables et adiabatiques ; ni énergie ni matière ne peuvent les franchir. Les variables d'état primitives du système global $S = S_1 \cup S_2$ réunissent les deux ensembles de variables qui se rapportent à $S_1$ et $S_2$ :

$$\{U_1,V_1,n_1,U_2,V_2,n_2\}$$

(point de charge ici non plus). Dans l'état d'équilibre initial, toutes ces variables sont fixées, déterminées par la façon dont

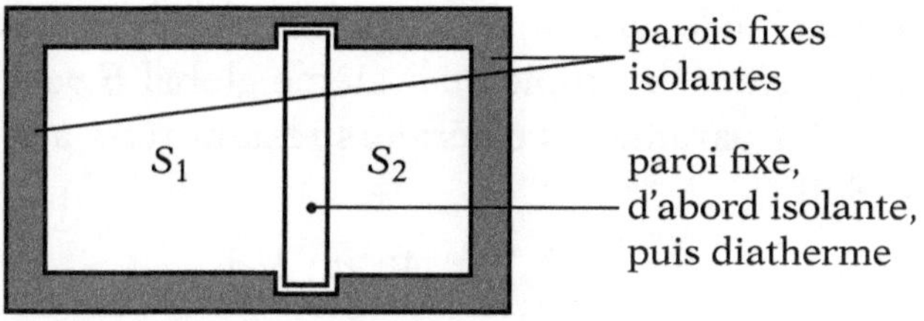


Figure 1

le système d'ensemble $S$ a été construit. On les nomme pour cela « paramètres extérieurs ».

Tout en préservant l'isolement du système $S$ dans son ensemble, *relâchons maintenant une contrainte* : la cloison qui sépare $S_1$ et $S_2$ est rendue diatherme, c'est-à-dire qu'elle laisse passer la chaleur (elle reste cependant fixe et imperméable aux particules) ; les deux systèmes se trouvent ainsi *en contact purement thermique,* et non plus isolés l'un de l'autre. Leur ensemble évolue alors vers un nouvel état d'équilibre.

Dans cet état d'équilibre final, les énergies internes $U_1$ et $U_2$ ne sont plus, comme elles l'étaient précédemment, fixées par la construction du système ; c'est au contraire celui-ci qui « choisit » leur valeur, selon sa propre dynamique. Le relâchement de la contrainte a fait de $U_1$ et $U_2$, initialement paramètres extérieurs, des « variables internes ». L'énergie globale $U$ reste quant à elle un paramètre extérieur (pas d'échange entre $S$ et l'environnement), de sorte que l'énergie $U_2$ de $S_2$ est déterminée si l'est par ailleurs l'énergie $U_1$ de $S_1$ :

$$U_2 = U - U_1.$$

On a donc affaire, véritablement, à *une seule variable interne,* disons $U_1$ ; quant aux paramètres extérieurs dans l'état final, énumérons-les : $\{U;\ V_1, n_1, V_2, n_2\}$.

D'après le postulat fondamental, l'entropie du système global $S$ doit atteindre son maximum dans l'état d'équilibre final, « compte tenu des contraintes restantes », c'est-à-dire pour $U; V_1, n_1, V_2, n_2$ (paramètres extérieurs) fixés ; il ne reste donc qu'une grandeur susceptible d'évoluer pour modifier la valeur de l'entropie : la variable interne $U_1$. Pour écrire la condition d'entropie maximale, qui va régir l'équilibre final, il faut donc calculer auparavant l'entropie du système global $S$ *pour chaque valeur de* $U_1$, les paramètres extérieurs restant fixés aux valeurs imposées. Soit

$$\overline{S} = \overline{S}\left(U;\ V_1, n_1, V_2, n_2;\ U_1\right)$$

cette entropie du système lorsque $U_1$ est elle aussi fixée. À l'équilibre, la variable interne $U_1$ prend la valeur $U_{1e}$ qui rend $\overline{S}$

maximale. *Deux conditions mathématiques* traduisent cette exigence : la « condition d'équilibre » annule la dérivée première de $\bar{S}$, et la « *condition de stabilité* » impose une dérivée seconde négative en cet endroit (la stabilité sera analysée ci-dessous en termes plus intuitifs).

CONDITION D'ÉQUILIBRE

La valeur $U_{1e}$ de l'énergie $U_1$ dans l'état d'équilibre final doit remplir la condition

$$\frac{\partial \bar{S}}{\partial U_1} = 0.$$

Dans le cas présent, le couplage des deux systèmes peut être considéré faible. L'hypothèse d'additivité de l'entropie, formulée au point (iv) du postulat[3], permet alors de donner une forme plus explicite à la condition que nous venons de poser. On exprime l'entropie $\bar{S}$ du système global en tant que somme de celles, $S_1$ et $S_2$, des deux systèmes. En explicitant les variables, on écrira

$$\bar{S} = S_1(U_1, V_1, n_1) + S_2(U_2, V_2, n_2)$$

ou encore, compte tenu de la conservation de l'énergie,

$$\bar{S} = S_1(U_1, V_1, n_1) + S_2(U - U_1, V_2, n_2).$$

Il s'ensuit que

$$\frac{\partial \bar{S}}{\partial U_1} = \frac{\partial S_1}{\partial U_1} - \frac{\partial S_2}{\partial U_2}.$$

Pour obtenir le second terme, on applique la règle de dérivation d'une fonction de fonction :

$$\frac{\partial}{\partial U_1} S_2(U - U_1, \ldots) = \frac{\partial S_2}{\partial U_2} \cdot \left.\frac{\partial U_2}{\partial U_1}\right|_U = \frac{\partial S_2}{\partial U_2} \times (-1).$$

Apparaissent ainsi les températures $T_1$ et $T_2$ des deux systèmes $\mathcal{S}_1$ et $\mathcal{S}_2$ – voir « grandeurs thermodynamiques conjuguées », p. 334 – : la formule précédente devient alors

3. p. 334.

$$\frac{\partial \bar{S}}{\partial U_1} = \frac{1}{T_1} - \frac{1}{T_2},$$

et la condition d'équilibre prend la forme

$$\frac{1}{T_1} - \frac{1}{T_2} = 0 \quad \Rightarrow \quad T_1 = T_2.$$

Précisons les variables dans cette égalité :

$$T_1\left(U_{1e}, V_1, n_1\right) = T_2\left(U - U_{1e}, V_2, n_2\right).$$

Il s'agit bien là d'une *équation* qui détermine la valeur à l'équilibre $U_{1e}$ de la variable interne $U_1$, en fonction des paramètres extérieurs.

Ainsi, pour deux systèmes en contact thermique, la condition d'équilibre impose l'*égalité de leurs températures.* C'est cette égalité qui régit la répartition de l'énergie totale $U = U_1 + U_2$ entre les deux systèmes $S_1$ et $S_2$ lorsqu'ils ont atteint l'équilibre.

## *Stabilité d'un équilibre*

Imaginons un système – mécanique, thermodynamique, ou autre – ; imaginons qu'il puisse atteindre un état d'*équilibre.* La question se pose aussitôt de la *stabilité* de cet équilibre ; stable, il permettra au système de s'y maintenir ; instable, il ne pourra le retenir.

La stabilité d'un état d'équilibre répond à la *définition générale* qui voici : une action – naturelle ou intentionnelle – écarte le système, très faiblement, de l'équilibre ; le très léger déséquilibre qui en résulte a pour effet soit de ramener le système vers l'équilibre – celui-ci se révèle alors *stable* –, soit de l'en éloigner davantage – *instabilité* dans ce cas.

Appliquons ici ce critère universel à la situation concrète de l'*équilibre thermique.*

Deux systèmes $S_1$ et $S_2$ sont séparés par une cloison diatherme, l'ensemble étant isolé de l'extérieur ; leurs échanges de chaleur ont abouti à *l'égalité de leurs températures* : $T_{1e} = T_{2e}$ (« e » pour équilibre). Dans cette situation, l'énergie interne de

$S_1$ a acquis la valeur $U_{1e}$ et celle de $S_2$, la valeur $U_{2e}$. Supposons que, pour quelque raison, l'énergie interne de $S_1$ vienne à dépasser – très légèrement – sa valeur d'équilibre : $U_1 > U_{1e}$. Corrélativement, l'énergie interne $U_2$ de $S_2$ décroît d'autant : $U_2 < U_{2e}$. (En effet, l'ensemble des deux systèmes étant resté isolé, son énergie totale, somme de $U_1$ et $U_2$, ne peut changer, se maintenant égale à $U_{1e} + U_{2e}$.)

À présent, si les énergies $U_1$ et $U_2$ ont été modifiées, l'ont été aussi, par là même, les températures $T_1$ et $T_2$ de $S_1$ et $S_2$ ; par suite, l'équilibre thermique entre les deux systèmes a été altéré : $T_1 \neq T_2$. Ce déséquilibre de température va provoquer à son tour un flux de chaleur. Nous admettons ici – hypothèse intuitive que vient confirmer le postulat de la thermodynamique – que la chaleur s'écoule depuis la température la plus élevée vers la plus basse.

Deux situations, radicalement différentes du point de vue de la physique, peuvent alors se présenter (rappelons que, pour fixer les idées, nous avons supposé que $U_1$ devenait supérieure à sa valeur d'équilibre $U_{1e}$).

Examinons une *première hypothèse* : l'accroissement de $U_1$ a provoqué un *abaissement de la température* du côté de $S_1$, soit $T_1 < T_{1e}$ ; du côté de $S_2$, la même hypothèse traduit la décroissance de $U_2$ par une *augmentation de* $T_2$, soit $T_2 > T_{2e}$. Le transfert de chaleur va dans ce cas de $S_2$ vers $S_1$, puisque $T_2 > T_1$. Il augmente par conséquent $U_1$ au détriment de $U_2$ ; cela *éloigne davantage* $U_1$ de $U_{1e}$ et $U_2$ de $U_{2e}$, c'est-à-dire éloigne l'ensemble de son équilibre. Si cette première situation prévalait, *l'équilibre serait instable* : tout écart spontané s'amplifierait, entraînant irrémédiablement les deux systèmes hors de leur équilibre mutuel $T_{1e} = T_{2e}$ (auquel correspondent $U_1 = U_{1e}$ et $U_2 = U_{2e}$).

Dans la réalité, c'est la *seconde situation* qui l'emporte, rendant *stable* l'équilibre thermique ; l'augmentation de $U_1$ implique celle de $T_1$, la diminution de $U_2$, celle de $T_2$. La chaleur, s'écoulant dans le sens des températures décroissantes, c'est-à-dire dans ce cas depuis $S_1$ vers $S_2$, diminue $U_1$ et augmente $U_2$ d'autant, ramenant par là les deux systèmes, qui vers $U_{1e}$, qui vers $U_{2e}$, et rétablissant l'équilibre thermique $T_{1e} = T_{2e}$.

Techniquement, la stabilité de l'équilibre thermique repose sur la positivité de la dérivée de $T_1$ par rapport à $U_1$ – et de celle de $T_2$ par rapport à $U_2$. En physique, cette dérivée n'est autre que l'inverse de la *chaleur spécifique* (à volume constant) de $S_1$ ou $S_2$. En effet $\partial T_1 / \partial U_1$ se renverse en $\partial U_1 / \partial T_1$, et cette dernière dérivée caractérise l'augmentation (très faible) $dU_1$ de l'énergie interne $U_1$ du système provoquée par une augmentation $dT_1$ de sa température (sans variation de volume puisque la cloison a été maintenue fixe).

Ainsi, la *stabilité des équilibres thermiques* exige que soit *positive* la *chaleur spécifique* de tout système.

CHAPITRE 27

# LE PRINCIPE DE MOINDRE ACTION

« L'ombre était nuptiale, auguste et solennelle ;
Les anges y volaient sans doute obscurément,
Car on voyait passer dans la nuit, par moment,
Quelque chose de bleu qui paraissait une aile. »
Victor HUGO

La mécanique à son tour – qui l'eût dit ? –, la bonne vieille mécanique en passe déjà d'être sacrée « classique », dut un jour courber son front altier – qui l'eût cru ? – sous le joug exigeant des fourches Caudines variationnelles, dont semblaient pourtant la préserver à jamais la rectitude inébranlable de la théorie newtonienne et ses impressionnants succès observationnels et expérimentaux. Toujours est-il que cette humiliation brutale et symbolique – « *Courbe la tête, fier Sicambre,...* » –, loin de provoquer la déchéance et la descente aux enfers, suscita bien plutôt un approfondissement et un renouveau théoriques, porteurs de développements jusqu'alors inouïs : « *E quindi uscimmo à riveder le stelle* » (« Et par là nous sortîmes, à revoir les étoiles », Dante).

Mais ce retournement radical de situation, cette manière de miracle, ne saurait s'accomplir sans que soit marquée une pause significative à une étape intermédiaire cruciale : la formalisation lagrangienne de la mécanique.

## *Le formalisme de Lagrange*

Joseph Louis de Lagrange (1736-1813) a marqué de son sceau la mathématique de son temps : équations, théorèmes, méthode d'interpolation, transformation, etc. C'est pour sa *Mécanique analytique* (1788) que nous l'invoquons ici ; le but y était d'affranchir la mécanique – alors newtonienne – de tout recours à la géométrie – et en particulier aux forces – en la fondant sur des méthodes purement analytiques.

Nous nous contenterons ici de baliser succinctement le chemin qui, dans les problèmes les plus simples, conduit de la relation fondamentale de la dynamique newtonienne aux équations de Lagrange ayant vocation pour s'y substituer.

Commençons par une particule unique, de masse $m$, se déplaçant le long d'un axe $Ox$ unique sous l'action d'une force de mesure algébrique $F(x)$ selon cet axe. D'après Newton, l'équation du mouvement régissant l'évolution de cette particule s'écrit

$$m\ddot{x} = F(x).$$

Le membre de gauche peut se déduire de l'énergie cinétique

$$E_c(\dot{x}) \triangleq \frac{1}{2} m\dot{x}^2$$

par une manipulation relativement simple : la dérivée $dE_c / d\dot{x}$ de $E_c(\dot{x})$ par rapport à la vitesse algébrique $\dot{x}$ égale $m\dot{x}$ ; il suffit de dériver ce résultat par rapport au temps $t$, cette fois, pour aboutir à

$$\frac{d}{dt}\frac{dE_c}{d\dot{x}} = m\ddot{x}.$$

Partis – à la suite de Lagrange – de l'expression analytique qui représente l'énergie cinétique, nous nous dirigeons tout naturellement vers une démarche énergétique pour prendre en compte le membre de droite $F(x)$ de l'équation. Nous allons plus précisément introduire l'« *énergie potentielle* » $V(x)$ dont dérive la force $F(x)$ :

$$F(x) = -\frac{dV}{dx}$$

(quoique rien dans ce qui précède ne l'impose, retenons le signe moins).

Définissons maintenant – toujours dans le cadre de cet exemple élémentaire – la *fonction de Lagrange*, ou « *lagrangien* », $L(x,\dot{x})$ qui dépend, par construction, tant de la *variable de position* $x$ sur l'axe que de la *variable de vitesse* $\dot{x}$ :

$$L(x,\dot{x}) \triangleq \frac{1}{2}m\dot{x}^2 - V(x).$$

Certains lecteurs, parmi les mieux informés, remarqueront que le lagrangien ne se confond pas avec l'énergie mécanique totale $m\dot{x}^2/2 + V(x)$. L'équation du mouvement, produite ci-dessus par la relation fondamentale de la dynamique, se retrouve dans le présent formalisme à partir de la condition

$$\frac{d}{dt}\frac{\partial L}{\partial \dot{x}} - \frac{\partial L}{\partial x} = 0$$

(les dérivées du lagrangien, fonction ici de deux variables, se notent à l'aide de « $\partial$ ronds »).

Le raisonnement qui précède peut s'étendre au cas d'une particule se mouvant dans l'espace ordinaire à trois dimensions. Il s'avère toutefois que seules certaines forces – on les dit « conservatives » – admettent ici une énergie potentielle $V(x,y,z)$. Sans insister sur ce point, au demeurant fondamental, nous supposons – pour poursuivre notre argument – que les forces dans leur ensemble sont décrites par une telle énergie potentielle. La fonction de Lagrange, dépendant dans ce cas de *six variables* – 3 de position et 3 de vitesse –, généralise de façon simple celle que nous avons définie naguère :

$$L(x,y,z\,;\dot{x},\dot{y},\dot{z}) \triangleq \frac{1}{2}m\left(\dot{x}^2 + \dot{y}^2 + \dot{z}^2\right) - V(x,y,z).$$

Les équations du mouvement s'en déduisent à travers les formules

$$\frac{d}{dt}\frac{\partial L}{\partial \dot{x}} - \frac{\partial L}{\partial x} = 0, \qquad \frac{d}{dt}\frac{\partial L}{\partial \dot{y}} - \frac{\partial L}{\partial y} = 0, \qquad \frac{d}{dt}\frac{\partial L}{\partial \dot{z}} - \frac{\partial L}{\partial z} = 0.$$

Rassurés par ces calculs élémentaires, nous sommes prêts à admettre le *formalisme de Lagrange* comme *fondement de la mécanique* en lieu et place des lois de Newton. Nous y gagnerons en unité et en généralité. Unité : les équations de Lagrange conservent leur forme quel que soit le type de coordonnées utilisé – cartésiennes ou sphériques, ou... Voyons la généralité. Pour étudier un système matériel quelconque (par exemple un ou plusieurs corps solides), on décrit sa position à un instant par un ensemble de $n$ paramètres indépendants $q_i\left(i=1,2,...,n\right)$, appelés ses *coordonnées généralisées* : la connaissance des $q_i$ permet de calculer la position dans l'espace d'un point quelconque du système ; son mouvement est donc caractérisé par la donnée des $n$ fonctions du temps $q_i\left(t\right)$. Les dérivées par rapport au temps $\dot{q}_i\left(t\right)$ sont dites *vitesses généralisées.* L'*état du mobile*, à un instant particulier $t_0$, est donc *défini* par l'ensemble des $q_i\left(t_0\right)$ et $\dot{q}_i\left(t_0\right)$. Si les forces qui entrent en jeu dérivent d'une *énergie potentielle* $V\left(q_1,q_2,...,q_n\right)$, la fonction de Lagrange $L\left(q_1,q_2,...,q_n\ ;\dot{q}_1,\dot{q}_2,...,\dot{q}_n\right)$ est encore définie par la différence entre l'énergie cinétique totale $E_c$ et l'énergie potentielle $V$. Les équations du mouvement s'écrivent toujours, quelles que soient les coordonnées $q_i$ choisies,

$$\frac{d}{dt}\frac{\partial L}{\partial \dot{q}_i} - \frac{\partial L}{\partial q_i} = 0.$$

*Prenons garde* : *d/dt* désigne ici la *dérivée totale* par rapport au temps *t*, tenant compte du fait que les coordonnées $q_i$ et les vitesses généralisées $\dot{q}_i$ varient avec *t*. La dérivée totale par rapport au temps *t* d'une fonction générique $f\left(q_1,q_2,...,q_n\ ;\dot{q}_1,\dot{q}_2,...,\dot{q}_n\ ;t\right)$ – représentant le lagrangien lui-même ou l'une de ses dérivées telles que $\partial L/\partial \dot{q}_i$ – se calcule comme suit :

$$\frac{d}{dt}f\left(q_1,q_2,...,q_n\ ;\dot{q}_1,\dot{q}_2,...,\dot{q}_n\ ;t\right) = \frac{\partial f}{\partial t} + \sum_{i=1}^{n}\frac{\partial f}{\partial q_i}\dot{q}_i + \sum_{i=1}^{n}\frac{\partial f}{\partial \dot{q}_i}\ddot{q}_i.$$

Il n'est d'ailleurs pas vraiment nécessaire que les forces dérivent d'un potentiel pour que l'on puisse définir un lagrangien et utiliser les équations de Lagrange. Dans le cas général, le lagrangien est fonction des coordonnées $q_i$, et des vitesses $\dot{q}_i$, et peut également dépendre explicitement du temps ; nous récrirons donc : $L(q_i,\dot{q}_i\,;t)$.

Les équations de Lagrange sont importantes à plus d'un titre en mécanique classique : d'une part, comme nous venons de l'indiquer, elles se présentent sous la même forme quelle que soit la paramétrisation utilisée ; d'autre part, elles s'avèrent plus commodes que les équations de Newton dès que le système fait montre d'une certaine complexité ; enfin elles acquièrent un *intérêt théorique considérable,* car c'est le formalisme lagrangien qui constitue le point de départ pour la *quantification des systèmes physiques,* en mécanique quantique ainsi qu'en théorie quantique des champs.

## *Énoncé du principe*

La mécanique classique peut être fondée sur un *principe variationnel,* le « principe de moindre action ». Outre son importance théorique intrinsèque, la notion d'action joue un rôle essentiel en théorie quantique, par exemple. Nous allons exposer ici succinctement le principe de moindre action pour montrer ensuite comment en découlent les *équations de Lagrange.*

Examinons tout d'abord une particule unique assujettie à se déplacer seulement suivant l'axe *Ox.* On peut représenter son mouvement en traçant, dans le plan $(t,x)$, la courbe déterminée par la loi horaire du mouvement $x(t)$.

De façon plus générale, imaginons un objet décrit par $n$ coordonnées généralisées $q_i$ (s'il s'agit d'un ensemble de $N$ points matériels évoluant dans l'espace à trois dimensions, $n$ vaut $3N$). Il est commode d'interpréter les $q_i$ comme les coordonnées d'un point $Q$ dans un espace euclidien $R_n$ à $n$ dimensions ; on établit ainsi une correspondance biunivoque entre les positions du corps étudié et les points de $R_n$. À un mouvement de ce corps est associée une évolution du point $Q$ dans $R_n$, évolution caractérisée par la fonction vectorielle à $n$ dimensions $Q(t)$, qui admet pour composantes les $q_i(t)$. Comme dans le cas simple d'une seule particule se déplaçant à une dimension, on peut représenter le mouvement de cet objet complexe par le graphe de $Q(t)$, qui dessine une courbe dans un espace-temps à $(n+1)$ dimensions (l'axe des temps ayant été adjoint aux $n$ dimensions de $R_n$). Une telle courbe est associée à chaque mouvement particulier du corps.

On peut envisager de fixer les $q_i(t)$ de façon arbitraire, ce qui donne au point $Q$ et au système qu'il représente un mouvement *a priori* quelconque. Mais leur évolution réelle est déterminée par les conditions initiales et les équations du mouvement. Supposons que l'on possède l'information suivante : au cours du mouvement réel, $Q$ se trouve en $Q_1$ à l'instant $t_1$ et en $Q_2$ à un instant ultérieur $t_2$, comme le schématise la figure 1 : $Q(t_1)=Q_1$, $Q(t_2)=Q_2$. Il existe certes une infinité de mouvements possibles qui satisfont à ces conditions : ils sont représentés par toutes les courbes, ou « chemins d'espace-temps », qui joignent les points $(t_1,Q_1)$ et $(t_2,Q_2)$ (on exclut bien entendu

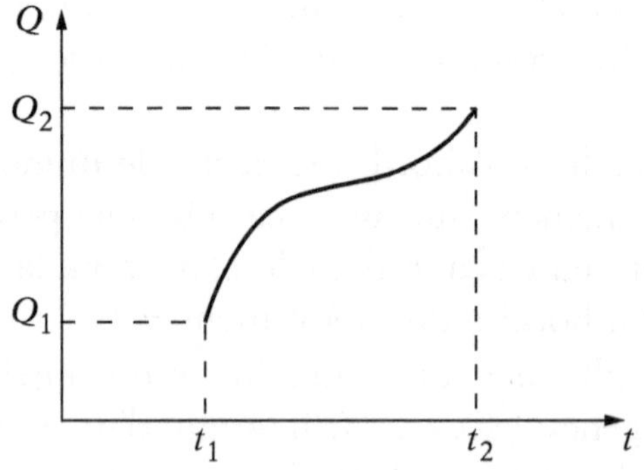


Figure 1

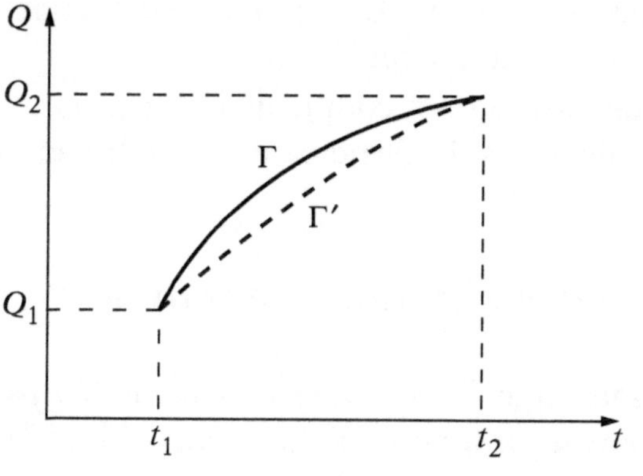


Figure 2

les tracés qui « reviendraient en arrière », c'est-à-dire qui donneraient deux [ou plusieurs] positions distinctes de $Q$ pour le même instant $t$).

Considérons un tel chemin d'espace-temps $\Gamma$, défini par la fonction vectorielle $Q(t)$ vérifiant les conditions aux limites. Si l'on note $L(Q,\dot{Q}\,;t)$ le lagrangien $L(q_1,q_2,\dots,q_n\,;\dot{q}_1,\dot{q}_2,\dots,\dot{q}_n\,;t)$ du système étudié, on définit l'*action* $S_\Gamma$ correspondant au chemin $\Gamma$ par

$$S_\Gamma \triangleq \int_{t_1}^{t_2} dt\mathrm{L}\left[Q_\Gamma(t),\dot{Q}_\Gamma(t)\,;t\right].$$

La fonction à intégrer ne dépend que de $t$ ; elle est obtenue en remplaçant, dans le lagrangien, les $q_i$ et $\dot{q}_i$ par l'expression, en fonction du temps, des coordonnées de $Q_\Gamma(t)$ et de leur dérivée par rapport au temps $\dot{Q}_\Gamma(t)$.

Le *principe de moindre action* s'énonce alors comme suit : *parmi tous les chemins d'espace-temps joignant* $(t_1,Q_1)$ *à* $(t_2,Q_2)$, est *effectivement emprunté* – c'est-à-dire correspond au mouvement réel de l'objet observé – *celui qui rend l'action minimale.* Autrement dit, lorsqu'on quitte le chemin effectivement suivi pour un chemin voisin qui en diffère par des $\delta q_i$ et $\delta\dot{q}_i\,(i=1,2,\dots,n)$ très petits, l'action reste inchangée au premier ordre dans les $\delta q_i$, $\delta\dot{q}_i$, c'est-à-dire que les modifications du premier ordre s'annulent. Elle se comporte donc de manière *stationnaire*, plutôt que vraiment minimale.

Nous allons montrer comment les *équations de Lagrange* peuvent être déduites du principe de moindre action.

## *Les équations de Lagrange retrouvées*

Supposons que le *mouvement réel* du corps étudié soit caractérisé par les $n$ fonctions du temps $q_i^{\Gamma}(t)$, c'est-à-dire par le *chemin d'espace-temps* $\Gamma$. Considérons alors un chemin très voisin $\Gamma'$ (figure 2), déterminé par des coordonnées généralisées très proches de celles de $\Gamma$ :

$$q'_i(t) = q_i^{\Gamma}(t) + \delta q_i(t)\ ;$$

les $\delta q_i(t)$ restent petits et vérifient les conditions aux limites, c'est-à-dire pour eux $\delta q_i(t_1) = \delta q_i(t_2) = 0$. Les vitesses généralisées $\dot{q}'_i(t)$ correspondant à $\Gamma'$ s'obtiennent en dérivant les égalités qui donnent les $q'_i(t)$ à partir des $q_i(t)$ et de leurs accroissements $\delta q_i(t)$ :

$$\dot{q}'_i(t) = \dot{q}_i(t) + \left(\frac{d}{dt}\right)\delta q_i(t),$$

de sorte que les accroissements $\delta\dot{q}_i(t)$ des vitesses s'obtiennent comme suit :

$$\delta\dot{q}_i(t) = \left(\frac{d}{dt}\right)\delta q_i(t).$$

Calculons maintenant la *variation* $\delta S$ *de l'action* entre le chemin $\Gamma$ et le chemin $\Gamma'$ :

$$\delta S = \int_{t_1}^{t_2} dt\ \delta L.$$

En explicitant l'accroissement $\delta$L du lagrangien, on met $\delta S$ sous la forme :

$$\delta S = \int_{t_1}^{t_2} dt \left[\sum\nolimits_i \frac{\partial L}{\partial q_i}\ \delta q_i + \sum\nolimits_i \frac{\partial L}{\partial \dot{q}_i}\ \delta\dot{q}_i\right],$$

soit

$$\delta S = \int_{t_1}^{t_2} dt \left[ \sum\nolimits_i \frac{\partial L}{\partial q_i} \delta q_i + \sum\nolimits_i \frac{\partial L}{\partial \dot{q}_i} \frac{d}{dt} \delta q_i \right].$$

Si l'on intègre le deuxième terme par parties, on obtient :

$$\delta S = \left[ \sum\nolimits_i \frac{\partial L}{\partial \dot{q}_i} \delta q_i \right]_{t_1}^{t_2} + \int_{t_1}^{t_2} dt \sum\nolimits_i \delta q_i \left[ \frac{\partial L}{\partial q_i} - \frac{d}{dt} \frac{\partial L}{\partial \dot{q}_i} \right],$$

qui se réduit à

$$\delta S = \int_{t_1}^{t_2} dt \sum\nolimits_i \delta q_i \left[ \frac{\partial L}{\partial q_i} - \frac{d}{dt} \frac{\partial L}{\partial \dot{q}_i} \right]$$

car le terme tout intégré s'annule à cause des conditions aux limites.

Puisque $\Gamma$ désigne le chemin d'espace-temps véritablement emprunté au cours du mouvement réel, la variation $\delta S$ de l'action s'annule quels que soient les accroissements (faibles) $\delta q_i(t)$. Pour qu'il en soit ainsi, il faut et il suffit que

$$\frac{d}{dt} \frac{\partial L}{\partial \dot{q}_i} - \frac{\partial L}{\partial q_i} = 0, \text{ pour } i = 1, 2, \ldots, n.$$

Cette condition suffit évidemment ; elle est également nécessaire car, s'il existait un intervalle de temps pendant lequel l'une des égalités précédentes ne soit pas vérifiée (pour une valeur particulière $k$ de l'indice $i$), on pourrait choisir les $\delta q_i(t)$ de manière que l'accroissement $\delta S$ correspondant diffère de zéro : il suffirait par exemple de faire en sorte que le produit $\delta q_k \left[ \partial L / \partial q_k - (d/dt) \partial L / \partial \dot{q}_k \right]$ reste constamment positif ou nul. Par conséquent, *le principe de moindre action équivaut aux équations de Lagrange*.

CHAPITRE 28

# DÉFENSE ET ILLUSTRATION DES MÉTHODES VARIATIONNELLES

« Les mots diversement rangés font un divers sens,
et les sens diversement rangés font différents effets. »
Blaise Pascal

D'aucuns, fort nombreux sans doute – « *et l'on entend parfois de nuit le cri de [leurs] poulies* » –, s'insurgent et se récrient devant tant d'abstraction extrême où se perd, selon eux, vainement peut-être la théorie physique, dans le seul but de supplanter des édifices – mécanique de Newton ou optique géométrique – qui semblaient suffire à remplir pleinement leur rôle explicatif et prédictif. En réalité, plus que l'abstraction – « *Plus que brave soldat, plus que grand capitaine* » –, c'est la conception même d'ensemble qui surprend d'abord dans les trois chapitres qui précèdent. Car, abstraites, elles aussi se montrent telles, les deux doctrines citées : les notions de force et de rayon lumineux nous sont certes devenues familières, tant répétées et sollicitées dans l'enseignement à tout niveau et jusque dans les conversations courantes – « *Tant l'on crie Noël qu'à la fin il est venu* » – ; elles se révèlent néanmoins, examinées de plus près, comme des échafaudages savants, hautement spéculatifs, élaborés, complexes. Quelle intuition pertinente pouvons-nous pourtant faire jouer devant l'attraction de la Terre par le Soleil ? Ou bien – plus simple encore ! – devant la pesanteur terrestre que nous percevons cependant dans notre corps par toutes ses fibres, dans notre esprit par toutes ses facultés, ne serait-ce que pour marcher droit et ferme, et attraper la balle au bond ?

Laissons là cette accusation fragile d'abstraction, pour nous appesantir davantage sur la « philosophie » – si l'on peut ainsi dire – qui préside à la méthode variationnelle.

Ce qui saisit dès l'abord, ce qui surprend et désoriente, c'est la manière péremptoire dont sont mis en avant tout un ensemble de processus, certes possibles *a priori*, mais qui ne se réaliseront pas pour autant ; l'un d'eux seul s'accomplira vraiment, privilégié dans la foule de ses semblables par la grâce d'une propriété originale que spécifie la théorie pour servir sa cause discrétionnaire. L'observateur extérieur s'étonne souvent à découvrir cette propriété discriminatrice : elle ne lui paraît pas de nature ni de taille à régir ainsi tout un vaste domaine de processus et de phénomènes. C'est que se manifeste là de la façon la plus éclatante le privilège régulier et coutumier de la théorie en physique.

Pour ce qui concerne l'optique (principe de Fermat), c'est le temps de parcours qui opère cette sélection sévère entre les différents trajets possibles. Certes, même sans se compter nécessairement dans les rangs des habitués du stade, on peut être séduit par cette métaphore sportive d'une foule se lançant à corps perdu entre les points *A* et *B*, d'où émerge au bout du compte le champion – celui qui joint *A* et *B* dans le temps le plus court. Toutefois cette image d'Épinal ne résiste guère à la vérité du principe de Fermat : c'est le temps *stationnaire* qui l'emporte, pouvant correspondre à un maximum tout aussi bien qu'à un minimum[1] ; et tresser, après la compétition, une couronne de lauriers au lambin comme au vainqueur !

1. Voir p. 329.

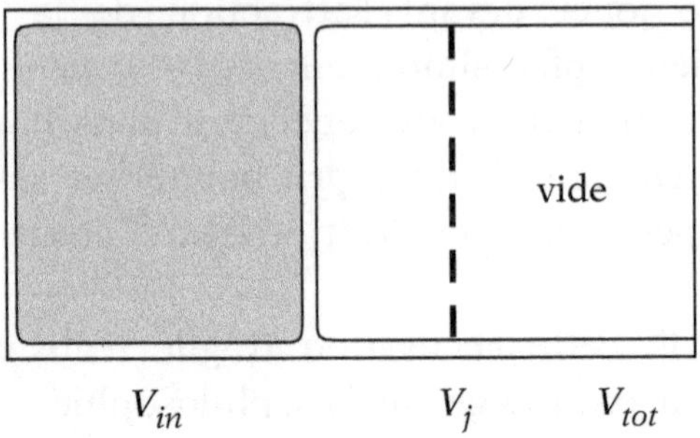


Figure 1

Point n'est besoin d'argumenter longuement pour établir que la thermodynamique et son « principe d'entropie maximale » restent résolument réfractaires à toute récupération intuitive, si ce n'est par des spécialistes qu'une longue habitude a façonnés et conditionnés – mais cela s'observe dans toute activité humaine. Les processus que l'on envisage ici se distinguent l'un de l'autre par une « variable interne » : par exemple simple (figure), la détente de Joule-Gay-Lussac – fort prisée des enseignants de thermodynamique – offre à un gaz le choix de son volume final parmi un continuum de valeurs accessibles, entre celle $V_{in}$ du compartiment restreint où est confiné initialement le gaz, et celle $V_{tot}$ du récipient dans son ensemble. On imagine alors – suivant en cela les recommandations théoriques – que le gaz, libéré, vienne à se fixer en une certaine valeur $V_j$ de cet intervalle permis. On évalue « *l'entropie qu'aurait le gaz si* la variable volumique était réellement fixée, de l'extérieur, à $V_j$ ». On recherche ensuite laquelle des valeurs $V_j$ ainsi introduites rend maximale cette entropie conditionnelle « qu'aurait le gaz si… ». Dans la situation présente, le maximum est atteint en $V_j = V_{tot}$, satisfaisant par là certaine intuition – parfaitement insuffisante, au demeurant – concernant « l'horreur du vide ». Lors de la détente réelle entre $V_{in}$ et $V_{tot}$ d'un seul élan, les volumes intermédiaires ne sont *jamais véritablement occupés* par le gaz : celui-ci ne se trouve à l'équilibre que dans son état initial $\left(V_{in}\right)$ et son état final $\left(V_{tot}\right)$ ; entre-temps dominent sans doute les inhomogénéités et les tourbillons incontrôlés, dans l'ensemble du récipient. Le calcul de l'entropie conditionnelle, qui s'effectue nécessairement dans le cadre de la thermodynamique d'équilibre, porte donc sur des circonstances proprement irréelles – « *Una vaga astronomía de pistolas inconcretas*[2]. » Mais non point irréalisables ! Faciles même à observer « en vraie grandeur » : au lieu de percer ou d'escamoter la cloison enfermant initialement le gaz dans l'espace $V_{in}$, pourquoi ne pas la faire coulisser, fermée et étanche, jusqu'en $V_j$ ? Le gaz en sera ébranlé et bouleversé, peut-être, mais il rétablira son équilibre dans les nouvelles conditions qui lui sont faites, donnant ainsi une existence palpable, en quelque sorte, au modèle invoqué d'abord pour analyser la détente. Le même schéma que pour l'optique, en somme : intervention massive de processus virtuels mais possibles ; choix de l'un d'eux par maximisation ou minimisation d'une caractéristique – ici, l'entropie.

Probablement n'est-il pas nécessaire que nous nous penchions maintenant sur le troisième exemple – principe de moindre action en mécanique – : il partage, dans un contexte plus complexe, les traits distinctifs de la méthode variationnelle que nous avons dégagés à partir des deux premiers. Je ne m'attarderai pas non plus – sujet fort intéressant, mais délicat – sur une critique épistémologique de cette méthode. Je m'interrogerai en revanche sur les apports des principes variationnels à la théorie physique : se contentent-ils de proposer une alternative aux doctrines antérieures, ou bien prétendent-ils les supplanter ?

La question, à dire le vrai, ne se pose pas en thermodynamique : le principe d'entropie maximale fait partie intégrante et inévitable de la réflexion théorique dans ce domaine – qu'il soit brandi comme étendard dans les tout premiers rangs du

2. « Une vague astronomie de pistolets immatériels » (Federico García Lorca).

postulat fondamental, ou bien qu'il émerge progressivement des profondeurs du dernier carré invincible que forment d'autres présupposés. En tout état de cause, il est indissolublement lié, irremplaçable et pertinent, à la démarche thermodynamique dans son ensemble.

En optique, le principe de Fermat permet de démontrer les lois géométriques de Snell-Descartes : il peut donc les remplacer, de façon au moins équivalente. Il semble à première vue que la réciproque ne tient pas : le principe de Fermat accède, sans difficulté de fond, aux situations et milieux où l'indice de réfraction varie de manière continue, problèmes où ne sauraient s'aventurer des relations qui s'écrivent d'abord pour des changements abrupts, sur des surfaces bien délimitées. En réalité, cette dernière affirmation, avec son « ne sauraient » péremptoire, se révèle erronée à l'examen : si elles ne savaient pas le faire au début de XVII^e^ siècle, Snellius et Descartes régnant, les lois géométriques peuvent aujourd'hui affronter, grâce aux procédés différentiels[3], les milieux ou situations à variations continues. Cette faculté n'apparaît guère dans les manuels élémentaires, destinés à des élèves ou étudiants peu fournis en techniques de calcul, mais il n'en reste pas moins que l'avantage supposé du principe de Fermat sur ce terrain s'apparente à un leurre.

Sa supériorité réapparaît cependant, décisive et catégorique cette fois, à hauteur des fondements théoriques. Écrivons à nouveau, pour la comprendre, la loi qui régit la réfraction entre deux corps transparents (1) et (2) séparés par une surface plane[4] : $n_1 \sin i_1 = n_2 \sin i_2$. Il s'agit là, lorsqu'elle s'introduit d'abord, d'une relation à caractère plus phénoménologique que théorique. Les indices $n_1$ et $n_2$ n'y sont connus qu'à un facteur (commun) près ; plus simplement dit, $2n_1$ et $2n_2$ – ou bien $3n_1$ et $3n_2$,... – feront tout aussi bien l'affaire. C'est seulement le rapport $n_1 / n_2$ qui est accessible à l'expérimentation. Voilà

3. *Cf.* p. 167.
4. Voir p. 326.

poindre l'avantage – qui s'inscrit d'emblée dans la sphère théorique – du principe variationnel : il annonce que l'indice de réfraction $n$ dans les substances transparentes varie proportionnellement à l'inverse de la vitesse $v$ de la lumière dans ces substances : $n = c / v$. Si l'on souhaite pour les indices $n$ des nombres sans dimension, on choisira pour la constante $c$ universelle une vitesse, celle de la lumière dans un milieu de référence – le vide est généralement évoqué dans ce rôle ; difficile d'accès et exigeant dans la manipulation, on lui substitue souvent l'air. Peut-être le lecteur, même profane, pourra-t-il mesurer l'importance de cette avancée dans la compréhension physique des phénomènes. D'une part, en effet, l'indice d'un corps est devenu une caractéristique propre à sa constitution matérielle, qu'il apporte avec lui dans toute expérience de réfraction, quelque partenaire qu'on veuille lui accoler. D'autre part, et principalement, l'indice se rattache ainsi aux propriétés physiques cardinales d'une substance, parrainé par l'une des notions les plus vénérables, la vitesse ; et si celle-ci s'introduit dans ce contexte, tout à fait inopinément, c'est par la grande porte de la théorie, que lui ouvre l'énoncé de Fermat – s'appuyant quant à lui sur le concept premier de temps.

Et le principe de moindre action ? Nous l'avons peu ou pas commenté dans ce qui précède. C'est sans nul doute sa complexité – chemins d'espace-temps, sélection fondée sur la grandeur « action » – qui nous a arrêtés de l'examiner en détail pour tenter d'en extraire quelque idée générale – simple si possible – et les perspectives qu'il a ouvertes. Or ce sont ces ouvertures et leur mise en pratique qui confèrent au lagrangien et à l'action qui l'accompagne un impact primordial sur la théorie physique du XXe siècle et ses développements actuels. Qu'on en juge, au seul énoncé de mots, qui se veulent évocateurs mais qui ne valent vraiment que par la contrepartie technique qu'ils recouvrent, et que nous n'essaierons pourtant pas d'expliciter, faute d'outils appropriés.

En premier vint la mécanique quantique. Elle se montra d'emblée inapte à s'insérer harmonieusement dans la continuité de la mécanique newtonienne et de ses forces – ce n'était pas là sa moindre difficulté ! C'est vers le formalisme de Lagrange que se tournèrent alors les pères fondateurs, notamment vers l'extension qu'en avait élaborée le physicien irlandais William R. Hamilton (1805-1865). Effectivement, rares les discours quantiques qui ne mentionnent pas l'hamiltonien décrivant le système en considération : hamiltonien de l'atome d'hydrogène, ou de l'oscillateur harmonique... L'essor s'est poursuivi et affermi avec la théorie quantique des champs, prenant en compte simultanément les exigences quantiques et relativistes en les exprimant dans un lagrangien qui lui sert de référence fondamentale. L'une de ses branches, l'électrodynamique quantique – description, à travers le formalisme lagrangien, des interactions entre les photons et les particules matérielles électriquement chargées –, se montre spécialement efficace : elle parvient notamment à reproduire par le calcul – très difficile et pénible, au demeurant – des résultats expérimentaux riches de douze ou quatorze chiffres significatifs ! C'est encore en théorie quantique des champs, à travers sa structure lagrangienne, qu'est apparue la notion primordiale d'*invariance de jauge* ; celle-ci, initialement formulée en électromagnétisme, a envahi progressivement, mais triomphalement, au cours des dernières décennies, l'ensemble du domaine subnucléaire, couramment dit « physique des particules ».

# ÉPILOGUE

Le divorce, « étrange et douloureux » à maint physicien, qu'a mis naguère en lumière le prologue est vécu sans peine et sans honte par la cohorte compacte des mathématiciens. Sûrs de leur bon droit, conscients de leur mission évangélisatrice, ils n'y voient qu'un épisode banal, la marque d'une incompréhension, telle qu'en éprouvent couramment les profanes confrontés à la rigueur et à l'abstraction des jeux funambulesques qu'ils affectionnent. Ils façonnent à leur gré le langage : « Intégrale définie », synonyme vieilli de « INTÉGRALE SIMPLE[1] ». Ils régentent le discours sans ménagement : « On note [...] et on lit "intégrale double de $f$ sur la partie $A$, $v$ étant la variable décrivant $A$, et $\omega_i = \mu(A_i)$ étant la mesure d'un des éléments de la $\mu$-partition considérée". » Le reste – conception de la science, et vision du monde – à l'avenant.

Face à un tel état d'esprit conquérant, dominateur et intransigeant, aucun consentement mutuel ne peut être envisagé. Reste seulement, à défaut de l'affrontement onéreux et hasardeux – faut-il répondre à des propos agressifs et insultants tels que ceux de Jean Dieudonné[2] ? –, la revendication

1. « Intégral », *in Grand Dictionnaire encyclopédique Larousse.*
2. Voir prologue, p. 20.

calme mais inflexible des techniques « mathématiques » exploitées en physique, de leur validité et leur pertinence.

Voici, en illustration et témoignage :

## *L'incroyable et triste histoire de la candide fonction delta et de sa mathématique inhumaine*

> « *La increible y triste historia de la cándida Eréndira y de su abuela desalmada.* »
>
> Gabriel GARCÍA MÁRQUEZ

La mécanique quantique s'extrayait peu à peu des limbes. Sa préhistoire mouvementée paraissait toucher à sa fin, mais le carrosse qui la ferait entrer triomphalement dans l'histoire bringuebalait encore par des chemins mal pavés, s'engageant même dans telle piste étroite et tortueuse qui ne déboucherait vraisemblablement pas. En revanche certaines pierres de bornage, trop rares mais solidement ancrées, jalonnaient déjà le parcours hésitant et persisteraient sans doute dans l'été prometteur : l'équation de Schrödinger, les relations d'incertitude de Heisenberg... L'interprétation aussi, l'interprétation surtout du formalisme naissant suscitait de formidables empoignades – intellectuelles et courtoises, au demeurant –, où Niels Bohr tenait ferme son cap d'une main inébranlable, malgré les bancs de brouillard tenaces, malgré la gloire des contradicteurs (Albert Einstein)... « *Qui criait monotonement / Sans que la barre ne varie / Un inutile gisement / Nuit, désespoir et pierrerie* » (Stéphane Mallarmé).

C'est alors (1930), dans cette période incertaine encore et irrésolue, qu'un physicien britannique jeune, Paul Adrien Maurice Dirac, émoulu de frais au sortir du Saint John's College de Cambridge, publia un livre aux enseignements lumineux et précis ; un livre fondateur qui joignait en un faisceau harmonieux les fragments et les bribes, auparavant épars, de la théorie naissante ; qui qualifiait notamment les points de vue apparemment inconciliables de Schrödinger et de Heisenberg comme représentations différentes d'une même réalité formelle ; un livre qui se montrait digne de son titre audacieux et altier : *Les Principes de la mécanique quantique* – et qui continue à nous éclairer aujourd'hui.

Dans cet ouvrage, remarquable à tous égards, directement inspiré des dieux sévères de la Physique, Dirac se préoccupe, à certain moment, d'opérer une généralisation délicate – il n'en peut mais – en même temps qu'indispensable – il n'y est pour rien – en mécanique quantique : il s'agit de formuler dans un contexte *continu* les relations qui sont connues dans le cadre *discret*.

En physique, « discret » qualifie les quantités et grandeurs à valeurs discontinues – séparées les unes des autres –, valeurs que l'on repère, pour les distinguer, par un indice dénombrable : $\{a_i : i = 1,2,...\}$, voilà une série discrète – le plus souvent infinie – d'objets $a$. Les règles fondamentales – on dit le « formalisme » – de la mécanique quantique sont exprimées d'abord en langage discret : l'espace des états du système physique que l'on se propose d'étudier peut être engendré par une *base discrète*, c'est-à-dire par un ensemble « complet » de vecteurs d'état affectés d'un indice discret : $\{|u_i\rangle ; i = 1,2,...\}$. « Engendré par une base », « ensemble complet », signifient en clair que *tout vecteur* $|\psi\rangle$ de l'espace peut se décomposer d'*une manière et d'une seule* en une combinaison des vecteurs de base : $|\psi\rangle = \sum_{i=1}^{\infty} c_i |u_i\rangle$, les « composantes » $c_i$ de $|\psi\rangle$ apparaissant comme des nombres (complexes). Les bases vectorielles que l'on rencontre en mécanique quantique se présentent systématiquement, dans tous les cas, « orthonormées ». On entend par là, en premier lieu, que les vecteurs de base $|u_i\rangle$ sont nécessairement, de par leur provenance même, orthogonaux deux à deux – au sens d'un produit scalaire inhérent à l'espace des états – ; on fait de plus en sorte que vaille 1 le carré scalaire de chacun des vecteurs de base. Moyennant une convention astucieuse – conçue elle aussi par Dirac – concernant la manière de transcrire le produit scalaire, la propriété d'orthonormalisation se traduit *a priori* par deux égalités distinctes : $\langle u_j | u_i \rangle = 0$, quels que soient $i$ et $j$, pourvu que différents ; $\langle u_i | u_i \rangle = 1$ quel que soit $i$ (on aura compris que $\langle u_j | u_i \rangle$ se lit « le produit scalaire de $|u_i\rangle$ par $|u_j\rangle$ », et $\langle u_i | u_i \rangle$ « le produit scalaire de $|u_i\rangle$ par lui-même », souvent appelé « le carré scalaire de $|u_i\rangle$ »).

On regroupe commodément les deux égalités précédentes en une seule, grâce au « symbole de Kronecker » $\delta_{ij}$, qui présente quant à lui deux indices successifs (et discrets). Par définition, $\delta_{ij}$ vaut zéro si $i$ et $j$ diffèrent, mais vaut un si $i$ et $j$ s'égalent. Voilà – on en conviendra – un précepte fort simple : $\delta_{12} = 0$ comme $\delta_{32} = 0$, mais $\delta_{22} = 1$ aussi bien que $\delta_{44} = 1$. La *relation d'orthonormalisation* associée à la base $\{|u_j\rangle\}$ prend ainsi la forme compacte : $\langle u_i | u_j \rangle = \delta_{ij}$ (on sous-entend que l'égalité tient pour n'importe quel [double] choix des indices).

Or on rencontre très couramment, en mécanique quantique, des *bases* – susceptibles elles aussi de construire l'espace des états – dont les vecteurs constitutifs se repèrent à l'aide d'un *indice continu* $\alpha$, et non plus discret $i$ : ils s'écrivent $|v_\alpha\rangle$. La lettre grecque $\alpha$ ne s'en tient pas, comme $i$, aux nombres entiers ; elle représente une variable capable de s'attribuer une valeur réelle quelconque, dans un intervalle d'extension souvent infinie. Dirac s'attache donc, très naturellement, à *étendre aux bases continues* les notions, procédés et prescriptions qui ont fait leurs preuves dans le cas discret – et dont nous avons évoqué ci-dessus quelques échantillons.

Certaines de ces opérations ne paraissent guère poser problème. Le développement, par exemple, d'un vecteur d'état quelconque $|\psi\rangle$ sur la base, qui se lisait précédemment $|\psi\rangle = \sum_{i=1}^{\infty} c_i |u_i\rangle$, va devenir dans le nouveau contexte (continu) $|\psi\rangle = \int d\alpha\ c(\alpha)|v_\alpha\rangle$. Explicitons, tout de même. La somme discrète $\sum_i$ se change maintenant en une intégrale sur $\alpha$ : $\int d\alpha$ requiert, pour la fonction de $\alpha$ qui suit, le calcul d'une somme de Riemann et l'évaluation de sa limite (voir p. 172). On cesse d'écrire en position inférieure la variable continue $\alpha$ ; comme d'usage en Physique, on la fait figurer dans une parenthèse suivant le symbole de ce qui prend désormais le statut de fonction : $c(\alpha)$ – on excepte le plus souvent $|v_\alpha\rangle$, pour éviter des confusions et des malentendus, mais c'est $|\alpha\rangle$ qu'on le notera dès que possible.

Une digression s'insinue en aparté, se greffant sur l'expression « comme d'usage en physique ». Dans le *Grand Dictionnaire encyclopédique Larousse*, à l'entrée « fonction », on découvre l'oukase que voici, sous la rubrique « encyclopédique » d'analyse mathématique : « *Il faut insister sur le fait que l'on ne peut dire que "fonction f" ou "fonction qui à x associe f(x)" [ce qui se note* $f : x \mapsto f(x)$*] et surtout pas "fonction* $f(x)$*".* » Malgré l'« insistance » et le « surtout pas », le physicien emploie effectivement, de façon courante – et pertinente ! – la locution interdite : lorsqu'on manipule quotidiennement des fonctions de plusieurs variables – des champs électriques $\vec{E}(x,y,z;\,t)$ ou une entropie $S = S(U,V,q,n)$ – et qu'on est amené à y changer de variables – $S = S(T,p,q,n)$, les notations et les énoncés ne peuvent se permettre des fioritures pesantes et néfastes.

Faut-il que l'enjeu de cette condamnation soit apparu essentiel au rédacteur mathématicien, qu'elle soit ainsi véhiculée par de vrais mots, agencés selon une véritable phrase ! Les mathématiciens ont accoutumé de s'exprimer plutôt à la hussarde : « C'est évident ! », « C'est trivial ! », ou au pas de charge. Dans un ouvrage à visées pédagogiques s'adressant à des débutants[3], on peut lire : « Théorème de Pythagore – Si x et y sont orthogonaux : $\|x+y\|^2 = \|x\|^2 + \|y\|^2$. » Point de « carré de l'hypoténuse »... Déçus, non ? voyons donc un peu plus loin les « Notes sur les démonstrations ». Le théorème de pythagore y est expédié en quatre mots : « Facile malgré son utilité » ! Il faut solliciter l'index pour obtenir une véritable information : « VIe s. avant J.-C. »

Mais revenons filer la laine continue de nos moutons discrets. La relation d'orthonormalisation des vecteurs de base qui, discrète, se libellait $\langle u_i | u_j \rangle = \delta_{ij}$, semble aisée à transcrire : $\langle v_\alpha | v_\beta \rangle = \delta(\alpha - \beta)$. Tiens ! La voilà qui pointe déjà son nez, la fonction $\delta$ ! Certes, mais coup fourré : elle dévoile en même temps des faiblesses rédhibitoires. Que le produit scalaire de $|v_\beta\rangle$ par $|v_\alpha\rangle$ s'annule pour $\alpha$ et $\beta$ différents implique que $\delta(x)$ prend zéro comme valeur pour tout $x$ non-nul ($\alpha - \beta$ apparaît distinct de zéro si $\beta$ et $\alpha$ diffèrent) ; voilà, s'agissant d'une fonction, une propriété bien curieuse ! Mais encore plus curieux le comportement en $x = 0$ ! À partir de $\delta_{ij}$ (1 lorsque $i$ égale $j$), on s'attendrait à 1 pour $\delta(0)$. Mais $\sum_k \delta_{ik}$ vaut aussi 1. Étant donné $i$, choisi par avance, les entiers $k$ qui se succèdent dans la somme contribuent tous zéro ($\delta_{ik} = 0$), sauf celui qui atteint précisément $i$ au passage, et confère à la somme sa valeur finale, 1 ($\delta_{ii} = 1$). Aucune difficulté ni hésitation pour traduire cette dernière égalité, concernant la somme, en termes de la fonction $\delta(x)$ : $\int_{-\infty}^{+\infty} dx\, \delta(x) = 1$ (les bornes de l'intégrale importent peu – pourvu qu'elles chevauchent $x = 0$). Je me propose d'expliquer plus loin, en quelques détails simples, comment ces bizarreries rentrent paisiblement dans l'ordre – un ordre à peine aménagé.

Dirac en tout cas, dans son livre, aborde ce sujet avec calme, avec sérieux, bien sûr, mais sans précipitation ni inquié-

3. Martin Zerner, *La Mathématique enseignée aux physiciens et aux chimistes*, Édiscience, 1970, p. 34 et 41.

tude. Son paragraphe 22 (chapitre V) s'intitule « La fonction δ », tout uniment ; aucun qualificatif, aucun signe distinctif qui pourrait valoir, au regard des titres précédents, avertissement ou réticence. Quatre pages et demie, en tout et pour tout, d'un format restreint : l'une d'elles – sensiblement plus – pour motiver l'introduction de « la fonction singulière $\delta(x)$ » – ce que j'ai tenté de paraphraser ci-dessus –, une bonne demi-page pour dédramatiser le tableau, et guère plus d'un vis-à-vis pour « noter quelques propriétés élémentaires de la fonction δ qui peuvent se déduire de sa définition ou qui, du moins, ne sont pas en contradiction avec elle ». L'alinéa qui s'intercale entre la définition et les propriétés adopte un ton serein et rassurant – afin de « dédramatiser », ai-je dit – : « Il n'est nullement à craindre que l'introduction de la fonction δ dans nos calculs rende la théorie moins rigoureuse qu'elle ne l'était jusqu'à présent ; en effet, toute équation qui renferme la fonction δ peut être écrite sous une forme équivalente, quoique généralement moins commode, et dans laquelle la fonction δ disparaît complètement. La fonction δ constitue donc plutôt une notation commode. »

Mais les cheveux se dressèrent sur les têtes bien faites.

S'ébranlèrent alors les compacts bataillons incoercibles de la Mathématique « pure » : ils ne pouvaient rester l'arme au pied devant l'essor éblouissant de la mécanique quantique ; ils ne pouvaient tolérer que la fonction δ, pour simple et efficace qu'elle fût, dérogeât aux canons universels et inflexibles qu'ils avaient eux, mathématiciens devant l'Eternel, reçus jadis d'un buisson ardent, en garde perpétuelle et défense inexorable. Après une préparation intense à l'artillerie lourde (espace de Hilbert, espace dual, théorie de la mesure, complétude, clans...) appuyée par des bombardements aériens en piqué (fonctions presque partout définies, suites de Cauchy, intégrale de Lebesgue...), on tenta l'intimidation – « Des mathématiciens [...] ont pris la peine de bâtir une théorie pleinement satisfaisante et adaptée aux besoins de la mécanique quantique [...] ; grâce à la notion de mesure de Stieltjes, cette théorie éclaircit entièrement la question du spectre continu » – sur fond de guerre psychologique : « Néanmoins les mathématiciens ne se découragent pas et continuent d'espérer en un changement d'attitude, dont ils sont persuadés qu'il sera bénéfique pour le développement ultérieur de la physique[4]. »

L'état-major suprême du généralissime Bourbaki décida de frapper un coup décisif en montant une opération de grande envergure contre un objectif militairement mal protégé en même temps que symboliquement capital : la fonction δ. Il y fallait des troupes fraîches – on les recruta –, équipées de neuf avec un matériel sophistiqué et inédit – on s'y employa. Un capitaine prometteur, et jeune, se porta délibérément à leur tête : Laurent Schwartz résolut de relever le gant – que personne, à dire vrai, n'avait jeté. Sympathique, courageux – il allait le démontrer plus tard, en s'élevant publiquement contre la torture en Algérie –, enseignant hors pair – je puis en témoigner personnellement –, fondateur à l'Université d'un certificat de « méthodes mathématiques de la physique » – que je suivis avec une assiduité parfaite et un intérêt permanent – et inventeur de l'institution des « examens partiels » – que ma promotion eut l'honneur d'inaugurer –, il obtint la médaille Fields, récompense suprême en mathématiques, pour sa « théorie des distributions », forteresse censément inexpugnable depuis l'extérieur et infranchissable depuis l'intérieur, construite tout exprès pour et autour de la fonction δ. Il poussa le zèle jusqu'à défier Dirac en combat singulier et public, persuadé que l'ordalie des « distributions » saurait avoir raison, devant Dieu et devant les hommes, de la piteuse et fragile « fonction δ ». Ainsi se déroula dans les faits le duel un jour organisé, cartel de la mathématique combattante, pas d'arme de son fidèle et empressé chevalier servant : les dons redoutables de Laurent Schwartz pour la dialectique et la repartie, sa rigueur cartésienne irréprochable, l'emportèrent aisément sur l'empirisme peu convaincu d'un

4. Jean Dieudonné, *cf.* p. 19.

Dirac timide et hésitant, tout surpris que son « outil commode » sans prétention fût ainsi hissé en première ligne, sous les feux croisés de projecteurs qui balayaient des ténèbres denses.

L'histoire offre maint exemple démonstratif, depuis la plus haute antiquité jusqu'aux temps actuels, depuis Alexandre le Grand ou César jusqu'au colonialisme moderne et à l'impérialisme : souvent les oppresseurs donnent le change en promouvant – apparence mais sans doute sincérité aussi – le Bien, la Civilisation et la Culture, la raison. S'agissant des mathématiques, cette générosité éclatante couvre et entretient sans se l'avouer l'arrogance des seconds couteaux – injonctions et interdictions stupides dans l'*Encyclopédie* – et la désinvolture de la didactique – « explications », destinées aux étudiants, relevant de la télégraphie. Quant aux « méthodes mathématiques de la physique », peut-être eût-il fallu disserter pour peser si prédomineraient les méthodes mathématiques ou bien les méthodes de la physique. En l'occurrence, la question ne se posa même pas, tant était patente la réponse : Laurent Schwartz nous enseigna la théorie des distributions, à l'évidence !... Trois décennies plus tard, l'entrée que consacre à Laurent Schwartz l'*Encyclopédie Larousse* – le sujet et le style excluent un second couteau pour rédacteur – se termine par cette phrase remarquable : « Elle [la théorie des distributions] permet par exemple d'étayer l'emploi par les physiciens de la "fonction" de Dirac ou de la transformation de Fourier. » (Molière aurait apprécié : Que ce verbe « étayer » étaie bien le discours ! Que ce « par exemple » est bien venu, « *quoi qu'on die* » !)

L'entreprise d'annexion se solda, sur le terrain de la physique, par un franc échec, une défaite à plate couture. Je me garderai de juger la valeur intrinsèque et l'importance mathématique de la théorie des distributions, dont j'entends dire grand bien. Parlons de ce que je connais, seulement. La fonction $\delta$, je l'affirme, sert intensivement en physique, où elle est aussi enseignée, et ce sans aucun recours ni aucune référence – autre que de complaisance – à la théorie des distributions. Les seconds couteaux ont beau s'évertuer : « Dirac (distribution de), forme linéaire définie sur l'ensemble des fonctions indéfiniment différentiables à support compact dans $\mathfrak{R}^n$, qui à une telle fonction $\varphi$ associe sa valeur $\varphi(a)$ au point a. On la note $\delta_a$. » Non ! C'est une fonction qu'a introduite Dirac en physique ; elle n'est pas notée $\delta_a$ mais bien $\delta(x)$ ! Non ! Elle n'a rien à faire avec $\mathfrak{R}^n$ ; définie initialement pour une variable unique, elle sait s'adapter à l'espace ordinaire à trois dimensions, ainsi qu'à l'espace relativiste – non euclidien – à quatre dimensions ! Si ! Elle côtoie et accepte toute fonction $\varphi(x)$ non singulière en $x = 0$, sans se soucier d'aucune condition de différentiabilité ni de support !... Et nul besoin d'« étai » !...

Le danger écarté – il menaçait de paralyser tout recours à la fonction $\delta$ –, avançons les idées générales – simples – qui président, pour nous physiciens, à la manipulation et au traitement de la fonction $\delta$.

Au point de départ se présente une fonction « ordinaire », que nous noterons $\delta^{(\varepsilon)}(x)$, partout nulle sauf dans un petit intervalle $(-\varepsilon/2, +\varepsilon/2)$ à cheval sur l'origine $x = 0$ (figure). Dans cet intervalle de largeur $\varepsilon$ très réduite, la fonction $\delta^{(\varepsilon)}(x)$ reste constante, égale à $1/\varepsilon$. Le choix de $1/\varepsilon$ assure que l'intégrale $\int_{-\infty}^{+\infty} dx\, \delta^{(\varepsilon)}(x)$ vaut exactement 1, et ce quel que soit le paramètre $\varepsilon$. En effet, une telle intégrale se restreint, dans le cas présent, à la contribution du domaine $(-\varepsilon/2, +\varepsilon/2)$ – puis-

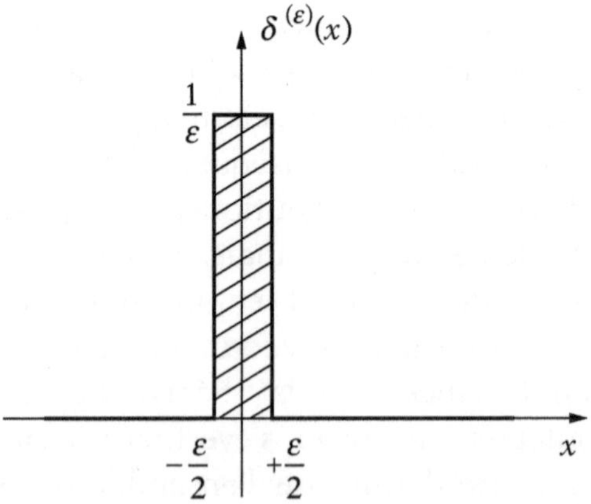

que la fonction s'annule en tout point extérieur –, contribution que représente, sur la figure, l'aire du rectangle hachuré, à savoir $\varepsilon \times (1/\varepsilon) = 1$.

Si d'aventure quelque âme sensible se froissait au spectacle inhabituel des discontinuités abruptes que montre la figure – et qui ont grandement facilité le calcul de l'intégrale –, qu'elle soit pleinement rassurée : nous disposons d'un assortiment fourni de fonctions parfaitement continues – telle $(\varepsilon/\pi)/(x^2+\varepsilon^2)$ –, toutes prêtes à jouer le même rôle que $\delta^{(\varepsilon)}(x)$.

Rétrécissons maintenant $\varepsilon$, car la fonction $\delta$ elle-même, nous le savons, s'annule pour tout $x$ différent de zéro. Ce rétrécissement s'accompagne d'un accroissement corrélatif de la valeur $1/\varepsilon$ qui échoit à la fonction dans le créneau étroit. En conséquence, si l'on décrète que la véritable fonction $\delta$ s'obtient comme limite de $\delta^{(\varepsilon)}$ lorsque $\varepsilon$ tend vers zéro, on aboutit à la conclusion que $\delta(0)$ est infini.

Pourquoi pas ? On sait d'ailleurs que, en Physique (voir chapitre 12), « $\varepsilon$ tend vers zéro » signifie concrètement la périphrase suivante : « $\varepsilon$ est choisi plus petit que les intervalles de $x$ les plus petits que l'on peut percevoir – mesurer – en pratique dans la situation réelle. » Par exemple, sur un axe dont la variable $x$ repère les points, les plus courtes distances que l'on peut espérer déceler – même en physique nucléaire ou physique des particules – ne descendent pas au-dessous de $10^{-20}$ m ; si donc vous adoptez un paramètre $\varepsilon$ de cet ordre, vous ne courrez aucun risque. Même, si vous comptez vous cantonner à la physique atomique – éminemment quantique, elle aussi –, où les longueurs sont de l'ordre de l'angström (1 Å = $10^{-10}$ m), contentez-vous de $10^{-11}$ m. En tout état de cause, la « vraie » fonction $\delta$ se confondra dans les faits avec son « approximation » $\delta^{(\varepsilon)}$ pour $\varepsilon$ « suffisamment petit ».

Commentons cependant l'infinitude de $\delta(0)$. Dans la relation d'orthonormalisation généralisée au continu, à savoir $\langle v_\alpha | v_\beta \rangle = \delta(\alpha - \beta)$, deux vecteurs distincts d'une même base se montrent orthogonaux comme il se doit – car $\delta(x) = 0$ pour tout $x \neq 0$ – ; toutefois, $\langle v_\alpha | v_\alpha \rangle$ s'avère infini, et non pas égal à

1 comme on l'aurait voulu peut-être d'après les bases discrètes. Ainsi, les vecteurs d'une base continue refusent de se laisser « normaliser » individuellement : leur carré scalaire « diverge », comme on dit, c'est-à-dire ne reste pas fini. C'est bien ce que l'on observe, de fait, dans tous les systèmes que régit la mécanique quantique ; la fonction $\delta$ est donc parfaitement adaptée à sa mission (j'entends qu'on parodie Fernand Raynaud : « *C'est étudié pour...* »).

Terminons en tirant plus précisément parti de l'« approximation » $\delta^{(\varepsilon)}$ pour démontrer une relation fondamentale que l'on considère en fait, généralement, comme la *définition* de la fonction $\delta$. Multiplions $\delta^{(\varepsilon)}(x)$ par une fonction $f(x)$ quelconque – non singulière en $x = 0$, tout de même –, et calculons $\int_{-\infty}^{+\infty} dx\, \delta^{(\varepsilon)}(x) f(x)$. Le produit $\delta^{(\varepsilon)}(x) f(x)$ est partout nul, avec $\delta^{(\varepsilon)}$, hors de l'intervalle $(-\varepsilon / 2,\ +\varepsilon / 2)$ ; en dedans, $f(x)$ ne s'écarte pratiquement pas de sa valeur $f(0)$ en $x = 0$ (si l'on pouvait détecter sa variation entre $-\varepsilon / 2$ et $+\varepsilon / 2$, ce serait signe que l'on a mal évalué le paramètre $\varepsilon$ : il existerait des effets – ceux que transporte $f(x)$ – pour lesquels $\varepsilon$ compterait). Dans l'intégrale à calculer, la constante $f(0)$ se met en facteur commun : $f(0) \int_{-\infty}^{+\infty} dx\, \delta^{(\varepsilon)}(x)$, et l'intégrale restante vaut 1 – comme l'indique la figure dessinée ci-devant. Dans l'intégrale initialement proposée, on remplace $\delta^{(\varepsilon)}$ par la véritable fonction $\delta$, pour aboutir à l'égalité spécifique et cruciale : $\int_{-\infty}^{+\infty} dx\, \delta(x) f(x) = f(0)$, qui fonctionne en pratique comme définition de la fonction $\delta$. On peut la transcrire sous la forme plus générale : $\int_{-\infty}^{+\infty} dx\, \delta(x - x_0) f(x) = f(x_0)$ ou l'appliquer au cas particulier où $f(x)$ égale identiquement 1 : $\int_{-\infty}^{+\infty} dx\, \delta(x) = 1$.

« Nous ne savons plus rien de ce qu'on nous a lu,
Nous ne savons plus rien de ce qu'on nous a dit.
Nous ne connaissons plus qu'un éternel édit,
Nous ne savons plus rien que Votre ordre absolu. »

Charles PÉGUY

# INDEX

# TABLE

## Quatrième partie
## *Différences et sommes, différentielles et intégrales*



## Cinquième partie
## *Invariance et covariances*



## Sixième partie
## *Probabilités*



## Septième partie
## *Principes variationnels*

Ouvrage publié sous la responsabilité
éditoriale de Gérard Jorland

Cet ouvrage a été imprimé
en juillet 2010 par

CPI
FIRMIN-DIDOT

27650 Mesnil-sur-l'Estrée

Cet ouvrage a été transcodé et mis en pages
chez Nord Compo (Villeneuve-d'Ascq)

Dépôt légal : mars 2010
N° d'édition : 7381-2448-1
N° d'impression : 100864
*Imprimé en France*